JN272829

さまざまなウシの品種（和牛，交雑種，日本在来種）

黒毛和種（写真提供：宮城県畜産試験場）

褐毛和種（熊本系；写真提供：全国肉用牛振興基金協会）

褐毛和種（高知系；写真提供：牛の博物館）

無角和種（写真提供：牛の博物館）

日本短角種（写真提供：全国肉用牛振興基金協会）

黒毛和種とホルスタインの交雑牛（写真提供：伊藤 貢）

見島牛（写真提供：牛の博物館）

口之島牛（写真提供：牛の博物館）

[各々の品種の特徴については，本文中解説および巻末付表（p.222〜）を参照のこと．]

さまざまなウシの品種（海外品種），およびウシの近縁種

ホルスタイン（写真提供：小堤知行）

ジャージー（写真提供：イギリス ジャージー協会）

ブラウンスイス（写真提供：牛の博物館）

アバディーンアンガス（写真提供：牛の博物館）

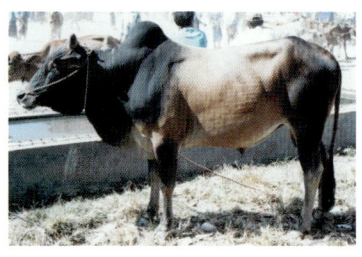

インド系ウシ（品種不詳）

家畜ヤク（ブータンで撮影）

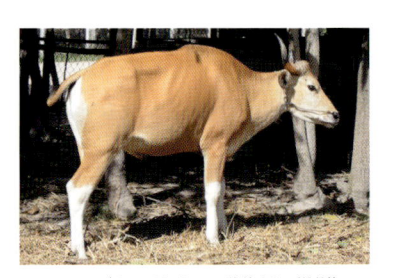

ミタン（ブータンで撮影）

バンテン（カンボジアの動物園で撮影）

[各々の品種の特徴については，本文中解説および巻末付表（p.222～）を参照のこと．]

世界におけるさまざまなウシの利用と生産システム

役用として：牛車の牽引（写真提供：万年英之）
［本文 p.18，図 2.1 参照］

糞を燃料として利用（写真提供：万年英之）［本文 p.19，図 2.3 参照］

モンゴルにおける遊牧風景（写真提供：大石風人）［本文 p.19，図 2.2 参照］

オランダにおける放牧風景（写真提供：広岡博之）［本文 p.19，図 2.3 参照］

マレーシアにおけるアブラヤシの下草を利用したウシ生産（写真提供：Dahlan Ismail）
［本文 p.21，図 2.5 参照］

中国の都市近郊の中規模酪農（写真提供：稲村達也）［本文 p.22，図 2.6 参照］

牛脂肪交雑基準（**BMS**）［本文 p.112 参照］

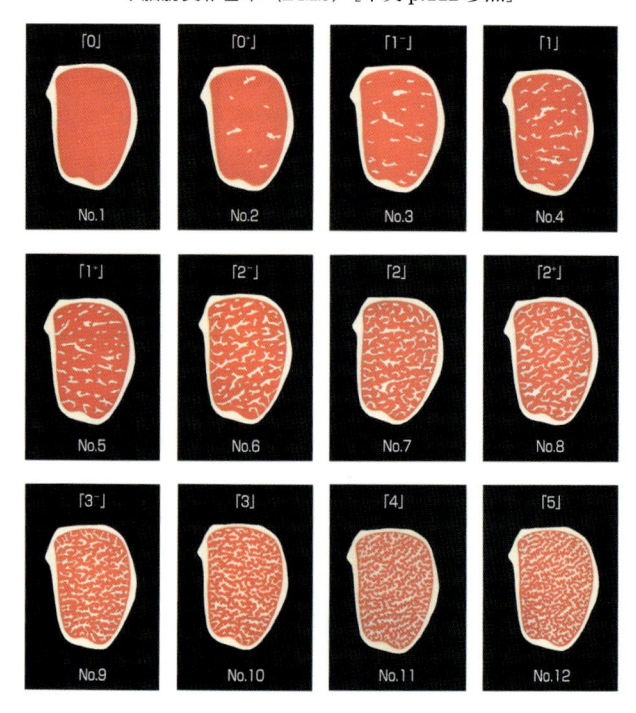

牛肉色基準（**BCS**）［本文 p.112 参照］

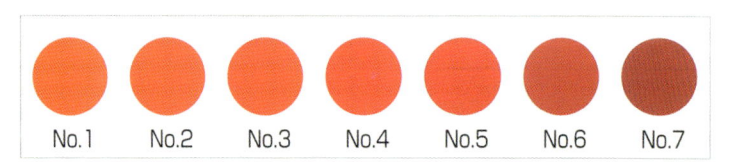

牛脂肪色基準［本文 p.113 参照］

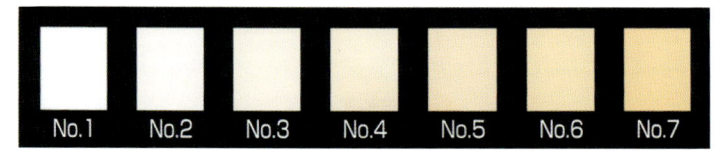

シリーズ〈家畜の科学〉
1

ウシの科学

広岡博之
【編集】

朝倉書店

編集者

広岡博之	京都大学 大学院農学研究科

執筆者（執筆順）

万年英之	神戸大学 大学院農学研究科 （1章，10章）
内田　宏	奥州市牛の博物館 （1章，巻末付表）
広岡博之	京都大学 大学院農学研究科 （1章，2章，12.2節，13.1節）
川田啓介	奥州市牛の博物館 （2章）
入江正和	宮崎大学 大学院農学工学総合研究科 （3章，8章）
松井　徹	京都大学 大学院農学研究科 （4章）
梶川　博	日本大学 生物資源科学部 （5章）
小島敏之	株式会社 Animo Science （6章）
久米新一	京都大学 大学院農学研究科 （7章）
板野志郎	新潟大学 農学部 （9章）
野村哲郎	京都産業大学 総合生命科学部 （11章）
寺田文典	農研機構 九州沖縄農業研究センター （12.1節）
荻野暁史	農研機構 畜産草地研究所 （12.3節）
佐藤衆介	東北大学 大学院農学研究科 （13.2節）
松石昌典	日本獣医生命科学大学 応用生命科学部 （13.3節）
熊谷　元	京都大学 大学院農学研究科 （13.4節）
後藤貴文	九州大学 大学院農学研究院 （13.5節）
小岩政照	酪農学園大学 獣医学群 （14章）

序　文

　少なくとも 8 千年以上前に家畜化されて以来，ウシは世界中の人類の歴史と発展に大きな貢献をしてきたことは言うまでもない事実である．ウシは 4 つの胃をもつことで，固く粗い植物でも効率良く消化する能力をもち，人間が利用できない植物バイオマスを乳や肉に変換して人に食料を供給し続けてきた．また，ウシは大型で力が強かったことから，20 世紀に農村の機械化が起こるまでは，世界中で農耕用や荷物の運搬用に役利用されてきた．皮膚は皮革品の原料として使われ，糞尿は堆肥や燃料としても重宝であった．地域によっては文化的，宗教的にも人々の生活と深くかかわってきた．このように，ウシはよきパートナーとして，また有用な家畜として人々とともに歩んできた．

　ところが近年，ウシとその生産がもたらすマイナス面が問題としてクローズアップされてきている．ウシから排出されるメタンは温室効果ガスの大きな発生源の 1 つに数えられ，また，集約的で加工業的なウシの生産は人間の食料にもなる穀物を飼料として大量に必要とし，さらに，その大量に排泄される糞尿は深刻な環境問題を引き起こしている．ウシが O 157 食中毒や BSE など人にも感染する病気の感染源として問題視されたことは記憶に新しいところである．

　本書は，世界中の人々の食生活に大きなウエイトをもち，さまざまな面でプラスとマイナスの影響を及ぼしているウシとその生産システムを科学的な視点から解説し，国内外で問題となっている諸課題の解決へのヒントを提供することを目的としている．次頁の図のようにウシの研究にはさまざまな学問領域がかかわっており，ウシの生物学的特性を知り，生産システムの現状と問題点を正確に把握するためには，ウシを中心として個々の学問領域を横断的に鳥瞰する学際的研究が不可欠といえる．本書はそのような観点から，食料・生命・環境をキーワードに新しい最先端の研究も積極的に盛り込みながら，ウシとウシによる生産システムに対する科学的な探求を試みたつもりである．本書において，ウシの科学に関連する項目をすべて網羅できたかと問われれば，まだまだ

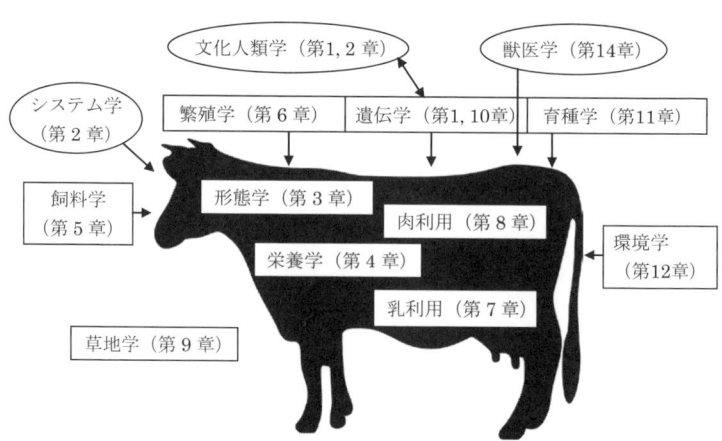

図 ウシを取り巻く学際研究と本書の章立て

　不完全であることは否めないが，これまでにないユニークな本に仕上ったと自負している．章によって多少のレベルの違いがあるが，難しく見える章も教科書やインターネット等の助けを借りてじっくり読んでもらえれば，内容の深さと重要さがわかっていただけると信じている．ウシ生産にかかわる関係者のみならず，一般の方々にも，本書を通じて，今，ウシの周辺で何が起こり，どのような研究が行われているかを知ってもらえればありがたいと考えている．

　最後に，本書を出版するにあたり，朝倉書店編集部に多大な尽力をいただいた．ここに記して感謝の意を表わす．

2013 年 10 月

広 岡 博 之

目　　次

1. ウシの起源と品種 ……………………［万年英之・内田　宏・広岡博之］…1
   1.1 ウシの分類 ………………………………………………………………… 1
   1.2 ウシと家畜化の段階 ……………………………………………………… 2
   1.3 家畜ウシの近縁種 …………………………………………………………10
   1.4 ウシの品種 …………………………………………………………………12

2. 世界と日本のウシの生産システム ……………［広岡博之・川田啓介］…16
   2.1 世界のウシ飼養 ……………………………………………………………16
   2.2 日本のウシ飼養 ……………………………………………………………23
   2.3 ウシと日本人 ………………………………………………………………26

3. ウシの特徴 ……………………………………………………［入江正和］…30
   3.1 ウシの外貌の特徴 …………………………………………………………30
   3.2 ウシの骨格と筋肉 …………………………………………………………33
   3.3 ウシの内臓 …………………………………………………………………35

4. 栄養素の代謝 …………………………………………………［松井　徹］…40
   4.1 反芻動物と栄養素代謝 ……………………………………………………40
   4.2 炭水化物 ……………………………………………………………………40
   4.3 窒素化合物 …………………………………………………………………44
   4.4 脂　　質 ……………………………………………………………………46
   4.5 ビタミン ……………………………………………………………………48
   4.6 ミネラル ……………………………………………………………………52

5. ウシの飼料 ……………………………………………［梶川　博］…56
  5.1　栄養素供給のための飼料 …………………………………………56
  5.2　繊維質飼料 …………………………………………………………57
  5.3　デンプン質飼料 ……………………………………………………62
  5.4　高脂肪飼料 …………………………………………………………64
  5.5　タンパク質飼料 ……………………………………………………66

6. ウシの繁殖 ……………………………………………［小島敏之］…73
  6.1　わが国におけるウシの繁殖性の現状 ……………………………73
  6.2　雌牛の繁殖 …………………………………………………………79
  6.3　雄牛の繁殖 …………………………………………………………85
  6.4　胚移植技術 …………………………………………………………86
  6.5　最先端技術 …………………………………………………………87

7. 乳　生　産 ……………………………………………［久米新一］…95
  7.1　乳牛の乳生産の現状 ………………………………………………95
  7.2　乳牛の泌乳生理と搾乳 ……………………………………………96
  7.3　牛乳の品質と乳成分の変動 ………………………………………98
  7.4　高泌乳牛の能力を支える反芻胃 …………………………………99
  7.5　乳成分の改善 ……………………………………………………100
  7.6　高泌乳牛の飼養管理と乳生産の改善 …………………………101

8. 肉　生　産 ……………………………………………［入江正和］…106
  8.1　肉用牛の育成 ……………………………………………………106
  8.2　ウシの肥育 ………………………………………………………107
  8.3　ウシと牛肉の流通 ………………………………………………109
  8.4　牛肉の評価 ………………………………………………………111

9. ウシの放牧 ……………………………………………［板野志郎］…116
  9.1　放牧とは …………………………………………………………116
  9.2　放牧環境下でのウシの反応 ……………………………………117

9.3　これからの放牧 ··· 121

10. ウシの遺伝 ·· [万年英之]···125
　10.1　ゲノム，遺伝子，染色体 ··· 125
　10.2　遺伝的変異と遺伝的多型 ··· 127
　10.3　性に関する遺伝 ··· 128
　10.4　質的形質の遺伝 ··· 129
　10.5　量的形質の遺伝 ··· 132
　10.6　集団の遺伝 ·· 134
　10.7　ゲノム情報の活用 ·· 135
　10.8　経済形質関連遺伝子の多様性 ··· 139

11. ウシの育種 ·· [野村哲郎]···141
　11.1　改良の対象となる形質 ·· 141
　11.2　量的形質の遺伝 ··· 142
　11.3　種牛の評価と選抜 ·· 148
　11.4　近親交配と交雑育種 ·· 152
　11.5　遺伝的多様性 ·· 155

12. ウシの生産と環境問題 ·· 160
　12.1　個体レベルの環境問題 ·· [寺田文典]···160
　12.2　農家・地域レベルの環境問題 ··· [広岡博之]···166
　12.3　ライフサイクルアセスメントによる環境影響評価 ··· [荻野暁史]···171

13. ウシをめぐる最近の研究と課題 ······································· 178
　13.1　ゲノム情報を利用した育種 ·· [広岡博之]···178
　13.2　アニマルウェルフェアと行動学 ·· [佐藤衆介]···185
　13.3　牛肉のおいしさ ··· [松石昌典]···192
　13.4　エコフィードの利用 ·· [熊谷　元]···197
　13.5　脂肪交雑の光と影 ·· [後藤貴文]···201

14. ウシの病気 ……………………………………［小岩政照］…208
 14.1　わが国のウシの病気の現状 ………………………………208
 14.2　牛海綿状脳症（BSE）………………………………………209
 14.3　口　蹄　疫 …………………………………………………210
 14.4　乳　　　熱 …………………………………………………211
 14.5　ケトーシス …………………………………………………213
 14.6　第四胃変位 …………………………………………………214
 14.7　マイコトキシン中毒 ………………………………………214
 14.8　マイコプラズマ感染症 ……………………………………216
 14.9　虚弱子牛症候群（WCS）……………………………………219

巻末付表：おもな家畜ウシの品種と日本在来種一覧 …………［内田　宏］…222
索　　引 ……………………………………………………………………231

1. ウシの起源と品種

1.1 ウシの分類

　ウシは哺乳綱偶蹄目ウシ科に属する大型の反芻動物である．偶蹄目とは，偶数本の指をもち，足の中軸が第3指と第4指の間を通っている有蹄類と定義される．偶蹄目の中でよく知られている動物として，イノシシ（ブタ），カバ，ラクダ，キリン，シカなどが含まれる．驚くべきことであるが，最近の分子遺伝学の手法から，ウシ科の動物は，同じ偶蹄目のブタやラクダよりもクジラに近いと考える説が有力となり（Shimamura *et al*., 1996；Nikaido *et al*., 1999），旧来の偶蹄目とクジラ目をあわせた鯨偶蹄目（Cetariodactyla）という分類が提唱されている（図1.1）．

　ウシ科（Bovidae）の動物というとウシのみを指すのではなく，ヤギやヒツジ（いずれもヤギ属）もウシ科に属している．そのほかにも，カモシカ，ヌー，エランド，レイヨウなどもこのウシ科に属している．ウシ科の動物は，空洞の角をもつことで区分され，1800万年から2300万年前にアフリカのサバンナ地域に現れたと考えられている．

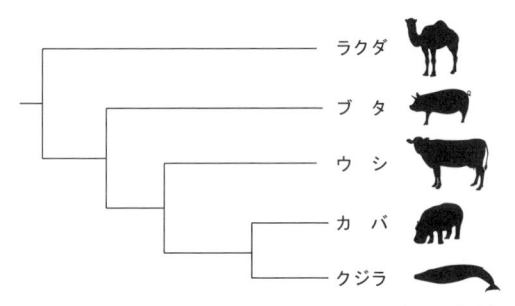

図1.1　鯨偶蹄目の樹形図（Nikaido, 1999を参照し作成）

ウシ科の中にはウシ亜科（Bovini）があり，そこにはウシ属のほかにアジアスイギュウ属やアフリカスイギュウ属が含まれる．この段階ではじめて，ヤギやヒツジ（ヤギ属）とウシの仲間は区別される．ウシとスイギュウは属が異なり，交配も不可能である．インドやネパールのヒンズー教徒は，ウシは食べないがスイギュウは食べるなど，宗教上でも区別がなされている．

1.2 ウシと家畜化の段階

動物の家畜化がなされていなかった太古，人類は狩猟によって動物を糧としていた．農耕が始まり食料に余裕がでてくると，人類の生態環境に接近した野生動物を餌付けした．餌付けは野生動物が家畜化に向かう第一歩であり，餌付けされる動物はヒトに「馴れる」という素因を有していた．このように捕われた野生動物は，その生殖がヒトの管理化におかれるようになった．動物の生殖を制御することにより，動物が収奪の対象でしかない資源から，再生産が可能となる資本へとすることができる．したがって，家畜とはその生殖がヒトの管理化のもとにある動物であると定義できる．家畜化とは，動物の生殖に対する

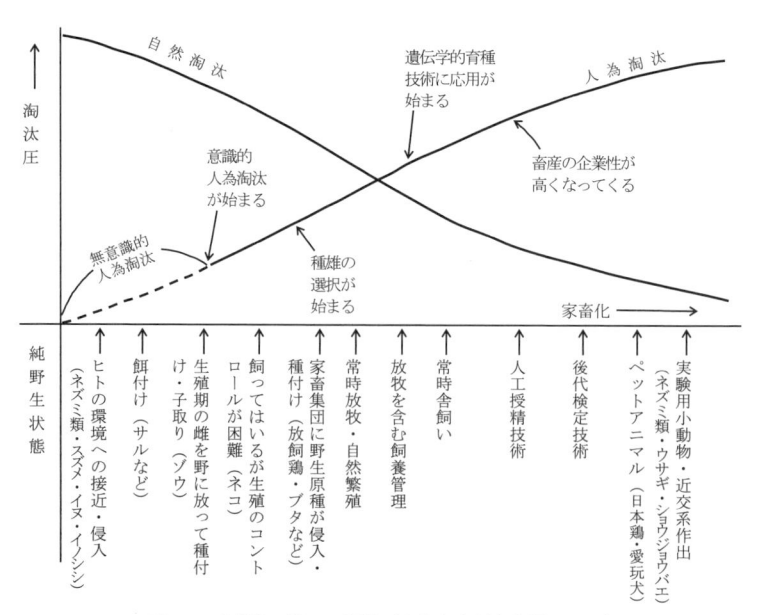

図1.2 家畜化の種々の段階（在来家畜研究会編，2009）

管理が人類によって強化されていく段階であり，動物集団が受けている自然淘汰圧の一部が人為淘汰圧によって徐々に置き換えられる過程である（図1.2）．

1.2.1 ウシの祖先

　ウシの祖先はオーロックス（aurochs, *Bos primigenius*）や原牛とよばれる野生牛である．1万7000年前のフランスのラスコーの洞窟壁画には多くのオーロックスが描かれている（図1.3）．オーロックスは氷河期である更新世を代表する大型哺乳類で，体重は600〜1000 kg程度であると推測されている．最後の氷期が終わり間氷期に入る更新世末期（1万数千年前）には，北アフリカとユーラシア大陸の大部分に広く生息していた．西アジアと北アフリカでは2500〜3500年前に絶滅したが，ヨーロッパでは比較的近年まで生存していた（図1.4）．1627年にポーランドで最後の1頭が死亡したとの記録が残っている．オーロックスに関する有名な記述としては，古代ローマの英雄カエサル（BC100−BC44）が『ガリア戦記』に書き残したものがある．この記述によれば，ウシ

図1.3　ラスコー（フランス）の洞窟壁画に描かれたウシ（約17000年前）

図1.4　オーロックス（原牛）の絵画（The Class Mammalia Vol.IV より）

とオーロックスはすでに異なる動物として認識されており，狩猟を通して若者の勇猛さを示す魅力的な狩猟対象であったことがわかる．

オーロックスは広範囲に生存していたため，化石の大きさも多様である．オーロックスは大きく3亜種が存在していたといわれ，*Bos primigenius primigenius*（北アジア），*Bos primigenius namadicus*（南アジア），*Bos primigenius opisthonomus*（北アフリカ）の3集団に分類することが提案されている（Epstein & Mason, 1984）．

1.2.2　ウシの2大系統

現在世界で飼育されている家畜ウシの系統は，大きく北方系ウシ（*Bos taurus*，タウリン，肩にこぶがないウシ）とインド系ウシ（*Bos indicus*，ゼブー，肩にこぶのあるウシ；図1.5）に分類できる．図1.6に北方系ウシとインド系ウシ，およびその中間型ウシの分布図を示す（在来家畜研究会, 2009）．

北方系ウシは，ユーラシア大陸の北部，特にヒマラヤ山脈の北側の全域に分布している．われわれがよく知っているホルスタインや黒毛和種は，この北方系ウシに属する．本系統はヨーロッパを中心としてさまざまな国々で飼育され，増体性，肉質，乳量，乳脂肪などに対してすぐれた形質を有する多くの品種が確立されてきている．

インド系ウシはインドを中心としたアジア・アフリカなどの熱帯性気候の地域で飼育されており，熱帯性気候やその気候に存在する疾病などに対する抵抗性を有する．インド系ウシの特徴としては，肩胸部の背に大きなこぶをもつ（図1.5）．このこぶは肩峰（けんぽう）とよばれ，筋肉と脂肪からなっている．また，胸部の皮膚は垂れ下がっており，胸垂（きょうすい）とよばれる．これらの形態学的特徴は暑熱環境へ

図1.5　インド系ウシ
肩に肩峰とよばれるこぶがあり，また胸部の皮膚が垂れ下がる胸垂が特徴的である．

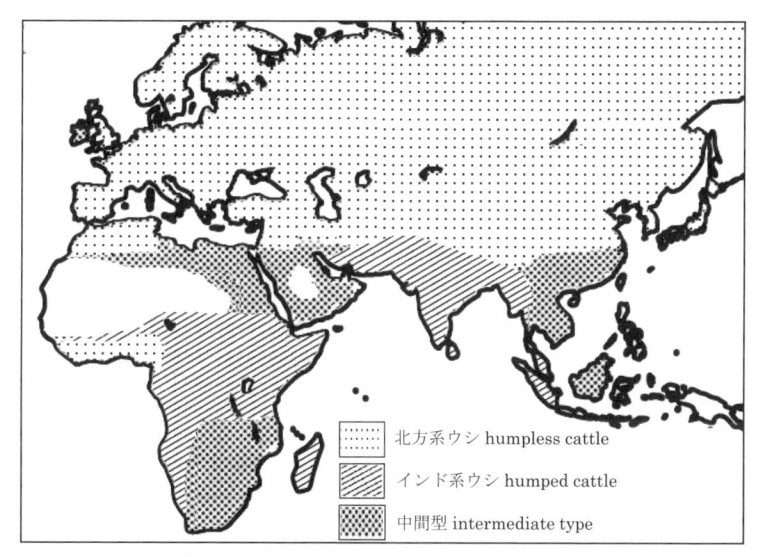

図1.6 ウシの2大系統の分布（在来家畜研究会編：アジアの在来家畜，名古屋大学出版会，2009）

凡例：
- 北方系ウシ humpless cattle
- インド系ウシ humped cattle
- 中間型 intermediate type

の適応であると考えられている．

　北方系ウシとインド系ウシは容易に交雑が可能であり，生殖隔離は認められない．よって，この2系統が分布する境界地域では，これらの中間型が存在する．近代になってウシを導入したオーストラリアは熱帯・亜熱帯気候の地域が多く，これら2系統をうまく利用した交雑がなされている．これらは北方系ウシの肉質形質とインド系ウシの環境適応能力のすぐれた点を利用している．

1.2.3　ウシの家畜化

　家畜ウシには北方系ウシとインド系ウシの2大系統がいるが，これらはどのようにして家畜化されたのであろうか．ウシの家畜化には大きく2つの仮説があり長い間論議されていた．1つめは，家畜ウシは1つの場所と時期にオーロックスから家畜化され，その後北方系ウシとインド系ウシが分岐したという説である（ウシの家畜化の単元説）．もう1つはこの2大系統は別々の時期に別々のオーロックス亜系から家畜化されたとする説である（二元説，多元説）．

　決定的な証拠となったのは，ミトコンドリアDNAの塩基配列による解析結果であった（Loftus et al., 1994）．北方系ウシとインド系ウシのミトコンドリアDNA配列は明らかに異なっており，塩基配列情報を用いた分岐年代も推定

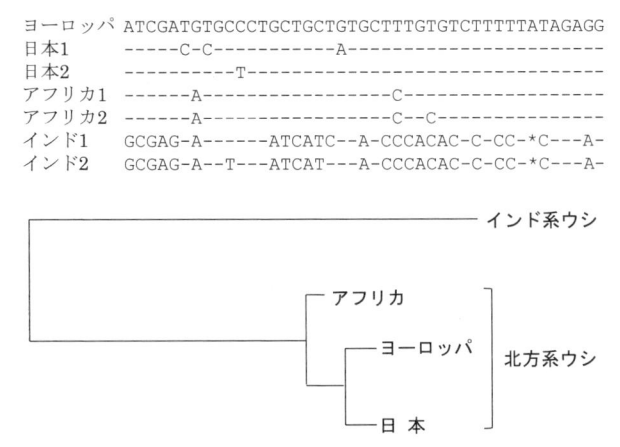

```
ヨーロッパ  ATCGATGTGCCCTGCTGCTGTGCTTTGTGTCTTTTTATAGAGG
日本1      -----C-C----------A------------------------
日本2      ----------T--------------------------------
アフリカ1   ------A----------------C-------------------
アフリカ2   ------A--------C--C------------------------
インド1    GCGAG-A------ATCATC--A-CCCACAC-C-CC-*C---A-
インド2    GCGAG-A--T---ATCAT---A-CCCACAC-C-CC-*C---A-
```

図 1.7 ミトコンドリア DNA 塩基配列を用いたウシの 2 大系統に対する系統分析（Mannen *et al.*, 1998 から改変）
上図：ヨーロッパ品種のウシの塩基配列を基本とし，それぞれの品種・系統で異なる塩基配列を示した．
下図：その塩基配列から作成された分子系統樹．北方系ウシとインド系ウシでは明らかに塩基配列が異なることがわかる．

可能であった．ミトコンドリア DNA 配列から推定した結果，この 2 系統は 20 万年前から 100 万年前に分岐したことが示された（図 1.7）．人類の文明が始まりウシの家畜化が行われたのは 1 万年程度前であると考えられていることから，この分岐年代は家畜化年代よりはるか昔であることがわかる．よって，この 2 系統は独立して家畜化されたのであり，異なるオーロックスの亜系統から家畜化されたのである．

それではこの 2 大系統が家畜化された場所はどこであろうか．北方系ウシが家畜化されたのは，最も古い文明であり，「肥沃な三日月地帯」で示される農業の発祥の地であるメソポタミアであると考えられている（図 1.8 中の (a)）．これは考古学証拠とともに分子学的な証拠からも示されている．最も古くに家畜化された反芻動物はヤギとヒツジであり（1 万 3000 年前），これら 2 種も同地域で家畜化されている．イラン高原は最も古い遺跡が集中している場所でもあり，アリ・コシュ遺跡，ザビ・ケミ・シャニダール遺跡，アシアブ遺跡で最古の家畜ヤギやヒツジの骨が見つかっている（図 1.8 ①）．発見された最古の家畜ウシの骨は，ヤギやヒツジよりも新しく，8400 年前と推定されているアナトリア高原の南部タウルス山脈に位置するチャタル・フユク遺跡で発見されている（図 1.8 ②）．したがって，メソポタミアが最も古い主要なウシの家畜化起源で

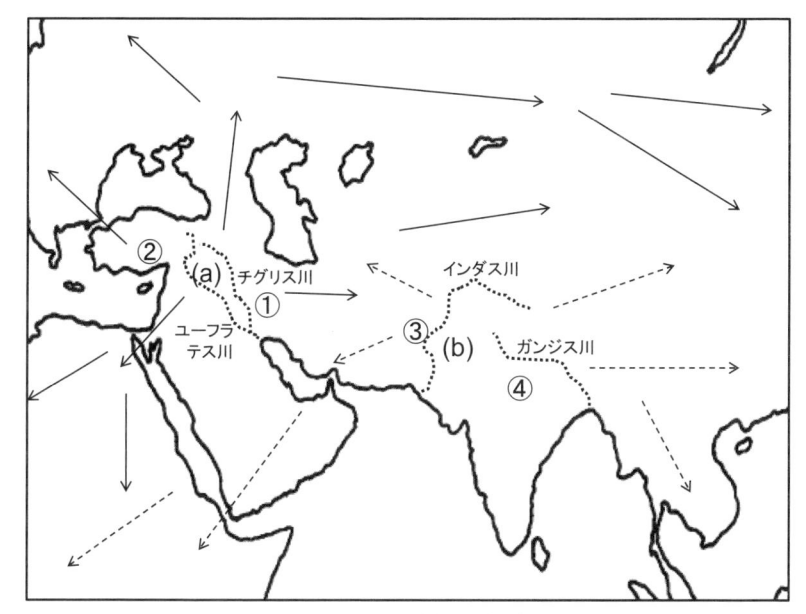

図 1.8 ウシの家畜化と伝播
実線矢印は北方系ウシの伝播経路，破線矢印はインド系ウシの伝播経路.
(a) 北方系ウシの主要な家畜化起源であるメソポタミア．①古い遺跡が集中するイラン高原西部．アリ・コシュ遺跡，ザビ・ケミ・シャニダール遺跡，アシアブ遺跡が存在する．②タウルス山脈南部のアナトリア高原．最古の家畜ウシの遺骨が見つかったチャタル・フユク遺跡が存在する．
(b) インド系ウシの家畜化起源であるインダス文明圏．インダス川流域に位置するハラッパーやモヘンショ・ダロ遺跡が存在する．③イラン高原の東端に位置するメヘルガル遺跡．④インド系ウシの第2起源の可能性があるガンジス川流域とデカン高原．

あることは疑いがない．

それではインド系ウシの家畜化起源はどこであろう．考古学的な証拠から，現在のインド・パキスタンに位置するインダス文明圏であることは間違いがない（図 1.8 中の (b)）．しかし，その詳細な地域の限定には至っていない．インダス文明が栄えたインダス川流域に位置するハラッパーやモヘンショ・ダロ遺跡は比較的新しい（4500 年前）．インダス平原より西方にはイラン高原の東端に位置する約 7000 年前のメヘルガル遺跡があり（図 1.8 ③），この地域がインド系ウシの起源ではないかと推測されている．さらに近年になって，ミトコンドリア DNA を用いた分析により，インド系ウシの起源は少なくとも 2 つの亜系統に由来するとの報告がされた (Chen *et al.*, 2010)．その 1 つはインダス文明の源郷であるイラン高原であることが示されているが，もう 1 つはガンジス

川流域ないしは南インドのデカン高原に由来すると推測されている（図1.8 ④）．いずれにせよ，インド系ウシはインド・パキスタンを中心とするインダス文明圏で家畜化されたといえるであろう．

1.2.4　家畜ウシの伝播

　家畜化された北方系ウシとインド系ウシは，人類の文化圏の拡がりとともに世界中に伝播していった．古代では，北方系ウシはメソポタミアよりヨーロッパやアフリカへ，またシルクロードを通じてアジアにも伝播していった（図1.8実線矢印）．この伝播の際には，当時に各地域で生息していたオーロックスとの交配，つまり遺伝子流入や家畜化もミトコンドリアDNAの分析から示唆されている（Mannen et al., 2004）．インド系ウシは熱帯気候に適した系統であるので，インダス文明圏より東南アジアへ，またアラビア半島を経てアフリカへ伝播していった（図1.8破線矢印）．また，気候が亜熱帯の地域では，2大系統の拡がりとともにその交雑系統が飼育されるようになった（図1.6）．

　南北アメリカ大陸には1万年以上前から人類が住んでいたが，家畜ウシの伝播は比較的最近のことである．その伝播は，15世紀末から16世紀初頭の大航海時代に行われ，北方系ウシが持ち込まれたものと考えられている．この新大陸へのインド系ウシの導入は，熱帯気候に適応改良を行うための目的で19世紀に行われている．

　人類がオーストラリア大陸に到達したのは4万7000年前頃と推定されており，本大陸とアジアが海面上昇によって分断されるのは2万年前ぐらいである．よって，古代には家畜ウシは存在せず，オーストラリア大陸に家畜ウシが導入されたのは18世紀末である．当初導入されたウシはケープタウンで入手したインド系ウシであったとされている．19世紀には多くの北方系品種が導入され，これらが交雑されている．現在のオーストラリアにおいても，インド系ウシはよく利用されている．

1.2.5　ウシの家畜化の目的

　現在，人類がウシを飼う目的は，食肉，乳，労役が主たる目的であり，二次的に派生した目的として皮革や排泄物を肥料とすることなどがあげられる．人類がウシを家畜化した時代（1万～8000年前）には，すでにヤギやヒツジが家

畜化されており（1万3000年前〜），これらから食肉を得ていた．ヤギやヒツジの中動物と比較して，家畜ウシの祖先であるオーロックスは巨大であり，家畜化をするには大きな困難が伴ったはずである．よって，ウシの家畜化には食料の確保とは別の目的が当初あったのではないかと推測されている．

そのうちで最も有力なのは，儀礼に使用するためだとする説である．最も古い家畜ウシの遺骨が見つかっているチャタル・フユク遺跡（8400年前）の神殿には，多くのウシの角や頭部が収められている．地中海沿岸や近東で発見される古代遺物からは，ウシは神の象徴としての重要な役割をもっていたこともわかっている．また現在においても，ヒンズー教ではウシを神聖な動物として食肉をタブーとしている（在来家畜研究会，2009）．

しかし，古代遺跡から発見される野生動物の骨が，ウシの家畜化を境にして減少することから，家畜ウシの主要な目的が食料であったことは疑いないであろう．当初は食肉を得るための狩猟目的であったオーロックスは，その大きさと力強さから儀礼の対象となり，飼育し馴らす過程を通じてその目的も変化していったのであろう．

1.2.6 家畜化による生物学的変化

ウシに限らず家畜は，人類を通して家畜化されたときから野生動物ではみられない形態変化が起こる．ウシの家畜化の際に最初に起こったのが，馴化と体格の変化である．ヒトに馴れない動物は基本的に家畜として飼育することが困難である．家畜化後のウシは明らかに体格が小さくなっていることが遺骨からわかっている．これは小柄な個体がヒトにとって取り扱いが容易であったためであろう．巨大なオーロックスの中でも，小さい個体を捕獲・馴化・選抜した結果であると思われる．面白いことに，人類は近代に入って家畜ウシからの肉量を多く得るために，再び体格を大きくする方向に育種改良を行っているのである．

その他の家畜化後の形態学的変化としては，角の大きさや毛色があげられる．オーロックスの角は巨大であり飼育者には危険であるため比較的小さめの角が望まれたであろう．現在でも，個体どうしが傷つけ合うのを防ぐために，幼獣時に除角するのは普通に行われている．毛色の変化は家畜化後に起こりうる顕著な変化である．これは野生動物においても同様に毛色遺伝子に変異が起こり

うるのであるが，自然界で起こった毛色変異は通常捕獲者に狙われやすく，後代にその形質を残しにくい．これに対して家畜化後は，ヒトが家畜を保護するため自然淘汰圧がきわめて小さくなる．むしろ人類は，特色をもった毛色が現れた際に興味を示し，その個体を優先的に残そうともする．近代の家畜品種論では，毛色の固定は品種を表す一大要因にもなっている．わが国の黒毛和種や褐毛和種も，毛色によって品種名を示している代表的な例であろう．

繁殖性もウシの家畜化後の形態学的変化をよく表している．ウシの場合，通常春に子を産む．出産後の子牛に栄養豊富な乳を与えるためには，草の若葉が芽吹く時期が食料として最も栄養価が高く好ましいためである．これを季節繁殖といい，野生動物ではこの方が多い．ところが餌をヒトが与え人工授精を行うに至り，繁殖・出産は通年にみられる現象となった（周年繁殖）．また，乳量の変化も繁殖形質の変化といっていいかもしれない．オーロックスは絶滅したため乳量のデータは存在しないが，肉牛における年間の泌乳量は約 1000 kg 程度である．これが育種改良の進んだ乳牛であると，年間 1 万 kg 以上の乳を生産する（世界記録は 2 万 4000 kg）．ヒトがウシの乳に着目して以来，1 個体が生産する乳量は増え続けてきたのである．

1.3 家畜ウシの近縁種

現在の家畜ウシの祖先であるオーロックスは絶滅している．一方，家畜ウシの近縁種では野生種が現存している．ヤク（*Bos mutus*），ガウア（*Bos gaurus*），バンテン（*Bos javanicus*），コープレイ（*Bos sauveli*）がウシ属に属する．バイソンはアメリカバイソン（*Bison bison*）とヨーロッパバイソン（*Bison bonasus*）がバイソン属に分類されているが，近年の研究によりウシ属に統合すべきとの主張がある．これらの野生近縁種は家畜ウシとの交雑が可能であり，コープレイとヨーロッパバイソンを除く 4 種は現在においても何らかの遺伝的交流が存在する．

家畜ウシと近縁種は交雑可能であるが，雑種第 1 代においてはどの組合せも雄は不妊となる．生殖器や生殖行動には問題はないが，有効な精子を作り出せないのが不妊の原因となっている．近縁種雑種における雄の不妊化はウシ属に限らず，哺乳類では最初にみられる生殖隔離である．これは雑種第 1 代の雄個

体において，第一減数分裂で生じる異種間での X 染色体と Y 染色体の対合がうまく生じないことが原因として考えられている．哺乳類の X 染色体と Y 染色体は対合上での相同染色体である．Y 染色体は生存に不可欠な遺伝子は存在しないため進化速度が速く，そのために異種間での XY 染色体対合が難しくなるのであろう．

近縁種の中で家畜化に最も成功しているのはヤクである（図 1.9(a)）．ヤクはカシミール高原からチベット高原にかけての標高 4000〜6000 m 程度の高地に生息している．家畜ヤクはチベット高原で多くの個体が飼育されており，家畜ウシとの交雑も多い．家畜ヤクは高地に適応し，肉，乳，毛が利用される．しかし，雄のヤクは扱いづらく飼育者にとって危険である．よって多くの場合は，家畜ウシとの交雑および戻し交雑による交雑種が利用されている．

南アジアから東南アジアにかけては，ガウア，バンテン，コープレイの 3 種のウシ属が分布している．この中でコープレイはカンボジア北部やラオス南部に生息したといわれている．しかし，1970 年代のインドシナ半島における戦争で激減し，1980 年代の観察報告以来，生息が確認されておらず絶滅した可能性が高い．

ガウアはインドや東南アジアの森林地帯を中心に広く生息している．ガウア

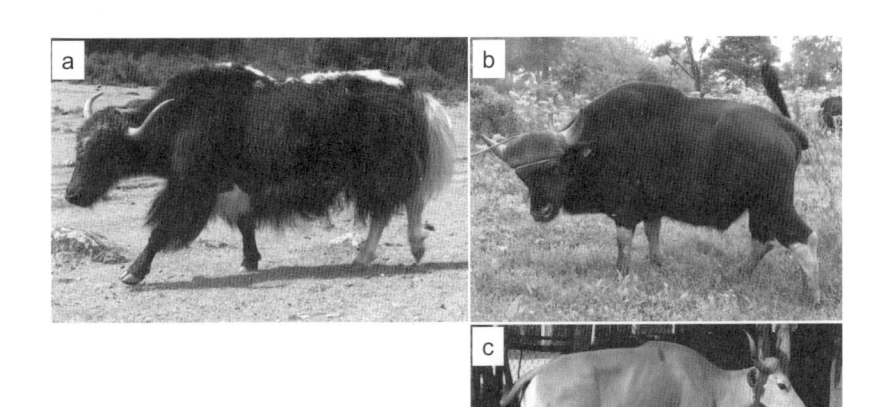

図 1.9　家畜ウシの近縁種
左上：家畜ヤク（ブータン）．右上：ミタン（ブータン）．右下：バンテン（カンボジア動物園）．

を家畜化したものをガヤールやミタンと呼ぶ（図1.9(b)）．ミタンはインドを始めとして，ミャンマーやブータンの山岳地帯で飼育されている．雨の多い森林地帯によく適応し，黒光りする柔軟な表皮を有する．家畜ヤクと比較して，ミタンは家畜ウシとの交雑がより多く行われ，さまざまな段階の交雑種が利用されている．一方，純粋なガウアの生息域は限られており，現在ガヤールやミタンと呼ばれるものも少なからず家畜ウシの遺伝的影響を受けているようである．

バンテンの生息域は東南アジアとその島々まで拡がるが，その生息数はかなり少なくなっている．雄の成熟個体は濃褐色，雌と若個体は明るい褐色で，臀部と四肢端は白色である（図1.9(c)）．このバンテンの遺伝的影響を強く受けている家畜ウシとしては，インドネシアのバリ島で飼育されているバリウシがあり，労役と食肉に供されている．また，インドネシアのマズラ島では，バリウシと家畜ウシとの中間的な形態を示すマズラウシが飼育されている．

1.4 ウシの品種

1.4.1 世界の品種とその形成過程

ウシの品種はウシ属・ウシ種（*Bos taurus*, *Bos indicus*）の下に位置づけられ，毛色，角の有無，体型などの形態（外貌）や生態，能力が他と種別できる遺伝的特性をもつ集団である．品種登録は遺伝的特性だけでなく，登録協会が規程している登録条件を備えたものだけが認定される．

1.2.4項で述べているように，古代文明発祥の地メソポタミアとインダス文明圏でそれぞれ家畜化されたウシは，異なるルートを経て全世界に拡がっていった．その伝播の過程で，たとえば北方系種はさまざまな人種や民族の意図のもとで，イギリスの中型種（ヘレフォードなど）から，ヨーロッパ大陸の大型種（シャロレーやシンメンタール），乳専用種（ホルスタイン，ジャージーなど），乳肉兼用種（ブラウンスイス）へと多様化し，地域ごとに品種が形成されていった．現在，世界には800種を超えるウシ品種がいるといわれている．

このような品種の改良には，多くの育種家が携わってきた．産業革命時代にイギリスで活躍したロバート・ベークウェル（1725-1795）は，家畜改良の祖といわれる．食物エネルギー源と発光源としてのロウソク用の牛脂肪の需要が

高まるなかで，彼はロングホーン種のウシを肉だけでなく脂肪もたくさん採れるように改良した．彼が手がけた3つの改良手法は，①明確な改良目標を立てたこと，②選抜と当時忌避されていた近親繁殖を行ったこと，③雄ウシの能力検定を行ったことである．これは当時としては卓越したものであった．彼はこのような方法でロングホーン種だけでなく，ヒツジやウマの品種改良にも成功した．その後イギリスはコーリング兄弟らを輩出し，ショートホーン種が作出されるなど，品種改良により畜産物の生産が飛躍的に増大して産業革命を支えた．これらの業績はメンデルの遺伝の法則（1865）やダーウィンの進化論（1859）が発表される以前のことであった．

1.4.2 日本の品種とその形成過程

鎌倉末期に描かれた『国牛十図』には10ヶ国のウシについて特徴が記されている．これは，当時国内の各地域において遺伝的に特徴のある集団（地方種）がある程度形成されていたことを示すものといえよう．また，その序文に「馬は関東，牛は西国」とあり，描かれたウシの産地からも当時のウシ飼養文化圏の中心が西日本にあったことがわかる．

在来牛の改良が意図的に行われるようになったのは18世紀後半である．中国地方には古くから近親交配や系統繁殖によって固定され体型や能力のすぐれた多数の系統牛群が存在した．これらは「蔓牛」といわれ，親の特徴的な形質を確実に子孫が受け継ぐ共通の特徴をもつ集団であった．わが国最古の蔓が「竹の谷蔓」である．1770年代に蔓牛の造成が図られ，1830年に現在の岡山県新見市において確立された．そのほか1800年代半ばには広島県比婆郡（現 庄原市）で岩倉蔓が，兵庫県美方郡で周助蔓が，島根県仁多郡では卜蔵蔓が確立された．

明治時代には，在来牛の役用能力の向上をめざし1900年に国の方針によって在来種と外国種との交配が推奨された．しかし当初目指したものが得られず，むしろ雑駁化が進んだために外国種による交雑を中止し，交雑種の中で優良なものが1912年に改良和種と呼称されることになった．改良和種は交配した外国種が表1.1のように府県によってさまざまであり，遺伝的特性に地域性があった．この特性はその後造成された和牛品種にも引き継がれた．1944年には黒毛和種，褐毛和種，無角和種が，1957年には日本短角種が，品種認定された．

表 1.1　改良和種造成に用いられた府県別導入品種（Namikawa, 1992, p.7 より作成）

造成品種	導入品種	導入府県
黒毛和種	ブラウンスイス	京都，兵庫，広島，鳥取，島根，山口，大分，鹿児島
	ショートホーン	兵庫，岡山，広島
	デボン	兵庫，岡山，島根，山口，鹿児島
	シンメンタール	広島，島根，大分
	エアシャー	広島，島根，山口
	ホルスタイン	鹿児島
褐毛和種	朝鮮牛	高知，熊本
	シンメンタール	高知，熊本
	デボン	熊本
無角和種	アバディーンアンガス	山口
日本短角種	ショートホーン	青森，岩手，秋田
	デボン	秋田
	エアシャー	秋田

わが国にはこれらとは別に，外国品種の遺伝子が入らないまま現存している在来のウシ集団がある．見島牛と口之島牛である．これら2つの在来牛は，わが国のウシの伝達経路を調べるうえでも格好の材料となっている．血液型やDNAによる系統樹分析によって，これらの在来牛はヨーロッパ系統（*Bos Taurus*）の流れを組むとされている．本節では日本在来のウシである和牛と，その成立にかかわった外国種を中心に紹介する．各々の品種の説明については巻末付表「おもな家畜ウシの品種と日本在来種一覧」（p.222）に示した．

1.4.3　日本における第二次世界大戦後のウシの改良

戦後まもなく，1950年に制定された家畜改良増殖法に基づいた人工授精は，わが国の肉牛と乳牛の改良に大きく貢献してきた．1960年以後肉専用種となった和牛は，すき焼きやしゃぶしゃぶといったわが国独特の薄切り肉の消費形態と結びついて，脂肪交雑を重視した改良が図られてきた．この改良方向は1991年の牛肉自由化を機に一段と進んだ．1996年から実施されたアニマルモデルBLUP法（本書11.3節参照）による育種価評価事業は，特に脂肪交雑において急速な改良効果をもたらした．2000年代に入って，脂肪交雑だけではなく，和牛肉のもっている独特の風味や食味に関する研究と改良への応用の取り組みが強化されてきている．さらに，コスト低減を図るために繁殖能力や粗飼料利用性などの種牛性を加味した改良の方向性も打ち出されてきている．

次に乳牛についてみると，1959年からステーション方式による後代検定を用いた種雄牛造成が開始された．1974年からは乳用牛群検定が開始され，雌牛と全国一律の種雄牛評価値が公表されるようになった．1990年代に入ると，年あたり改良量が100 kgを超えるペースで遺伝的能力の向上が図られ，さらに1994年には乳用種雄牛の国際評価事業であるインターブルに日本も参加した．そして2000年代に入り，乳牛の改良目標が，高ピーク低持続性の高泌乳牛作りから持続性を重視した低ピーク高持続性の高泌乳牛作りに変更された．最近では性判別精液の販売など，ウシの改良速度を速める技術の開発も進んでいる．また，本書13.1節で紹介する遺伝子情報を取り入れたゲノミック選抜は，今後のウシの改良にきわめて有効と期待されている．

〔万年英之・内田　宏・広岡博之〕

参 考 文 献

Chen, S., Lin, B.Z., et al.（2010）：*Mol. Biol. Evol,*, **27**：1-6.
Loftus,R.T., Machugh, D.E., et al.（1994）：*Proc. Natl. Acad. Sci. USA*, **91**：2757-2761.
Mannen, H., Tsuji, S., et al.（1998）：*Genetics*, **150**：1169-1175.
Mannen, H., Kohno, M., et al.（2004）：*Mol. Phylogenet. Evol.*, **32**：539-544.
Mason, I.L.（1984）：*Evolution of Domesticated Animals*, Longman.
並河鷹夫（1980）：日本畜産学会報，**51**(4)：235-246.
Namikawa, K.（1992）：*Breeding History of Japanese Beef Cattle and Preservation of Genetic Resources as Economic Farm Animals*, Wagyu Registry Association. 2nd Edtion.
Nikaido, M., Rooney, A.P., Okada, N.（1999）：*Proc. Natl. Acad. Sci. USA*, **96**：10261-10266.
農林省畜産局編（1966）：畜産発達史本編，中央公論事業出版.
Porter, V.（1991）：*Cattle —A handbook to the breeds of the world—*, Christopher Helm, A&C Black.
Shimamura, M. et al.（1997）：*Nature*, **388**：666-670.
正田陽一編（2006）：世界家畜品種事典，東洋書林.
正田陽一編（2012）：品種改良の世界史（家畜編）第2刷，悠書館.
昭和農業技術発達史編纂委員会（1995）：昭和農業技術発達史第4巻（畜産編／蚕糸編），農文協.
畜産技術発達史編纂委員会編（2011）：畜産技術発達史，畜産技術協会.
在来家畜研究会編（2009）：アジアの在来家畜，名古屋大学出版会.

2. 世界と日本のウシの生産システム

2.1 世界のウシ飼養

2.1.1 世界のウシ飼養頭数と乳肉生産量

表 2.1 は，世界の地域別用途別飼養頭数を 1990 年と 2010 年について示したものである．世界では，2010 年現在，約 14 億頭のウシが飼養されており，その約 33％がアジアで飼養されている．この 20 年間におけるウシ飼養頭数の変化をみると，ヨーロッパでは大幅に減少しているのに対して，アフリカやアジア，南アメリカでは，急速に増加していることがわかる．この傾向は，屠殺頭数や乳利用頭数の両方に関して著しく，特にアフリカとアジアではここ 20 年間で約 2 倍に増加している．全飼養頭数に対する屠殺頭数と乳用頭数の割合は，それぞれ肉と乳利用のための重要度を表すものと考えられるが，ヨーロッパは乳と肉の両方が重視されているのに対して，南北アメリカやオセアニアでは肉利用が重視されていることがうかがえる．また，アジアでは屠殺頭数と乳用頭

表 2.1　世界の地域別ウシの飼育頭数と用途別頭数

	(A) 飼育頭数 (100万頭)		(B) 乳利用頭数 (100万頭)				(C) 屠殺頭数 (100万頭)			
	1990年	2010年	1990年	B/A	2010年	B/A	1990年	C/A	2010年	C/A
アフリカ	189.2	282.9	33.7	0.178	59.9	0.212	23.0	0.122	40.2	0.142
北アメリカ	107.0	106.9	11.4	0.106	10.1	0.095	38.6	0.361	39.1	0.366
中央アメリカ	44.6	46.4	3.6	0.081	5.7	0.123	7.3	0.164	11.0	0.237
カリブ	9.3	9.0	1.1	0.120	1.3	0.139	1.7	0.179	1.3	0.147
南アメリカ	271.8	350.3	29.9	0.110	36.2	0.103	47.7	0.176	65.9	0.188
アジア	401.5	472.7	57.0	0.142	99.9	0.211	36.6	0.091	89.4	0.189
ヨーロッパ	243.1	124.5	82.0	0.337	38.7	0.311	88.8	0.365	45.0	0.361
オセアニア	31.9	37.3	4.4	0.139	6.3	0.168	10.8	0.337	12.3	0.330
世界全体	1298.4	1430.1	223.1	0.172	258.1	0.181	254.5	0.196	304.2	0.213

表 2.2 世界のウシの地域別牛肉・牛乳生産量

	牛肉生産（メトリックトン）				牛乳生産量（メトリックトン）			
	1990年	1頭あたり(kg)	2010年	1頭あたり(kg)	1990年	1頭あたり(kg)	2010年	1頭あたり(kg)
アフリカ	3.3	143.8	6.2	154.6	15.2	451.9	29.9	498.9
北アメリカ	11.4	294.2	13.3	340.9	75.0	6596.7	95.7	9456.1
中央アメリカ	1.5	200.4	2.2	201.5	7.8	2161.6	14.3	2517.9
カリブ	0.3	174.5	0.2	185.0	1.9	1720.1	1.6	1311.8
南アメリカ	9.4	196.4	14.9	225.8	31.8	1063.3	63.6	1755.6
アジア	5.0	136.8	13.4	150.1	56.6	992.2	162.5	1626
ヨーロッパ	20.1	226.1	11.0	245.0	276.8	3374.5	207.1	5345.9
オセアニア	2.2	202.3	2.8	224.3	14.0	3167.8	26.1	4152.9
世界全体	53.1	208.5	64.1	210.6	479.1	2147.0	600.8	2327.5

数の割合が大きく増加し，このことからこの20年間に牛肉消費と乳製品の消費が大きく増加していることがうかがえ，その一方で役用としての利用が大きく減少したことが読み取れる．

　世界の地域別牛肉および牛乳生産量とその推移は，表2.2に示すとおりである．牛肉生産量は，1990年にはヨーロッパが最も多く，次いで北アメリカ，南アメリカの順で続いていたが，2010年には南アメリカが最も多くなった．1990年前後から2010年までの推移をみると，ヨーロッパ以外の地域では増加傾向にあり，とりわけアジアにおける増加量は著しい．1頭あたりの生産量（牛肉生産量を屠殺頭数で割ったもの）は牛肉の生産性を表す指標と考えられるが，地域別に比較すると，北アメリカの生産性が最も高く，次にヨーロッパ，オセアニアの順であった．これら3地域の1頭あたりの牛肉生産量が200 kgを超えているのに対して，アフリカやアジアの地域では150 kg前後と少ない．この違いは，地域間の生産性の違いを反映しているものと考えられる．

　一方，牛乳生産量は，ヨーロッパ以外の地域では増加傾向にあり，アフリカ，アジア，南アメリカにおける増加率がきわめて高いことがうかがえる．それに対し，ヨーロッパの牛乳生産はこの10年間に大幅に減少している．これは，ひとつにはヨーロッパでは1頭あたりの乳生産量が遺伝的な改良効果によって大幅に増加し，供給量が需要量を大きく上回り過剰となったため，生産制限が実施された結果と考えられる．また，ヨーロッパの多くの国では，ウシ由来の環境問題が深刻化し，政策的に飼養頭数と生産量が制限されたことも影響していると推察される．さらに，イギリスを中心にBSE騒動が起こり，牛肉や牛乳

の消費量が低下したことも原因の1つと考えられる．

2.1.2 世界のウシ生産システム

ウシからの乳や肉生産は，さまざまな自然環境条件，社会的・経済的条件と結びついて，多種多様な形態で営まれている．ウシは，人間によって利用できないバイオマスを人間の食料となる肉や乳に変換する役割を果たしている．また，糞尿は作物生産のための貴重な肥料となっている．開発途上国では今でもウシは農耕や運搬に利用され，糞は燃料にも使われる（図2.1）．さらに，富の象徴として，あるいは蓄財として利用される場合もある．このことは，英語で家畜がlivestock（生きた蓄財）と表現されていることからもうかがえる．

図2.1 ウシの利用（写真提供：万年英之）
(a) 運搬用，(b) 糞の燃料．

世界におけるウシ生産システムの分類はすでにいくつか行われている（宮崎，1994；Sere & Steinfeld, 1996）が，本節では，多様なウシ生産システムを草地飼養，耕地飼養，加工業的飼養に3分類し，さらにウシ生産主体，ウシ・(耕種)作物混合型（農家内複合生産）および作物主体型の3サブシステムに分けて説明することにする．また，最後に新しい方向性として，有機畜産に関しても簡単にふれておくことにした．

a. 草地飼養

ウシ主体のシステムとして，まったく対照的な遊牧型と定住放牧型の2つがある．遊牧型のシステムは，アフリカ，中近東，中央アジア，モンゴルなどの乾燥帯に広く分布し，遊牧民が飼料資源の牧草を求めて2ヶ所以上の牧草地の間を移動し，それぞれの場所で共同牧野を作ってウシを放牧している．特にこのような遊牧民にとっては，牛乳は重要な食糧源であり，ウシは荷物の運搬用

図2.2 モンゴルにおける遊牧風景（写真提供：大石風人）

としても重宝なので，老廃牛となって初めて肉利用される．モンゴルでは，ウシはヒツジ，ヤギ，ラクダ，ウマとともに飼養されることが多い（図2.2）．アフリカでは，血液を飲用するためにウシを飼養する部族もいる．

　他方，定住放牧型システムは，定住しながらウシを牧草地に放牧するシステムである．このシステムにおいては，大農場で肉生産を目的に行う粗放なシステムと中小農場で乳肉の両方を生産する集約的なシステムの2つのタイプがある．前者のシステムは，主としてアメリカ合衆国やオーストラリア，南アメリカに分布している．季節によって牧草の質と量が異なるので，子牛の生育期に豊富な牧草が得られるように，季節繁殖が行われている．南アメリカのアマゾン地域では，近年，熱帯雨林が伐採され，その後に広大な牧草地が開発されて

図2.3 オランダにおける放牧風景
夏季に放牧し，冬季は舎飼いで飼育される．

いる．このような牧草地では，主として肉用にウシが放牧されている．品種としては，暑熱湿潤環境に適応したインド系品種が飼養されるケースが多い．一方，ヨーロッパやオーストラリアの一部，ニュージーランド，わが国の北海道などでは，放牧を主体とした集約的な乳や肉の生産が行われている．周年放牧ができない北欧やオランダなどの北ヨーロッパ地域では，夏季に放牧，冬季に舎飼いされている（図 2.3）．

ウシ・作物混合型のシステムとしては季節移牧型システムがある．このシステムには，雨季に放牧地で放牧を行い，乾季に農耕地でミレットやソルガムの刈跡で放牧を行うアフリカの遊牧民のシステム（図 2.4），冬と春にはウシを平地の穀物の刈跡や休閑地，林内草地などに放牧し，夏には山地の自然草地に放牧する地中海沿岸のシステム，季節と気温変化によって，冬には低地，夏には高地と垂直に移牧を行なうスイス・アルプス地域のシステムなどがある．

図 2.4 ブルキナファソ北東部の刈り跡放牧（写真提供：田中　樹）

作物主体のシステムとしてはプランテーション作物と組み合わせたシステムがある．東南アジアやアフリカの熱帯雨林地域にはココナッツやアブラヤシなどのプランテーションが広がっている．そのようなプランテーションにウシを放牧し，その下草を飼料として利用する生産システムが，近年，マレーシアやインドネシアなどの東南アジアを中心に広がっている（図 2.5）．このシステムにおいては，ウシは，副業的な目的で飼養されており，プランテーション作物の価格が不安定なときに経営のリスクを分散する役割を果たしている．このシステムでは牧草地を新規に造成する必要もなく，プランテーション内で繁茂す

図 2.5　マレーシアにおけるアブラヤシの下草を利用したウシ生産
（写真提供：Dahlan Ismail）

る下草を利用するため，新たな投資は不要で経済的なメリットは大きい．また，導入されたウシによる下草の摂取は，プランテーション作物生産の側からみれば，雑草の防除を意味し，さらにウシの糞尿は肥料となっている．ウシ生産の側からみれば，プランテーション作物の大きな葉は，太陽光線の遮断に役立ち，暑熱の影響を和らげている．

b. 耕地飼養

ここでいう耕地畜産とは，舎飼いによるウシの小規模飼養である．ウシ主体の舎飼いの多頭飼養は，後の加工業的飼養の項で述べることにする．

ウシ・作物混合型のシステムでは作物と畜産が有機的に結びついており，欧米の伝統的農業，アジア，アフリカ，南米における副業的農業から発展した複合生産がこのシステムに属する．このような複合生産においては，ウシ生産と作物生産の両方が1つの農家内で営まれている．

複合生産が営まれるおもな理由として，第一に複数の農産物を生産することでリスクの分散を図れることがあげられる．つまり，単一の農産物のみを生産している農家の場合，予期できない天災や価格の暴落などがあると多大な被害を受けることになるが，複数の農産物を生産しておくと，一方で大きな被害を被ったとしても，他方でそれを補うことができる．このようなリスクの分散は，開発途上地域では特に重要である．第二に，作物とウシの補完関係があげられる．そもそも伝統的な生産システムにおいては，ウシ生産と作物生産は農家内で密接に相互補完関係にあり，作物生産からの副産物や残渣などはウシの飼料

として利用され，また，ウシは耕作や運搬などの使役によって作物生産とかかわり，さらにその糞尿は肥料として作物生産の土壌に還元される．わが国の稲作と結びついた伝統的な和牛の飼養は，稲わらや野草がウシの飼料として給与され，糞尿が水田に還元されている点で，このシステムに属しているといえる．

　作物主体の副業的畜産システムにおいては，生産の主体は作物で，ウシは役用，肥料生産用あるいは蓄財として使われている．このシステムは，アジアやアフリカを中心に分布し，通常，特殊な商用作物（コーヒーやサトウキビなど）や食用作物が主体として生産され，ウシは裏庭で，自家消費用の乳の生産や農耕用に飼養されているケースが多い．しかし，このような生産システムは，農業の機械化によって開発途上国においても急速に姿を消している．

c. 加工業的飼養

　飼養規模が拡大し，ウシが生産の主体となったタイプが，集約的な加工業的飼養システムである．このシステムでは，通常，経営はウシ飼養専業で，飼料は経営外から購入され，経営の効率化をめざして，多数のウシが狭い土地で集約的に飼養されている．このような加工業的飼養の代表例は，アメリカ合衆国やカナダ，オーストラリアなどに点在するフィードロットである．ここでは，給与飼料のほとんどが濃厚飼料で，サイレージ，乾草，生草のような粗飼料は，反芻胃の活動を維持する目的でのみ給与される．フィードロットは，安価な濃厚飼料が容易に手に入り，良質の牛肉を購買したいと望む消費者が多数住んでいるような都市周辺地域で発達してきた．最近，開発途上国においても，大都市近郊では大中規模の加工業的酪農生産が出現してきている（図2.6）．このようなシステムでは，牛乳は毎日，近郊の都市に運ばれ消費されている．また，

図 **2.6**　中国の都市近郊の中規模酪農（写真提供：稲村達也）

逆に都市から得られた安価な食品副産物（わが国ではエコフィードと呼ばれている）が，飼料として利用されることも多い．

d．新しい生産システム

21世紀の畜産を考えるうえでの重要なキーワードは，畜産物の安全性である．近年，世界的に多くの消費者が畜産物の安全性に疑問をもち，より安全な畜産物へのニーズが急速に高まっている．

このような畜産物の安全性を高める目的で，特にヨーロッパを中心に広がっているのが有機畜産である（安松谷ほか，2007）．有機畜産は，農薬や化学肥料，成長ホルモンや家畜由来の飼料をいっさい用いず，動物福祉も十分配慮しつつ，土壌，作物，家畜，人間そしてそれを取り巻く環境の間の機能的な相互作用を最大限利用しようとする生産システムである．有機畜産の基準や法規制は，国によって多少異なるが，かなり厳しい生産上の規制がかけられており，この基準をクリアした畜産物のみ有機畜産物としての認証を受け，市場に出荷することができる．

今後，有機畜産が広く普及するためには，有機畜産の生産性と経済性が保証されることが不可欠である．たとえば，酪農についてみると，有機畜産では牧草など粗飼料の給与量が増加するため，一般的に乳量は低下し，また駆虫剤や予防薬の使用が禁止されているため寄生虫や疾病の発生頻度が高く，生産性が低下することも多い．しかし他方で，十分なスペースが与えられ，健康的に飼養されるため，乳房炎や疾病の発生頻度が低下し，従来型の生産と生産性が変わらないケースもある．なお，畜産物の品質について，一般消費者は有機畜産物の方がそうでないものより安全で美味しく，栄養価が高いと信じがちであるが，今のところこのことは科学的には証明されていない．

2.2 日本のウシ飼養

2.2.1 現在のウシ生産

2008年現在，農業総生産額に占める畜産のシェアは30.5％で，米の22.5％を超えている．さらに肉用牛と乳用牛のシェアに限ってみると，それぞれ5.4％，8.8％に達している．表2.3は，乳用種と肉用種の飼養戸数，頭数および規模についての1971年から現在までの推移を示したものである．飼養頭数につ

表 2.3　乳牛と肉牛の飼育農家戸数と飼育頭数（畜産統計より）

年次	乳牛			肉牛		
	戸数	頭数(千頭)	頭/戸	戸数	頭数(千頭)	頭/戸
1971	279,300	1,854	6.6	797,300	1,759	2.2
1980	115,400	2,091	18.1	364,000	2,157	5.9
1985	82,400	2,111	25.6	298,000	2,587	8.7
1990	63,300	2,058	32.5	232,200	2,702	11.6
1995	44,300	1,951	44.0	169,700	2,965	17.5
2000	33,600	1,764	52.5	116,500	2,823	24.2
2005	27,700	1,655	59.7	89,600	2,747	30.7
2010	21,900	1,484	67.8	74,400	2,892	38.9

いては，乳用牛は 1985 年をピークに年々その数が減少し，肉用牛は 1990 年以降ほぼ横ばいに推移している．一方，飼養戸数はいずれも急速に減少しており，それに伴って，飼養規模は増加の一途をたどっている．

a. 牛乳生産

牛乳はホルスタイン種を中心とする乳用雌牛を飼養する酪農家によって生産され，その飼養方式は子牛，育成牛，成牛の 3 期に分けられ，平均 16 ヶ月で初回種付け，26 ヶ月齢で初産分娩し，その後，搾乳，分娩，搾乳を繰り返して，平均 4 産（6～7 年）で淘汰されるのが一般的である（図 2.7）．搾乳期間は平均 365 日，分娩間隔は 14.2 ヶ月である．

b. 牛肉生産

わが国の牛肉生産は多様である（図 2.7）．牛肉供給量のうちの約 60％がオーストラリアやアメリカからの輸入牛肉で，残りの約 40％が国産牛肉で，そのうちの 44％（全体の 17.8％）が黒毛和種をはじめとする和牛からの肉である．

和牛生産は，繁殖用の雌牛（母牛）を飼養し，生まれた子牛を育成し，子牛市場に出荷する繁殖農家（子牛生産農家とも呼ばれる）と，その子牛を肥育素牛（肥育目的で育成された子牛の総称）として子牛市場から購入して，肥育し，食肉市場に出荷する肥育農家の 2 部門によって営まれている．

繁殖農家は，雌子牛を自家で更新するか，あるいは子牛市場から 8～9 ヶ月齢で購入し，生後 16 ヶ月程度で初回種付けを行い，9～10 ヶ月の妊娠期間を経た後に分娩，その後，1 年 1 産をめざして毎年子牛を生産する．農家の規模は，1，2 頭飼いの非常に小規模な経営から，数百頭以上の大規模な経営までさまざまである．統計では，雌牛の生涯の生産子牛頭数の平均 7 頭（つまり 7 産）と

2.2 日本のウシ飼養

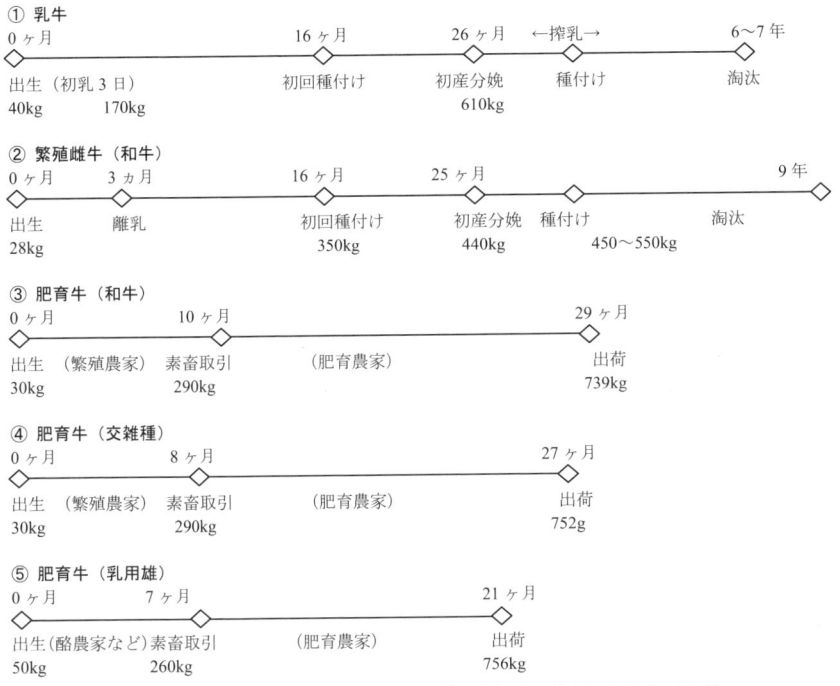

① 乳牛
0ヶ月		16ヶ月	26ヶ月	←搾乳→	6〜7年
出生（初乳3日）		初回種付け	初産分娩	種付け	淘汰
40kg	170kg		610kg		

② 繁殖雌牛（和牛）
0ヶ月	3ヵ月	16ヶ月	25ヶ月		9年
出生	離乳	初回種付け	初産分娩	種付け	淘汰
28kg		350kg	440kg	450〜550kg	

③ 肥育牛（和牛）
0ヶ月	10ヶ月		29ヶ月
出生（繁殖農家）	素畜取引	（肥育農家）	出荷
30kg	290kg		739kg

④ 肥育牛（交雑種）
0ヶ月	8ヶ月		27ヶ月
出生（繁殖農家）	素畜取引	（肥育農家）	出荷
30kg	290kg		752g

⑤ 肥育牛（乳用雄）
0ヶ月	7ヶ月		21ヶ月
出生（酪農家など）	素畜取引	（肥育農家）	出荷
50kg	260kg		756kg

図 2.7 日本のウシのライフサイクル（『畜産経営の動向』を参考に改変）

されているが，小規模な農家では雌牛をペットのようにかわいがり，受胎しなくなるまで何産でも飼養するものもいる．生まれた子牛で，雄は生後2〜3ヶ月で去勢され，8〜9ヶ月で子牛市場に出荷される．雌に関しても，自己更新するものを除き，余剰の雌子牛は，雄子牛と同じような月齢で子牛市場に出荷される．哺育・育成方法としては，かつては親子同居の自然哺乳が一般的な方法であったが，低泌乳量や分娩時の事故等で母牛が子牛を育てられなくなるケース，子牛の吸乳刺激が分娩後発情回帰を遅らせ，母牛の繁殖性が低下するケース，さらに頻発する子牛の下痢への対応のため労働負担がかかるケースなど多くの問題が指摘され，最近では，黒毛和種などの和牛でも母子を分離して人工哺乳する早期離乳法を取り入れる農家が増えてきている．

一方，肥育農家では，肥育素牛を子牛市場で購入し，去勢牛の場合は約20ヶ月間肥育した後，29ヶ月齢，740 kg前後で食肉市場に出荷される．雌子牛の肥育は，去勢牛よりも発育能力が劣るため，肥育期間をより長く要し，生産コストは高くなるが，肉質は去勢牛よりも良いと考えられている．このような繁

殖経営と肥育経営のほかに, 最近, 繁殖と肥育と両方を行う一貫生産農家が増加している.

国産牛肉のうちの約55％は, 酪農の副産物である乳用種の肉と交雑種（F_1とも呼ばれる）の肉である. 酪農家で生まれた乳用種雄子牛は, 生後2～3日の段階（ヌレ子とよばれる）で育成農家に販売され, 8ヶ月齢前後で子牛市場に出荷される. その後, 肥育農家によって約14ヶ月間の肥育の後に平均して21ヶ月齢, 750 kgで食肉市場に出荷される. 最近では, 育成と肥育をともに行う農家も出現している.

乳用種の牛肉は, 和牛, 特に黒毛和種の牛肉と比べて肉質が大きく劣り, 子牛の価格も黒毛和種と比べてかなり安い. そこで, 搾乳用の乳用雌牛に黒毛和種の精液を人工授精し, 子牛を高価で販売できる交雑種を生産する酪農家が増加している. 2009年には乳用種への黒毛和種精液の交配率は, 全国平均で26.8％, 北海道を除く都府県に限ればさらに高く39.0％となっている（本書6.1.3項参照）. 交雑種は, 雌雄ともに育成・肥育が行われるが, 肥育期間は乳用種と和牛の中間ぐらい（約19ヶ月程度）で, 平均27ヶ月齢, 約750 kgで食肉市場に出荷されている. 交雑種は, 乳用種よりも良質な肉が期待でき, さらに和牛よりも肥育期間が短縮でき, 生産コストの削減が可能であるため, 交雑種を肥育する農家は増加している.

以上のほかに, 最近では, オーストラリアやアメリカなどの海外の繁殖農家で生産された肥育素牛を生体輸入し, 肥育して食肉市場に国産牛肉として出荷する農家も現れている.

2.3 ウシと日本人

ウシの文化とは, ヒトがウシを対象にしてかたちづくってきた乳・肉・役・皮などを利用した生活・生産・技術・娯楽・芸能・信仰といった物心両面で生み出されたものである. このような視点から, わが国のウシ文化を歴史的に振り返ってみたい.

わが国には仏教伝来以前の4～5世紀にウシが移入されたと考えられている. 700年には文武天皇が酥（そ）を作ることを命じた記録があり, 貴族社会において牛乳や酪（らく）, 酥, 醍醐（だいご）などの乳製品が利用されていた. すでに仏教の影響もあり675

年に「殺生禁断令」の詔勅が出されていたが,『延喜式』によれば延喜年間(901〜906)には約 1 万頭ものウシが飼われていたと推定されている.その後仏教が普及するにつれて肉食禁止が強化され,律令制の崩壊とともに乳利用も衰退していった.江戸時代には徳川吉宗の命により造られた白牛酪や,彦根藩主が幕府や水戸藩の要請に応じて牛肉の味噌漬けや干し肉を作って献上したといった事例を除き,明治維新までわが国の食文化の公の記録から牛乳・乳製品や牛肉が消えることとなった.

一方,役利用を目的としたウシの飼育は伝統的に継続されていた.ウシはウマより体高が低いうえ,体幅が広く安定しており,物を背に載せるのに適した体型をしている.主蹄が 2 つに分かれていることも足場の悪い道での運搬に向いていた.そのため,ウシは早くから物資の輸送に用いられており,藩政時代に製鉄業が盛んだった西日本地方の中国および九州の一部を中心として,薪や粗鋼の運搬等に好んでウシが用いられていた.東北地方唯一のウシ産地であった南部地方もその 1 つである.これらの地方では,古くは鎌倉時代ともいわれる牛小作が第二次世界大戦後まで続き,ウシ産地を支えていた.牛小作とはウシ所有者と飼育者の間の貸借や預託関係で成り立っていた制度である.日本の在来牛であった南部牛は塩を沿岸部から内陸に運ぶ荷駄輸送に用いられ,ウシの道は「塩の道」と呼ばれている.ウシによる輸送は,馬車が通る県道や鉄道が整備された 1900 年頃に終焉を迎えたが,山からの木の切り出しでは,ウシの背による運搬が第二次世界大戦後まで行われていた(図 2.8).

また,ウシは頸付が低いことから頸木(くびき)による牽引に適している.この特性を

図 2.8 材木を背負ったウシ(写真提供:牛の博物館)

利用して平安時代に貴族の牛車(ぎっしゃ)が京都で発達したが，江戸時代にはすでに衰退していた．荷物運搬用の牛車(うしぐるま)は京都，駿府，江戸，仙台など限られた地域に限定されており，車輌交通の未発達は江戸時代までの日本の特徴の1つといえる．一方，稲作と結びついた日本のウシの使役として水田の耕起と厩肥(きゅうひ)の利用がある．犂(すき)の記録における初見は奈良時代であるが，平安時代には近畿・瀬戸内・北九州の豪族や豪農などにより用いられていたようである．西日本では，広島県の「壬生(みぶ)の花田植」や鹿児島県の「ガウンガウン祭」などウシの代掻(しろか)きと田植えをセットにした農耕儀礼が現在も伝えられており（図2.9），稲作とウシの関係の深さを今に見ることができる．

ウシは大切な労働力であり，資産でもあったため，さまざまな神仏に家畜の守護が祈願され，現在でも日本各地の寺社から牛馬安全の守護札が出されている．また，ウシが草を食うことから疱瘡（天然痘）の瘡(そう)をかけて，病気平癒の

図2.9 ガウンガウン祭り（写真提供：牛の博物館）

図2.10 久慈市の闘牛（写真提供：牛の博物館）

ためにウシの郷土玩具が贈られることもあった．牛嶋神社などで知られる撫牛信仰も主に病気平癒を祈願する民間信仰である．また出羽三山神社の火防御祓守護札に描かれているウシは大日如来の化身であるという．このようにウシは，信仰を通して日本人の心と深く結びついていた．勢子が中に入りウシどうしを闘わせる闘牛（図2.10）は現在全国6地域で行われている．12～13世紀から始まったとされ，その起源は地域によって諸説あるが，現在も観光，文化財，娯楽としてその伝統が関係者や地域の人々によって守られている．ウシと人は単に使役するものとされるものの関係のみならず，信仰や娯楽を通して日本人の心と深く結びついていたのである．

　黒毛和種は肉質を誇る日本を代表する品種であるが，すき焼きに代表される薄切り肉を煮るという日本独特の食文化を反映して改良されてきた．一方，日本短角種や褐毛和種，無角和種は，発育能力は良いが脂肪交雑が入りにくいために現在の枝肉評価基準の中では黒毛和種に比べて評価が低い．しかし放牧を取り入れた生産方式は安心・安全・健康を重視する消費者にとって魅力的なセールスポイントとなりうる．また生消連携による産直やオーナー制度，宿泊体験などのグリーンツーリズムといった，再生産可能な生産方式に向けた取組みが産地で展開されている．これらのウシを媒介とした諸活動は農村文化運動としてとらえることもできる．

　他の品種の追随を許さないサシの遺伝子をもった和牛（海外ではWAGYUとよばれている）は，日本のウシ文化の1つである．長い歴史の中でかたちづくられてきたウシ文化は，今後もウシとともにヒトの力と意志によって引き継がれ変遷していくであろう．
〔広岡博之・川田啓介〕

参 考 文 献

林　良博・森　裕司・秋篠宮文仁ほか編（2009）：ヒトと動物の関係学，岩波書店．
加茂儀一（1973）：家畜文化史，財団法人法政大学出版局．
宮崎　昭（1994）：畜産の研究，**48**：89-96．
Sere, C., Steinfeld, H.（1996）：*FAO Animal Production and Health Paper N.127*, FAO.
社団法人 大日本農会編（1979）：日本の鎌・鍬・犁，財団法人 農政調査委員会．
東京都公文書館編（1987）：都市紀要32 江戸の牛，東京都生活文化局広報公聴部情報公開課．
安松谷恵子・田端祐介・広岡博之（2007）：日本草地学会誌，238-243．

3. ウシの特徴

🐾 3.1 ウシの外貌の特徴

🐾 3.1.1 体型と大きさ

　ウシは用途によって体型が異なっている．すなわち，ウシは本来，前躯が大きく，またそれは農耕用にも適する役用型である（図3.1）．乳用種では，乳量を増加させる目的で乳房を大きくするような改良が進んだため，後躯の発達した乳用型となった．肉用種では，肉を多く採れるように改良してきたため，中躯，後躯も発達した長方形（ボックスタイプ），すなわち肉用型となった．

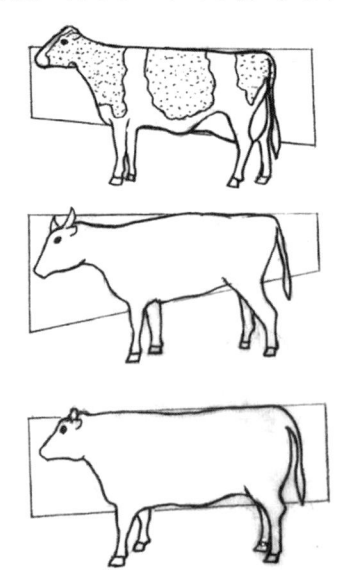

図3.1　用途による体型の差異
（上）乳用型：後躯が大きい，（中）役用型：前躯が大きい，（下）肉用型：長方形．

従来，日本のウシは狭い農地の農耕用や荷物の運搬用などに利用され，小型であった．欧米のウシは大型のものが多く，和牛の改良の過程において，その遺伝子が一部導入され，体は大きくなってきている．

一般的に大型のウシは成長も速く，早く大きくなり，飼料効率もよい．一方で，肉質（特に肉のきめ，しまり）は低下しやすい．

ウシの体重は，出生時では 30〜40 kg である．2〜3 歳の成牛では，わが国で代表的な乳用種のホルスタイン搾乳牛や黒毛和種の肥育牛で通常 600〜700 kg 程度である．去勢をしない雄は雌よりも体が大きく，大型種の雄では 1 t を超えるのが普通である．世界最高のウシの体重では 2 t を超えたという記録がある．

3.1.2 体の名称

ウシの生体各部における呼び方は図 3.2 のとおりである．このようにウシの測定部位に多くの箇所があるのは，改良・選抜の基準とされてきたためである．現在でも子牛や肉用牛，繁殖牛の評価に体尺測定値がよく利用される．またウシの審査では，その品種の特徴や良さ，将来性（子牛の場合）などをみる外貌審査も重視されている．

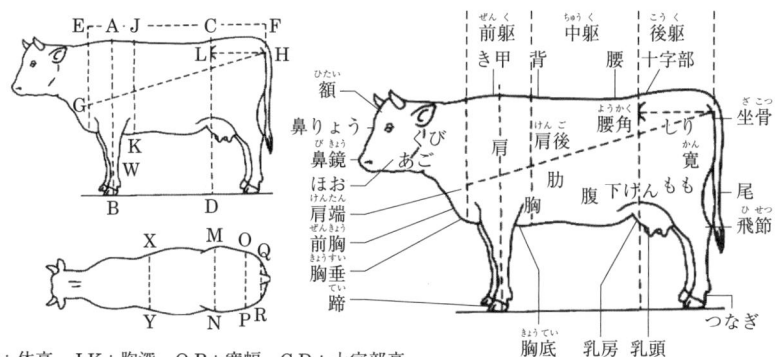

AB：体高　JK：胸深　OP：寛幅　CD：十字部高
LH：尻長　QR：坐骨幅　EF：体長（水平長）
XY：胸幅　W：管囲　GH：体長（斜長）　MN：腰角幅
胸囲は胸深の測定をしたところを巻尺をまいてはかる．

図 3.2　ウシ生体における各部の名称と体尺の測定箇所（『畜産入門』実教出版）

● 3.1.3 外貌にみられる器官の特徴

わが国のウシではすべて耳に耳標（個体識別番号）がつけられている（図3.3）．これはBSEの発生以降，個体管理の重要性からなされたもので，出生または輸入の年月日，種別，雌雄，母牛の個体識別番号，飼養の施設所在地やその期間などの履歴がたどれるようになっており，独立行政法人 家畜改良センターのWeb上で検索できるようになっている．

ウシの特徴として，角は中軸の角骨を包む皮膚の表皮が角質化して角鞘となったものである．このタイプを洞角といい，シカの鹿角とちがって生え替わることはなく，生涯伸び続ける．また遺伝的に無角の品種もある．

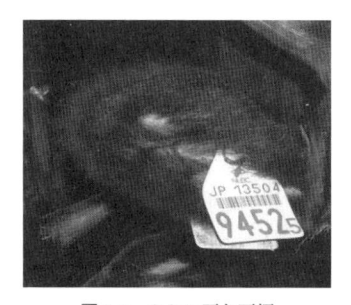

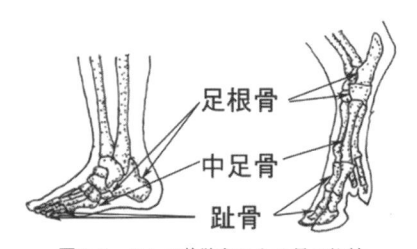

図3.3 ウシの耳と耳標　　図3.4 ウシの後肢とヒトの足の比較

皮膚は厚く，汗腺はウマほどには発達していない．そのため暑さには比較的弱い．なお，ウシの皮膚は最も代表的な革製品として利用され，一般に成牛皮のような25ポンド以上ある厚く重い皮をハイド，仔牛皮のように薄くて小さい軽い皮をスキンと呼んでいる．

四肢は強く，そのひづめは2つに分かれた偶蹄目である．ヒトと違って，第1，2，4指は退化し，第3指（ヒトの中指）と第4指（薬指）が発達し，その2つの指でつま先立ち歩行していることになる（図3.4）．

乳頭は前後に2個ずつ4個あり，副乳頭がみられる場合もある．乳房の内側は乳房間溝で左右に分けられ，また前後も独立している．

眼はヒトに比べると視野角は広いが，視力や色覚能力は劣っている．

鼻には，個体ごとに異なる細かい皺状の鼻紋があり（図3.5），ヒトの指紋のように個体の識別に利用されている．

歯は切歯が上0本，下4本，犬歯が上0本，下0本，前臼歯が上3本，下3本，後臼歯が上3本，下3本の計32本である．上の切歯がないため，草を食

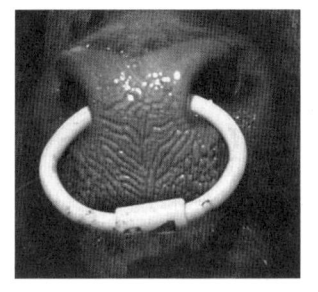

図 3.5 ウシの鼻紋 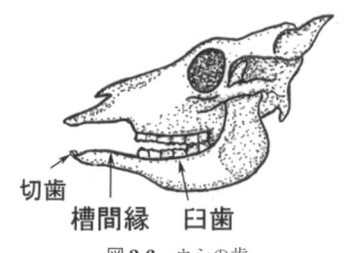　　図 3.6 ウシの歯

べるときには長い舌で巻き取って口に運ぶという食べ方であり，また犬歯がないため，その部分には広い隙間（槽間縁）がある（図 3.6）．さらに臼歯は良く発達し，上下運動に加え水平にもよく動き，ウシは反芻しながら，長時間かけて繊維物を細かく砕く．

3.2　ウシの骨格と筋肉

3.2.1　骨　　格

ウシの骨の数は全部で 227～229 個（個体差がある）に及ぶ．頭蓋は約 20 個の骨で構成される．脊椎は頸椎，胸椎，腰椎，仙椎，尾椎よりなっている（図 3.7）．頸椎は，哺乳類で一致し，7 個である．頸椎のうち形が特殊な第一頸椎を環椎，第二頸椎を軸椎と呼ぶ．

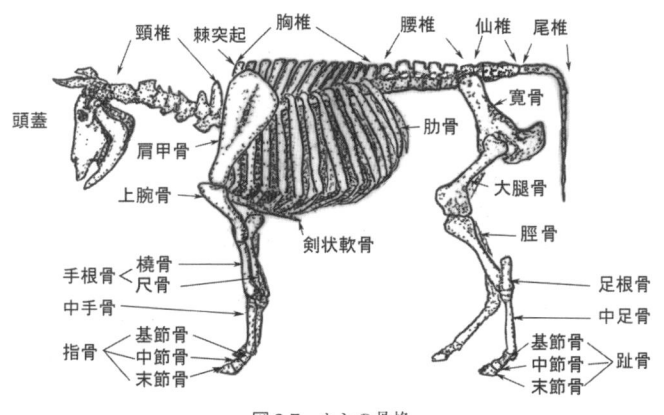

図 3.7 ウシの骨格

ウシにおいて胸椎は 13 個，腰椎は 6 個，仙椎は 5 個，尾椎は 18〜20 個である．脊椎は頭部，頸胸，腰部，仙尾でそれぞれ湾曲しており，体重をうまく支えている．胸椎上部には棘突起がみられ，第三胸椎部が最も高く，ウシの体高を測る部位にもなる．肋骨は真肋が 8 対，仮肋が 5 対ある．

前肢骨は，肩甲骨，上腕骨，手根骨（橈骨と尺骨），中手骨，指骨（基節骨，中節骨，末節骨）からなる．後肢骨は，寛骨，大腿骨，脛骨，足根骨，中足骨，趾骨（基節骨，中節骨，末節骨）からなる．

ウマと比べると，頸椎が短く，厚く，頭蓋の位置が低い．趾骨はウマよりも短く，体の重心が低い．また大型有蹄類の特徴であるが，前腕骨格の尺骨，下腿骨格の腓骨の発達が悪く，退化的であり，特に腓骨は退化して，脛骨の一部に突起として残るのみである．

3.2.2　筋　　肉

皮膚の直下には皮筋というものがあり，皮筋は両端ともに皮膚に付着しているか，一方が骨に付着し，皮膚に運動と緊張を与えている．頸部から背部にかけては，多くの大きな筋肉が重積しており，前肢，後肢にも大小さまざまな筋肉が存在している．ウシにおいて骨格筋の合計は 250 種類以上に及んでいる（石橋編，2000）．なお，図 3.8 に体表からのおもな筋肉を示した．

なお，食肉部位として重要な最長筋は脊椎の左右両側を走行し，部位によっ

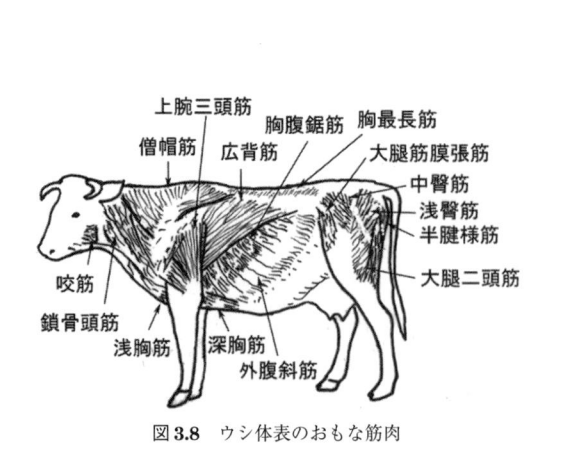

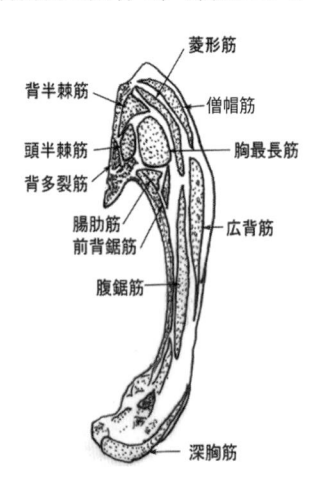

図 3.8　ウシ体表のおもな筋肉

図 3.9　肩の切断面におけるおもな筋肉名称

て頸最長筋，胸最長筋，腰最長筋などと呼ばれるが，胸最長筋は体中の最長の大型筋肉であり，ロースの主要部（ロース芯）である（図3.8, 3.9）．腰部の最長筋はサーロインと呼ばれる高級部位となる．大腰筋は腰椎の腹側にある筋肉で，最長筋と同様，体軸に平行して体内側で走行する．大腰筋は筋肉内脂肪が蓄積しにくいが，食肉としてやわらかく，ヒレと呼ばれる最高級部位となる．

一般的によく動かされる筋肉は，筋繊維が太く，結合組織も発達しているため，食肉としては硬く，一方，あまり動かされない筋肉はその逆で，さらに筋肉内脂肪が蓄積しやすいため，やわらかい傾向にある．

3.3 ウシの内臓

3.3.1 消化器官

ウシは反芻動物で，草食性であり，消化管構造に大きな特徴がある．ここで，反芻とは，胃内容物を口腔に吐きもどして再咀嚼し，唾液と混合させて再び嚥下することをいう．反芻の意義は，草などを細かく砕くということもあるが，酸性に傾く胃内のpH環境をアルカリ性の唾液（1日に50〜60リットル分泌）で安定させる役割が重要である．ウシは反芻を行うことによって，反芻胃内の微生物を共生させ，これによって草類を分解，消化するという特徴をもつ．

ウシの消化管は，口腔，食道，胃（第一胃〜第四胃），小腸（十二指腸，空回腸），大腸（盲腸，結腸，直腸）から構成される（図3.10）．ウシは4つの胃を持つが，反芻にとっては第一胃（ルーメン）と第二胃が特に重要であり，第四胃はヒトと同じ消化液が出る胃である．

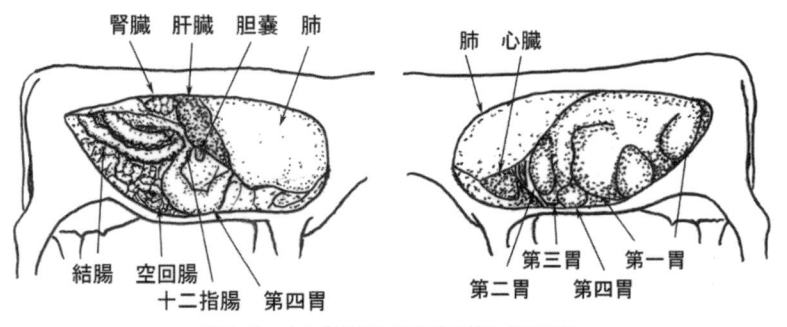

図3.10 ウシ腹部における消化管などの配置
胃がたいへん大きいため，左右側で大きく異なっている．

出生時の子牛では第一～三胃は未発達で、微生物さえ存在していないが、粗飼料の摂取とともに、物理的、化学的刺激によって、それらの胃は発達し、有用微生物（細菌、バクテリア）が共生するようになり、成牛ではたいへん大きくなって、胃容積が腹腔の 3/4 を占めるまでになる。なかでも第一胃は最も大きく、前後に走る縦溝によって背嚢と腹嚢に、さらに縦溝と直角に交わる冠状溝によって前嚢と後嚢に分かれている。

第一胃（ルーメン）は瘤胃とも呼ばれ、その内部には多数の絨毛(じゅうもう)がある（図3.11）。第二胃はその内壁の状態から蜂巣胃(はちのす)とも呼ばれ（図3.12）、第一胃とともに反芻において重要な役割を果たしている。

図 3.11　第一胃内部（中央畜産会ホームページより：以下図 3.14 まで同じ）

図 3.12　第二胃内部

第一胃、第二胃内では原生動物や細菌といった微生物が増殖し（共生）、その微生物によってウシの重要な栄養活動が営まれている。すなわち第一胃、第二胃は微生物の培養タンクのような役割を果たし、その後、飼料や微生物などの胃内容物は第三胃、第四胃に送られる。第三胃は、大小さまざまなひだ状の胃葉が発達し（重辮胃(じゅうべん)）、表面には無数の乳頭が密生している（図3.13）。第三胃の役割は、水と栄養物を吸収するとともに、多くのひだで餌をふるい分け、大きな塊を第一胃、第二胃へ戻しながら第四胃に入る胃内容物量を調整してい

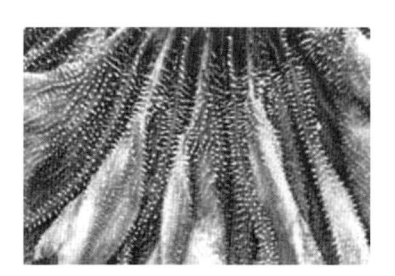

図 3.13　第三胃内部

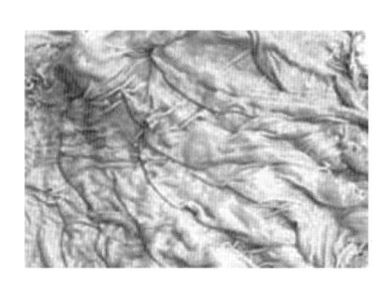

図 3.14　第四胃内部

る．最後の第四胃は腺胃ともいい，ヒトと同じ消化液を含む胃酸を出している（図 3.14）．

　胃内の微生物は，セルロースやヘミセルロースなどの繊維を分解し，酢酸やプロピオン酸，酪酸などの揮発性脂肪酸（volatile fatty acids：VFA）に変化させる．この揮発性脂肪酸はウシの体内に吸収され，エネルギーや脂肪合成などを担う貴重な栄養源となる．さらに胃内微生物は非タンパク態窒素などの一部を，ウシが利用可能なタンパク質に変換してくれる．また，微生物自体もウシの貴重な栄養源となる．すなわち，ウシは，反芻胃のあるおかげで，草などの飼料自体の栄養価を効率よく利用できるだけでなく，増殖した微生物をも栄養にし，さらに微生物による分解産物や合成産物まで利用している．

　ただし逆に，発酵しやすい炭水化物などの栄養物をガスにまで分解してしまうといった反芻胃によるマイナス面もある．このため，ある栄養素に対して微生物作用に対する保護処理などを行い，第四胃まで通過させるという「バイパス」という手法が利用されることもある．また，木や木質化した草ではリグニンという繊維分が多く，これは胃内微生物でも分解することはできない．

　次に，ウシの小腸の長さは 27～49 m（うち十二指腸は 1 m 程度）あり，大腸の長さは 7～14 m（うち盲腸は 0.5～0.7 m 程度）である．ウシの空回腸は腹腔の腹側を結腸円盤に沿って多数の小屈曲を作って後方に進み，盲腸に進み，結腸は円盤状で，最初時計方向に回転し，中心で逆回転して遠心ワナを作り，直腸に移行している．

　なお，同じ草食動物でもウマは胃ではなく，盲腸を発達させ，ここで微生物を共生させ，草類を分解，消化している．このため，ウシは，ヒツジやヤギとともに前腸発酵動物とよばれ，ウマは，ゾウ，ウサギなどとともに後腸発酵動物と呼ばれる．糞を観察すると，ウシでは均一な感じで，大きな反芻胃内で飼料が時間をかけて細かく消化されていることがわかるが，ウマでは繊維分がより多く残っている．その分，ウマは消化管割合が小さく，走って逃げるのに適している．

　ウシの肝臓は，5 kg 程度の重さで，切れ込みは浅いが，左葉，右葉，方形葉，尾状葉の 4 葉に区分される．肝臓の機能は，胆汁の生成，糖，脂質，タンパク質といった栄養素などの代謝調節，血漿タンパクやケトン体，尿素の合成，解毒作用，ペプチドホルモンの不活化，体温の維持調整など多岐にわたって重要

な役割を果たしている．

　膵臓は胃の後方にあって 0.4 kg 程度の重さ，淡黄色で W 字型をしている．膵臓はインシュリンやグルカゴンなどのホルモンを生産・分泌する内分泌器官の役割と，膵液を十二指腸内へ分泌する外分泌器官の役割を備えている．

3.3.2　内臓諸器官

　ウシの肺において，左肺は前葉の前部，後部と後葉の 3 つに分かれ，右肺は前葉の前部，後部，中葉，後葉，さらに副葉があるので，5 つに分かれ，合計 8 葉と家畜の中で最も多い（図 3.15）．

　ウシの腎臓はヒトやほかの家畜と違って特徴的であり，長楕円形で，いくつかの腎葉が集合した形をしている（図 3.16）．腎臓の機能は，ヒトやほかの家畜と同様，①尿生成により体液（細胞外液）の恒常性を維持すること，②尿素などのタンパク質代謝物を排出すること，③レニン産生などの内分泌機能と代謝調整にある．

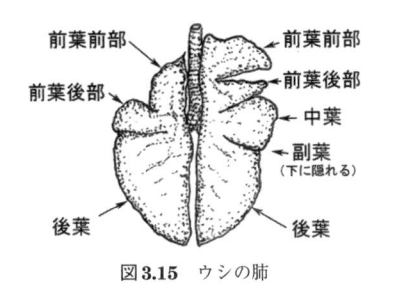

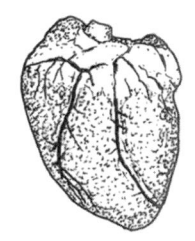

図 3.15　ウシの肺
図 3.16　ウシの腎臓
図 3.17　ウシの心臓

　ウシの心臓は左心房，左心室，右心房，右心室よりなり，重量約 2.5 kg で，体重の 0.4〜0.5 % である（図 3.17）．全身から戻ってきた血液は暗い赤色をしており，右心房から右心室を通って肺へ流れて酸素を受け取り，鮮紅色の血液となって，再び左心房，左心室を通り大動脈から全身へと送り出される．

3.3.3　繁殖器官

a.　雌牛の生殖器

　卵巣，卵管，子宮，子宮頸管，膣，外部生殖器より構成される（図 3.18）．卵巣は卵胞や黄体をもち，複数の雌性ホルモンを分泌している．卵管は受精部位になる．子宮は 2 つの子宮角と 1 つの子宮体からなり，双角子宮である．子宮

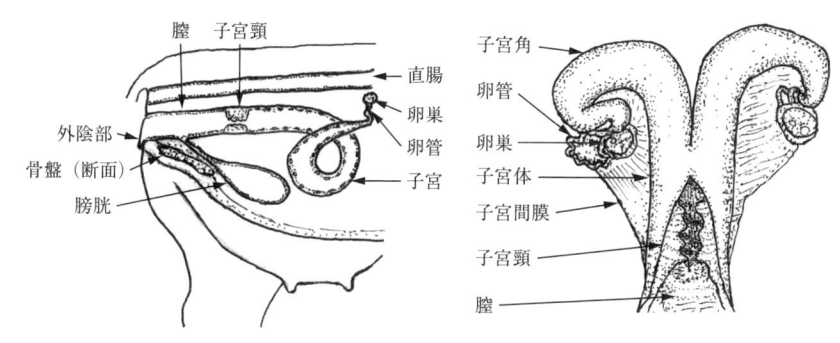

図3.18　雌牛の生殖器官

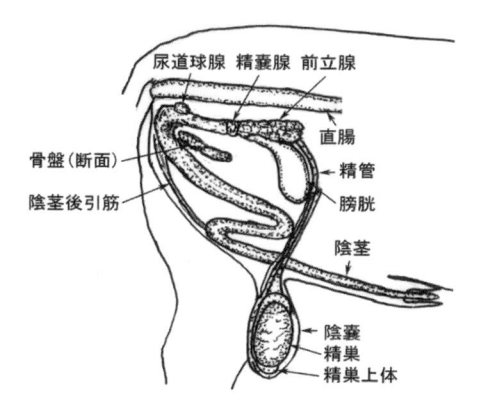

図3.19　雄牛の生殖器官

角の粘膜には反芻類特有の子宮小丘（宮阜）が認められ，子宮角では受精卵が着床し，胎子が発育する．子宮頸には輪状のひだがらせん状に走っている．

b. 雄牛の生殖器

精巣，精巣上体，精管，副生殖腺（尿道球腺，精嚢腺，前立腺），陰茎より構成される（図3.19）．精巣では精子が形成され，雄性ホルモンが分泌される．精巣上体では精子が成熟し，副生殖腺では精液の液体部が造られる．〔入江正和〕

参 考 文 献

石橋武彦編（2000）：家畜の生体機構，文永堂出版．
加藤嘉太郎・山内昭二（2003）：新編 家畜比較解剖図説，養賢堂．

4. 栄養素の代謝

4.1 反芻動物と栄養素代謝

　反芻動物は，種によって好む植物が異なり，①植物の子実，双子葉植物の葉，樹木や灌木の枝や葉などをおもに採食する種子類選択型，②イネ科植物の茎葉を選択的に摂取する茎葉採食型，③中間型に分類できる．ウシは茎葉採食型に属している．しかし，生産性の向上に伴い，これら粗繊維含量が高く，可消化栄養成分量が比較的低い飼料（いわゆる粗飼料）のみでは必要とする栄養分を満たせなくなり，穀物などのいわゆる濃厚飼料を給与するようになっている．反芻動物では，反芻胃内で細菌，プロトゾア，真菌など微生物による発酵が生じており，この点が反芻動物の栄養素代謝において，きわめて重要となる．本書では，おもにウシに特徴的な栄養素の利用を概説した．一般的な動物における飼料の消化や栄養素の代謝に関しては，それらを詳述した成書がある（奥村ほか，1995；石橋ほか，2011）．

4.2 炭 水 化 物

　ウシの飼料の炭水化物には，細胞壁を構成しているセルロース，ヘミセルロース，ペクチンなどの繊維とも呼ばれる構造性炭水化物と，デンプンなど非構造性炭水化物が含まれる．
　セルロースは，反芻胃内微生物によってグルコースに分解され，利用される（図4.1）．ヘミセルロースはおもにキシランおよびアラバンからなり，反芻胃内微生物によって五炭糖であるキシロースやアラビノースに分解され利用される．ペクチンはメチル化されたガラクツロン酸の重合体の一部にラムノース残

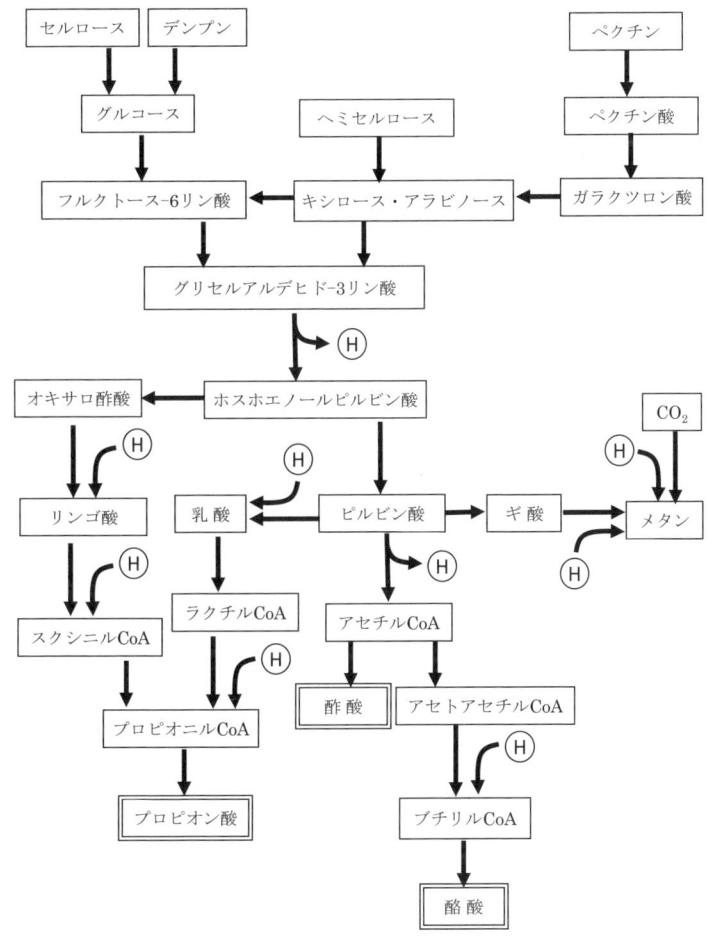

図 4.1 反芻胃内における炭水化物消化
Ⓗ：水素，☐：代表的な揮発性脂肪酸.

基を含む．反芻胃内微生物によって，ペクチンはガラクツロン酸残基が脱メチル化されペクチン酸となった後に，さらに分解され利用される．

炭水化物ではないが，リグニンも重要な細胞壁構成成分である．植物体でリグニンはセルロースやヘミセルロースと結合している．このようなリグニンとの結合によって，反芻胃内における繊維の分解は抑制される．

炭水化物はピルビン酸に代謝され，ピルビン酸から酢酸，プロピオン酸，酪酸などの揮発性脂肪酸（volatile fatty acids：VFA）とメタンや二酸化炭素が産生される．プロピオン酸はホスホエノールピルビン酸からオキサロ酢酸を介

表 4.1 異なる飼料を摂取した乳牛における反芻胃内 VFA 濃度の例（Balch & Rowland, 1957）

飼料	総 VFA (mmol/L)	モル比（%）		
		酢酸	プロピオン酸	酪酸
粗飼料多給	148	70	19	11
濃厚飼料多給	122	46	42	12

吉草酸などのモル比は通常5%以下である．

する経路によっても産生される．反芻胃内の VFA 濃度は 50〜150 mmol/L であり，200 mmol/L に達する場合もある．乳牛では，1日あたり 4 kg 以上の VFA が反芻胃内で産生される．産生された VFA は反芻胃壁からすみやかに吸収される．反芻胃内における VFA の産生割合は，給与飼料や微生物叢などによって変動する．粗飼料多給時の酢酸：プロピオン酸の割合は 7：2 から 6：3 であるが，濃厚飼料給与時には酢酸の産生が減少し，1：1 に近づく．

また，反芻胃内では偏性嫌気性の数種のメタン産生菌により，水素と二酸化炭素やギ酸からメタンが産生される．セルロース分解菌は多くの場合，水素利用を介したメタン産生と共役した酢酸発酵をするが，反芻動物はメタンを利用せず，あい気（げっぷ）として排出する．この量は，飼料エネルギーの 3〜12 % に相当する．

繊維消化は，デンプンなどを多く含む穀類主体の飼料を多給すると減少する．これをデンプン減退と呼ぶ．デンプンはすみやかに発酵され，その結果反芻胃内 pH が低下し，繊維分解菌の活性が減少する．また，デンプンなど発酵しやすい成分が多いと，それらを利用する微生物の増殖が促進される．その結果，デンプンを利用する微生物と繊維分解菌間でさまざまな栄養素の競合が生じ，繊維分解菌の増殖が抑制される．さらに，デンプンも利用できる繊維分解菌では，デンプンが多い場合，繊維分解菌自身の繊維分解酵素発現が低下することもデンプン減退の一因となる．

ウシの反芻胃上皮における酢酸代謝はわずかで，10％程度がエネルギーとして用いられ，5％がケトン体になるとされている．ウシの上皮細胞では，プロピオン酸代謝の始点となるプロピオニル-CoA 合成酵素活性が低いため，その代謝は少ないと考えられている．一方，ウシの上皮細胞において最大 90％の酪酸が β-ヒドロキシ酪酸を主体とするケトン体と二酸化炭素に代謝される．

デンプンは通常反芻胃内で容易に分解されるが，デンプンの形態によっては

表 4.2 トウモロコシの加工の相違が育成牛の消化管におけるデンプン消化率に及ぼす影響 (Huntington, 1997 一部抜粋)

		乾式圧ぺん	蒸気圧ぺん	粉砕
反芻胃内消化	(摂取%)	76.2 ± 7.9	84.8 ± 4.1	49.5
下部消化管消化率	(摂取%)	16.2 ± 6.7	14.1 ± 3.7	44.0
	(流入%)	68.9 ± 18.4	92.6 ± 4.1	86.5
総消化管消化率	(摂取%)	92.2 ± 3.0	98.9 ± 0.8	93.5

その多くが反芻胃を通過し,小腸に達した後に消化される場合もある.トウモロコシを粉砕すると,反芻胃内での発酵を免れるデンプンが増加し,多くが下部消化管で消化・吸収される(表 4.2).また蒸気圧ぺんという加工により,トウモロコシ中のデンプンは糊化し,発酵を受けやすくなるため,小腸に移行するデンプンは少なくなるが,下部消化管における消化率も高まる.

育成牛の第一胃にデンプンを投与するとそのエネルギーの 48% が蓄積されるのに対し,第四胃への投与では蓄積は 60% に達することから,穀類多給時には,反芻胃内発酵は飼料中エネルギーの利用効率を下げるといえる.小腸におけるデンプンの消化率は低くはないが,小腸に移行したグルコースの 2〜15% しか肝門脈に流入しないことが報告されている.一方,泌乳牛の第四胃にグルコースを投与した試験では,投与したグルコースの 70% 以上が肝門脈を通過することも報告されている.

穀類多給のためデンプン摂取の多いウシの場合を除けば,グルコース吸収量は多くないと考えられる.しかし,グルコースは,さまざまな物質の前駆物質であり,脳神経系の機能維持,泌乳のための乳糖合成,妊娠時の胎児へのエネルギー供給に必要である.そのため,ウシなど反芻動物は,糖新生という代謝過程により多量のグルコースを生合成している.糖新生の 80〜90% は肝臓で行われ,その前駆物質として,反芻胃内発酵由来のプロピオン酸,吸収されたアミノ酸や体タンパク質の分解によって生じたアミノ酸,筋肉運動によって生じ

表 4.3 ウシの肝臓における糖新生の基質 (Huntington *et al.*, 2006 より一部抜粋)

	肉用去勢牛			泌乳牛
グルコース合成 (kg/日)	0.39〜0.60	0.69〜1.18	1.12〜1.67	3.08〜3.12
グルコース合成への貢献 (%)				
プロピオン酸	48〜64	66〜77	43〜54	55〜58
L-乳酸	26〜36	16〜35	16〜20	18〜21
アミノ酸	16〜30	11〜28	17〜22	15〜17

た乳酸などが用いられている．ウシの肝臓において合成されるグルコースの40～80％がプロピオン酸，15～35％が乳酸，10～30％がアミノ酸の炭素骨格由来である（表4.3）．

4.3 窒素化合物

反芻胃内では，飼料に含まれるタンパク質や，アミン，核酸，尿素，硝酸塩などの非タンパク態窒素（non-protein nitrogen：NPN）が微生物により分解され，アンモニアを介してタンパク質が産生される（図4.2）．これら微生物タンパク質と，微生物による分解を免れた飼料中タンパク質（非分解性タンパク質）は，下部消化管に移行し，消化・吸収される．これらウシが小腸から吸収し利用可能なタンパク質を代謝タンパク質とよぶ．タンパク質産生に利用されなかったアンモニアは反芻胃上皮から吸収され，体内でのアミノ酸異化により生じるアンモニアと同様に肝臓で尿素に変換され，血中に移行する．血液中の尿素は唾液や反芻胃上皮からの拡散により反芻胃内へ流入し，飼料中のNPNとともに微生物に利用される．このような反芻胃内への尿素の流入は，単胃動物であれば尿に排泄される窒素をタンパク質として再利用できるので，ウシの

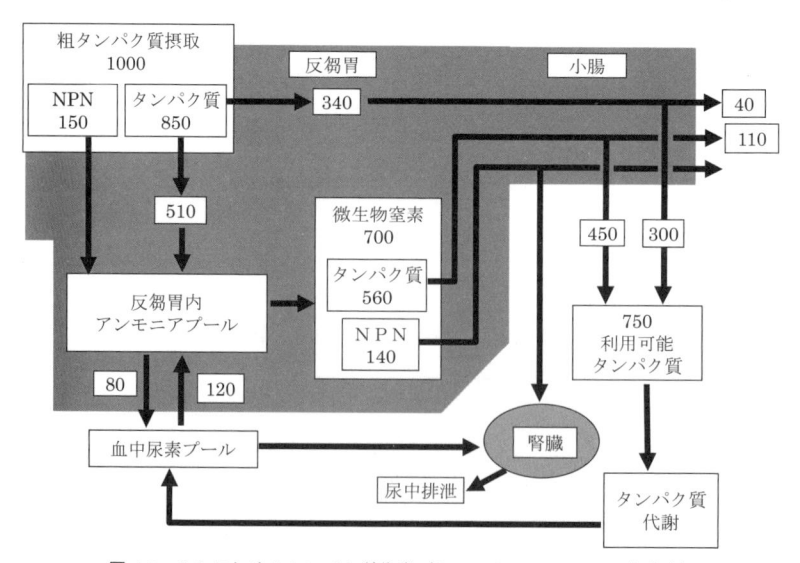

図4.2 ウシにおけるタンパク質代謝（Satter & Roffler, 1976を改変）
数値はg/日，粗タンパク質換算で示した．NPN：非タンパク態窒素．

タンパク質栄養にとり有用な機構である.

　反芻胃内のアンモニア濃度が 60〜120 mg/L のとき,微生物の増殖は最大となる.この範囲を下まわると窒素が不足し,微生物の増殖が抑制され,この範囲を上まわると,微生物がアンモニアを同化しきれず,反芻胃上皮から多量のアンモニアが吸収され,尿中への尿素排泄が増加する.微生物はアミノ酸合成のために,アンモニアとともに炭素骨格を必要とする.したがって,アンモニアが十分供給されている場合は,炭素骨格の供給がアミノ酸合成の制限要因となる.粗タンパク質摂取量が高い場合,反芻胃内で分解されやすい炭水化物を給与すると,VFA,特にプロピオン酸産生が増加し,微生物タンパク質産生が増加するので,尿中への尿素排泄が減少し,体内の窒素蓄積量が増加する.また,飼料摂取後の反芻胃内におけるアンモニア濃度上昇と VFA 濃度上昇を同期化することによって,アンモニアと炭素骨格の供給のバランスがとれるようになり,微生物による効率良いタンパク質産生が可能となる.

　飼料作物に対し窒素を過剰施肥すると,作物中に含まれる硝酸塩が増加する.反芻胃内で硝酸は,亜硝酸,さらにはアンモニアに還元されるが,硝酸から亜硝酸への反応に比べて,亜硝酸からアンモニアへの反応は遅い.したがって,硝酸塩を多く含む粗飼料を給与すると,反芻胃内で亜硝酸が蓄積する.そのような亜硝酸は吸収され,赤血球中のヘモグロビンに含まれる鉄を酸化し,酸素運搬能を有しないメトヘモグロビンに変えてしまう.メト化が進むと,ウシなどは硝酸塩中毒症に陥ることになる.

　反芻胃内微生物タンパク質には,ウシにおける必須アミノ酸がすべて含まれている.反芻胃内微生物タンパク質の消化率は 85%,生物価(吸収されるタンパク質量に対する体内に蓄積されるタンパク質量の割合)は 76% 程度なので,その正味タンパク質利用率は 65%(= 0.85×0.76)となり,ヒトにおける大豆タンパク質の正味タンパク質利用率 60% を上まわる.育成牛において,反芻胃内微生物タンパク質ではメチオニンが第一制限アミノ酸(最も欠乏しやすいアミノ酸),リジンが第二制限アミノ酸,トレオニンが第三制限アミノ酸であることが示されている.また,泌乳牛ではリジンが第一制限アミノ酸となる場合もある.

　高泌乳牛は乳中に多量のタンパク質を分泌するので,反芻胃内微生物によるタンパク質産生のみではタンパク質の要求量を満たすことができず,この不足

分は反芻胃内で分解を免れた非分解性タンパク質で補わねばならない．そのため，非分解性タンパク質を多く供給する必要がある．また，特定のアミノ酸を補給するため，反芻胃内発酵から保護されたリジンやメチオニンなどの「バイパス」製剤が利用されるケースもある．これらの利用により，飼料由来の窒素の体内における利用性が高まるので，乳量の改善だけではなく，窒素摂取量の低減，尿中窒素排泄量低下が期待できる．

　反芻胃内微生物に含まれる窒素のうち15～25％が核酸である．核酸は，小腸でリボヌクレアーゼとヌクレオチダーゼにより，プリン塩基とピリミジン塩基に消化された後に吸収される．ウシの膵液中リボヌクレアーゼ活性は単胃動物と比べきわめて高く，小腸で核酸の80％程度が消化・吸収される．吸収された核酸塩基の一部はサルベージ回路によって，ウシの核酸合成に用いられる．また，ピリミジン塩基は尿素に，プリン塩基は，キサンチン，ヒポキサンチン，尿酸を経てアラントインに代謝された後に，尿中に排泄される．

4.4 脂　　　質

　一般的なウシの飼料には脂質が2～5％含まれており，これらは主としてトリグリセリド，リン脂質であるが，草類にはガラクト脂質も多い．摂取されたトリグリセリド，リン脂質，ガラクト脂質は，反芻胃内微生物によって加水分解され，長鎖脂肪酸，グリセロール，ガラクトースなどが産生される．グリセロールやガラクトースは反芻胃内発酵によってVFAに代謝されるが，長鎖脂肪酸は反芻胃内ではほとんど吸収されず，またVFAや二酸化炭素に代謝されない．ただし，反芻胃内細菌によって，不飽和脂肪酸は水素添加を受け，飽和化していく．反芻胃内で生じた長鎖脂肪酸は，飼料粒子や微生物の細胞膜に付着する．長鎖脂肪酸は微生物に対する毒性を有しており，脂肪を多給すると繊維の消化率が低下する．

　反芻胃内微生物は脂肪酸合成を行っている．反芻胃内微生物が合成するおもな長鎖脂肪酸は炭素数が偶数であるパルミチン酸とステアリン酸であり，グルコースや酢酸がこれらの前駆物質となる．通常，飼料中やウシが合成するおもな脂肪酸は炭素数が偶数で直鎖であるが，ウシの生産物には，反芻胃内微生物が合成した炭素数が奇数の長鎖脂肪酸や側鎖を有する長鎖脂肪酸が少量ではあ

るが含まれる．

　ウシでは小腸に流下する飼料由来のおもな脂質は遊離した長鎖脂肪酸であり，これに反芻胃内微生物由来のリン脂質が加わる．これら脂質は単胃動物と同様に吸収され，体内を運搬される．ただし，単胃動物と比ベウシの血漿ではコレステロールエステルやリン脂質が多く，トリグリセリドを多く含むリポタンパク質であるカイロミクロンや超低密度リポタンパク質（VLDL）は少ない．

　反芻動物では，おもに乳腺と脂肪組織で，酢酸をおもな前駆物質として長鎖脂肪酸が合成される．グルコースを脂肪酸合成の前駆物質として利用するには，クエン酸開裂酵素が必要である．ウシ乳腺および脂肪組織のクエン酸開裂酵素活性はそれぞれブタ組織の10％程度および5％以下である．その結果，ブタに比ベウシではグルコースから長鎖脂肪酸は合成されにくい．

　エネルギー不足時には脂肪組織から遊離脂肪酸が動員され，エネルギーとして利用されるが，肝臓外組織で用いられなかった余剰の遊離脂肪酸は肝臓に流入する（図4.3）．肝臓では，脂肪酸からトリグリセリドが再合成され，アポリポタンパク質やホスファチジルコリンなどのリン脂質とともにVLDLを形成する．トリグリセリドはVLDLとして肝臓から他の組織へ運搬される．周産期の乳牛では，エネルギー消費増加のためエネルギー不足になり，脂肪組織からの遊離脂肪酸の動員が増加し，肝臓に流入する遊離脂肪酸も増加する．肝臓に

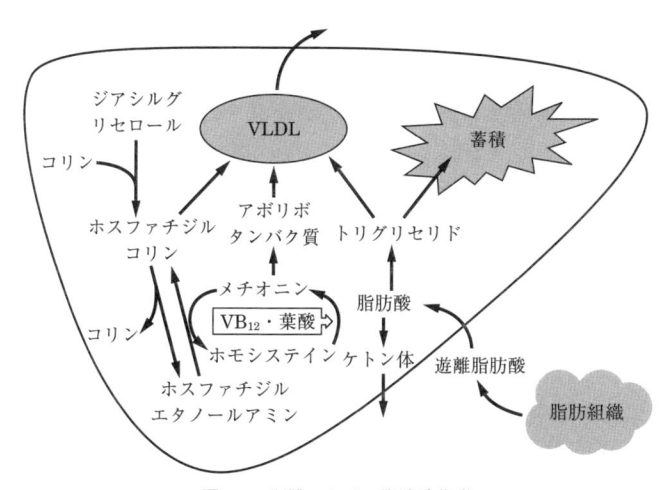

図4.3　肝臓における脂肪酸代謝
VLDL：超低密度リポタンパク質，VB$_{12}$：ビタミンB$_{12}$．

流入した脂肪酸の一部は酸化されてβ-ヒドロキシ酪酸などのケトン体になる．ケトン体もエネルギー源となるが，特に肥満した泌乳牛では遊離脂肪酸の動員が多く，ケトン体の産生が消費を上まわり，血中および尿中ケトン体濃度が著しく増加するケトーシスを発生しやすい（本書14.5節参照）．ケトーシス牛では，乳量の低下や痙攣などの神経症状が生じる．また，ウシのVLDL合成能は低いので，単胃動物と比べ肝臓にトリグリセリドが蓄積されやすく，肝脂肪症（脂肪肝）を発症しやすい．肝脂肪症の進展により肝臓で炎症が生じるとともに肝臓機能が低下する．特に，VLDLの構成成分であるアポリポタンパク質やリン脂質であるホスファチジルコリンの合成が低下すると，肝脂肪症が発症しやすくなる．ウシではメチオニンが制限アミノ酸となりやすいが，メチオニンはタンパク質の原料として用いられる以外に，メチル基供与体としてホスファチジルコリン合成に利用される．そこで，肝脂肪症の予防や治療のために，反芻胃内非分解性の「バイパス」メチオニン製剤やコリン製剤の利用が試みられている．

4.5 ビ タ ミ ン

4.5.1 水溶性ビタミン

　反芻動物の成獣では反芻胃内微生物によるビタミンB群の合成量が多く，これらが欠乏することはまれであるとされてきた．しかし，ウシ反芻胃内のビオチンの合成は少なく，反芻胃内のビオチン分解は50％を下回っていることから，ウシでは飼料中のビオチンや大腸で合成されるビオチンも重要な供給源であることも推察されている．

　特殊な条件下ではビタミンB_1やビタミンB_{12}欠乏症が生じる．穀類多給により反芻胃内で乳酸発酵が異常に亢進し，乳酸が蓄積するとルーメンアシドーシスとなるが，その際に反芻胃内微生物によるビタミンB_1分解酵素チアミナーゼ合成が増加し，チアミンの多くが分解される．また，シダ類にはチアミナーゼ活性を有するものがある．これらの結果，ビタミンB_1欠乏症である脳灰白質軟化症などが生じることがある．また，飼料中イオウ濃度が著しく高い場合でもビタミンB_1欠乏症が生じる．ビタミンB_{12}はコバルトを含む化合物で，ウシでは反芻胃内微生物による合成によってまかなわれているが，コバルトが欠

乏すると反芻胃内微生物はウシに必要な量のビタミン B_{12} を合成できない.ウシでは食欲の低下を特徴とする風土病が世界各地で古くから知られており,この疾患はコバルト欠乏に起因するビタミン B_{12} 欠乏症であることが明らかとなっている.

これらに加え,通常は摂取する必要がないとされているビタミンB群でも,生産性の高いウシやストレス下のウシでは必須となる可能性がある.たとえば泌乳初期におけるナイアシン補給が,泌乳初期の乳量改善,周産期のケトーシス予防,肥育牛の増体改善などの効果を示す場合がある.ビオチン補給が白線病などひづめの異常を予防し,また,泌乳量を改善する場合がある.泌乳牛では葉酸が不足し,葉酸補給により乳量が改善される場合があることも報告されている.コリンはヒトではビタミンに含まれないが,多くの家畜ではビタミンBの一種とされており,体内でコリンはホスファチジルコリンからホスファチジルエタノールアミンへの反応に伴い遊離する(図4.3参照).一方,ホスファチジルコリン合成にはメチオニンからのメチル基転移が必要であり,コリンはメチオニンから合成されるといえる.飼料中のコリンは反芻胃内でほとんどが分解されるため,ウシへのコリン補給には「バイパス」製剤が用いられる.コリン補給により,泌乳牛における肝脂肪症のリスクが低下することが知られている.また,コリン補給はメチオニン要求量を下げることで泌乳量を改善する可能性もある.逆に,「バイパス」メチオニン製剤補給はコリンを補う.

ビタミンC(アスコルビン酸)については,ウシは十分量を肝臓で合成できるので,欠乏することはないとされてきた.しかし,肥育に伴い血漿中ビタミンC濃度は低下し,泌乳牛では暑熱ストレスによって血漿中ビタミンC濃度が半減する.このような状況下ではビタミンC補給が肉質や生産性を改善する可能性がある.乳房炎などの感染症に罹患したウシでも血漿中ビタミンC濃度は低下し,ビタミンC補給が乳房炎の治療効果を高めることも報告されている.飼料中ビタミンCは反芻胃内で容易に分解されるので,ウシに対する補給では「バイパス」ビタミンC製剤が用いられる.

4.5.2 脂溶性ビタミン

ウシにおけるおもなビタミンA源は,飼料添加物として用いられるレチノールおよびレチニルエステルと,植物性飼料に含まれ消化管上皮細胞内でレチノ

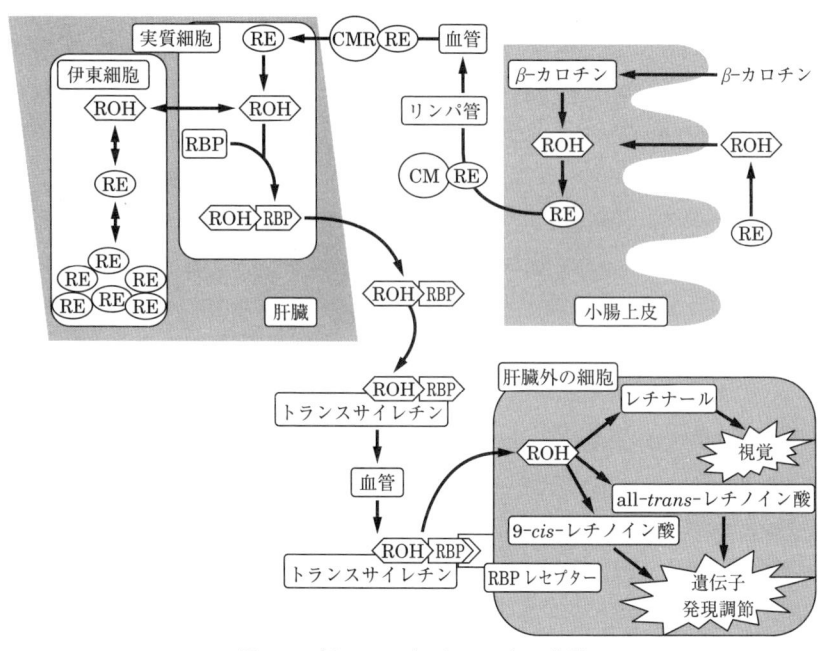

図 4.4 ビタミンA（レチノール）の代謝
ROH：レチノール，RE：レチニルエステル，CM：カイロミクロン，CMR：カイロミクロンレムナント，RBP：レチノール結合タンパク質.

ールに変わるプロビタミンAである．レチノールはそのまま，レチニルエステルは小腸内でレチノールに加水分解された後に吸収される（図4.4）．β-カロチンなどプロビタミンAは小腸上皮細胞に取り込まれた後に，その一部がレチノールになる．小腸上皮細胞内で，レチノールはレチニルエステルに変換された後にカイロミクロンに取り込まれ，リンパ管・血管を介して肝臓に運ばれる．肝臓ではレチニルエステルはいったんレチノールとなり，再度レチニルエステルとなった後に蓄積される．必要に応じて，蓄積されたレチニルエステルからレチノールが産生され，レチノールはレチノール結合タンパク質と結合し，血中に放出される．血中ではこの複合体はトランスサイレチンとさらに結合し，血液を介して肝臓外組織に運ばれる．さまざまな細胞がレチノール結合タンパク質レセプターを有しており，レチノール・レチノール結合タンパク質・トランスサイレチン複合体は，レチノール結合タンパク質レセプターと結合し，レチノールのみが細胞内に取り込まれる．細胞内で，レチノールは，視覚にとって必須なレチナールや，遺伝子発現を調節する all-*trans*-レチノイン酸や9-

cis-レチノイン酸に代謝される.先に示したが,ウシの血清中のビタミンAとしては,カイロミクロンと結合したレチニルエステルと,レチノール結合タンパク質と結合したレチノールが存在する.血清中レチノール濃度のみを測定し,この値をビタミンAとして国際単位（IU）で示している論文が見受けられるが,これは間違いで,ビタミンAではなくレチノール濃度とすべきである.

ウシでは,摂取したレチノールやプロビタミンAの40～70％が反芻胃内で分解される.主要なプロビタミンAであるβ-カロチンからレチノールへの変換は動物種により異なり,ラット,ニワトリでは1.67 μgのβ-カロチンが1 IUのビタミンAに相当するが,ウシでは生物学的活性が低く2.5～4.2 μgが1 IUに相当する.肥育牛へのビタミンA給与を低減すると,筋肉内脂肪が増加することが認められ,国内では肥育牛に対して広くビタミンA給与制限が行われている（本書13.5.2項参照）.しかし一方で,それにより強度のビタミンA欠乏に陥り,増体抑制,夜盲症や筋肉水腫が発生するという問題も起きている.また,繁殖牛ではビタミンA欠乏により繁殖能力が低下する.ビタミンAは上皮組織の健全性にも必要であり,その欠乏は尿路上皮の剥離を増加させ,これが尿石形成時の核になるため,尿石症の一因にもなるとされている.

おもなビタミンDには植物由来のビタミンD_2（エルゴカルシフェロール）と動物由来のビタミンD_3（コレカルシフェロール）がある.ウシではビタミンD_2とビタミンD_3の生物学的活性に大きな差はない.皮膚では紫外線によりコレステロール代謝産物であるプロビタミンD_3（7-デヒドロコレステロール）がビタミンD_3に変化するので,放牧牛では太陽光に含まれる紫外線を浴びることでより要求量を満たすビタミンD_3が合成されうる.しかし,高緯度地帯の冬季では短い日照時間のためビタミンD_3合成量は低下する.また,室内飼育では紫外線を浴びる量が少ないため,ビタミンD_3合成量は少ない.ビタミンDは動物体内で活性化され,ホルモンである1,25-ジヒドロキシビタミンD（活性型ビタミンD）に変換され,血中のカルシウムやリン濃度を上昇させる.

反芻胃内でビタミンDが部分的に分解されるため,ウシは経口的なビタミンD過剰に対して比較的高い耐性を有する.しかし,世界各地で活性型ビタミンDの誘導体を含む植物の摂取に起因する高カルシウム血症や,軟組織の石灰化などの,ビタミンD過剰症が知られている.

α-トコフェロールなどビタミンEは脂肪酸エステルとして生草,特にアルフ

ァルファに多く含まれ,穀類の胚芽にも多い.ビタミンEもビタミンAやビタミンDと同様に反芻胃内で分解されるがその程度は低い.ビタミンEのおもな役割は抗酸化作用である.子牛ではセレン欠乏により白筋症が生じるが,ビタミンE欠乏が発症を促進する.また,ビタミンE欠乏自体もウシの筋疾患を発生させる.繁殖牛におけるビタミンE欠乏は後産停滞のリスクを高める.と畜前のビタミンE過剰投与により,牛肉中のビタミンE濃度を高め,牛肉の酸化を部分的に抑制できる.この方法により,保存中の肉色悪化やドリップ増加をある程度防ぐことが可能である.また,泌乳牛に過剰なビタミンEを給与すると,乳の酸化臭が低減する.

天然のビタミンKには植物に含まれるビタミンK_1(フィロキノン)と微生物が合成するビタミンK_2(メナキノン)がある.ウシでは牧草類由来のビタミンK_1と反芻胃内微生物由来のビタミンK_2の吸収が多いので,欠乏症はまれである.一方,カビの産生するジクマロールはビタミンKアンタゴニストとして作用する.ジクマロールの多いカビの生えたスイートクローバを多量に摂取したウシでは,ビタミンK欠乏のため,出血が多発するスイートクローバ症を発症することがある.

4.6 ミネラル

ウシはその生命の維持や生産のため多様なミネラルを必要とするが,これらを必須元素と呼ぶ.また,その体内における存在量により,多量元素(ナトリウム,カリウム,塩素,カルシウム,リン,マグネシウム,イオウ),微量元素(鉄,銅,亜鉛,マンガン,ヨウ素,セレン,モリブデン,コバルト,クロム)および必須性が提唱されている超微量元素(リチウム,ホウ素,フッ素,ケイ素,バナジウム,ニッケル,ヒ素,臭素,ルビジウム,カドミウム,スズ,鉛)に分類される.

カリウムの過剰はナトリウムの要求量を増加させる.ウシの飼料の主体である植物性の飼料では,カリウムが多くナトリウムが少ないので,ウシには食塩としてナトリウムを補給する必要がある.

リン含量は牧草の種類や栽培状態により大きく変動し,放牧牛では特に不足しやすいミネラルである.リンは穀類,特にぬか類や大豆粕などに多く含まれ

る．反芻胃内のリン濃度が 75〜100 mg/L の場合，微生物の活性は高く維持される．ウシではリン欠乏が反芻胃内微生物の増殖を抑制し，有機物の消化やタンパク質の産生を低下させ，これがリン欠乏時の採食量低下の一因となる．

　血液中のカルシウム濃度は，副甲状腺ホルモン，カルシトニンや活性型ビタミン D によって厳密に恒常性が保たれている．出産直後の乳牛では，採食量の減少によるカルシウム吸収の低下，乳への急激なカルシウムの供給などによって，麻痺を伴う低カルシウム血症が生じる場合があり，乳熱と呼ばれている（本書 14.4 節参照）．乳熱の予防には，ビタミン D や活性型ビタミン D 投与，出産前の低カルシウム飼料給与や飼料中の酸塩基差（DCAD）減少（酸性側に傾る）が試みられている．出産前の低カルシウム飼料給与や DCAD 減少により，骨代謝が活性化し，骨からのカルシウム放出が促進されるため，出産直後に生じる急激なカルシウム不足に備えることが可能となる．乳牛では，低カルシウム飼料の調製は困難なため，DCAD 制御の実用性が高い．DCAD は簡便には（$[Na^+] + [K^+]$）−（$[Cl^-] + [SO_4^{2-}]$）として表される．有機酸は吸収後すみやかに代謝されるので，酸塩基平衡に及ぼす影響は大きくない．牧草中のカリウムの多くは有機酸塩であり，カリウムを多く含む牧草は DCAD を増加させる．堆肥の過剰施肥により牧草中のカリウム濃度が著しく増加し，DCAD が上昇するため，乳熱発症のリスクが高まる．

　ウシでは，マグネシウムはおもに反芻胃から吸収される．この吸収をカリウムやアンモニアが抑制するため，マグネシウム含量が低く，カリウムと窒素含量の高い飼料を給与するとマグネシウム欠乏が生じる．早春期は，牧草は若く，気温が低い．若い牧草はカリウムや窒素含量が高いのでマグネシウム吸収を低下させるとともに，寒冷感作は体内のマグネシウム分布を変化させる．早春の放牧開始時にはこのように血中マグネシウム濃度が低下しやすいので，マグネシウム欠乏症であるグラステタニーの発症リスクが高まる．

　肥育牛ではリン，マグネシウム，アンモニアを主体とするストルバイト尿石症が生じる（図 4.5）．この尿石の形成には，構成成分の尿路における濃度が重要な要因となる．また，ストルバイト尿石は弱酸性で容易に溶解するので pH も重要な要因となるが，肥育牛の尿中 pH は高いので，ストルバイト尿石が生じやすい．濃厚飼料，特にフスマはリンやマグネシウム含量が多く，ストルバイト尿石症のリスクを高める．予防や治療に塩化アンモニウムが用いられてい

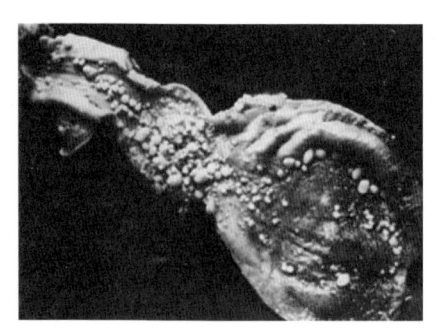

図4.5 肥育牛の尿路結石（Yano, 1976）

る．塩化アンモニウムを与えると，アンモニアは中性の尿素に代謝されるが，塩素はそのまま尿に排泄され，その結果，尿のpHは低下し，ストルバイト尿石は溶解する．一方，塩化アンモニウム投与はDCADを下げることであるので，長期間与えると骨量が低下する．

　反芻胃内微生物は無機態イオウを含硫アミノ酸に組み込み，タンパク質産生に利用している．反芻胃内微生物によるタンパク質産生には，窒素：イオウ比が12：1〜14：1であることが適切であり，イオウ含量の低い粗飼料を多給されたウシにイオウを補給すると，繊維分解能が改善するとともに，採食量が増えることも報告されている．

　銅含量の低い粗飼料を給与されているウシで銅欠乏が生じることがある．銅欠乏によって，被毛の脱色，貧血，下痢，骨強度低下などが生じる．また，飼料中のイオウやモリブデン含量が高い場合は，反芻胃内でテトラチオモリブデン酸が形成されて銅と結合して不溶化するので飼料中銅の利用性が低下し，銅欠乏のリスクが高まる．一方，ウシは銅過剰に対する抵抗性が低い．ウシにおける銅の最大耐用量は100 mg/kg乾物であり，家禽やブタの250 mg/kg乾物より低い．また，モリブデンやイオウが比較的少ない飼料が給与されると，ウシにおける銅の最大耐用量は40 mg/kg乾物にまで低下する．ウシにおける銅の要求量は10 mg/kg乾物程度であり，最大耐用量と要求量の範囲が狭く，飼料に添加する場合には注意を要する．銅過剰により，ウシでは反芻胃内発酵が抑制され，飼料摂取量や増体が減少する．また，反芻胃内における脂肪酸の水素添加も減少し，乳中の不飽和脂肪酸が増加する．

　亜鉛含量が低い牧草で飼育されているウシは亜鉛欠乏になりやすい．亜鉛欠

乏の症状として，脱毛，不全角化症，免疫機能低下などが知られている．これら典型的な欠乏症を呈していない潜在性欠乏でも，成長が抑制される．一方，亜鉛過剰のウシでは反芻胃内のタンパク質分解が抑制される結果，分解を免れ小腸へ流下するタンパク質が増加する．亜鉛過剰下では，プロピオン酸合成が高まることも報告されている．

　飼料中では，無機セレンならびに含硫アミノ酸のイオウがセレンに置換したセレノメチオニンやセレノシステインとして存在している．亜セレン酸を反芻胃内微生物の培地に添加すると，セレンはおもにセレノシステインとして細菌内に蓄積される．日本国内の牧草中セレン含量は低い場合がある．セレン欠乏は，子牛では白筋症を引き起こし，乳牛では後産停滞や繁殖障害のリスクを高める．一方，セレンは毒性が高く，国内では飼料添加物として認められていない．セレン補給には，セレンを多く含む酵母が用いられている．セレン蓄積性植物は，セレン含量が高い土壌で栽培すると多量のセレンを蓄積する．このようなセレン含量の高い草類を摂取した放牧牛では，衰弱，脱毛，関節の軟化，呼吸困難，異常動作などを特徴とするアルカリ病や旋回病と呼ばれる慢性的なセレン過剰症が生じる．

　その他の必須元素についても，他の動物同様にウシにおいて欠乏症が発生することがある．特に，放牧牛や粗飼料を多給されているウシでは欠乏症や過剰症が発生しやすいので，飼料中のミネラルの多寡を考慮する必要がある．また，ミネラル間には相互作用があり，あるミネラルの過剰は他のミネラルの欠乏のリスクを高める．なお，超微量元素の欠乏は，ウシの生産現場では生じないと考えられる． 〔松井　徹〕

参 考 文 献

Balch, D.A., Rowland, S.J. (1957)：*Br. J. Nutr.*, **11**：288-298.
石橋　晃・板橋久雄・祐森誠司ほか編 (2011)：動物飼養学，養賢堂．
Huntington, G.B. (1997)：*J. Anim. Sci.*, 75：852-867.
Huntington, G.B., Harmon, D.L., Richards, C.J. (2006)：*J. Animal. Sci.*, **84**：E14-E24.
奥村純一・田中桂一・寺島福秋ほか編 (1995)：動物栄養学，朝倉書店．
小野寺良次監修 (2003)：新ルーメンの世界，農文協．
Satter, L.D., Roffler, R.E. (1975)：*J. Dairy. Sci.*, 58：1219-1237.

5. ウシの飼料

◗ 5.1　栄養素供給のための飼料

　反芻動物の消化機能は，中新世における地球の乾燥化と草原の拡大から，1千万年以上かけて繊維性資源を最大限に有効利用するため進化してきた形態である．ウシはヤギやヒツジと並んで，ヒトによって食料や衣類および使役用資材として家畜化されてきた代表的な反芻動物であるが，近年，特に食料生産に向けて著しい改良がなされてきた．ウシの高能力化に伴い，穀類や粕類をはじめとした有効な栄養素含量の高い飼料が給与されるようになってきた．しかし「薬も過ぐれば毒となる」というように，有効な処理も多用するとかえって負の効果が現れるのが生物の一般的な反応である（図5.1）．栄養価の高いといわれる飼料も多給すれば生産性を損なうことになるが，これはたかだか百年にも満たない年月で考案された新しい飼料給与システムを，地質学的な時間をかけて進化してきた前胃発酵型の消化システムに無理矢理適応しようとした当然の帰結ともいえる．ところで生産者が利益を上げるためにはある程度リスクを覚悟することが求められるが，限りなく生産性を最大値に近づけながら，その急激

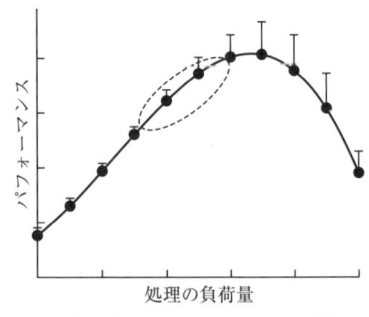

図5.1　生物のパフォーマンスにおける曲線的反応

な低下に至らない地点（すなわち図5.1の点線で囲まれた部分）を目標にするのが望ましいと考えられる．

　家畜の栄養素要求を量的に多い成分からあげていくと，エネルギー，タンパク質，ミネラル・ビタミンという順番になるが，それらの前提として乾物（dry matter：DM）そのもの（すなわち乾物摂取量：DMI）を考慮することも忘れてはならない．また近年，家畜および生産物の機能性を高めるための成分も重要性を増している．飼料全般および個別的な特性に関する解説は，成書（森本，1980；唐沢，2004；石橋ほか，2011）に譲り，本章においては，特に家畜としてのウシの生産性を最大にするための栄養素供給における注意点と，それらを考慮した具体的な飼料の給与に関して解説を試みることにする．

5.2　繊維質飼料

　反芻動物であるウシは本来，繊維性成分に富む草本類の茎葉を主として利用するように進化してきたものであり，ヒトの食料と競合しない資源を利用しながらヒトの食料を生産する点に最大の特徴を有するものである．ところが近年，先進国を中心に家畜の生産能力および効率を高めるために，穀物中心の濃厚飼料を給与する集約的生産体系が広く採用されている．しかし，反芻胃内発酵を正常範囲で安定させるためには，粗飼料（牧乾草やサイレージなど）に代表される繊維質飼料を一定以上の割合で給与する必要がある．穀類等のデンプン質飼料の増加と繊維質飼料の減少は裏表一体の関係にあるが，それぞれ意味することは異なる．デンプン質飼料の増加に対しては発酵性基質をいかに制御するかという点に注意を払うことになるが，繊維質飼料の減少に対しては飼料の物理性をいかに確保するかという点が重要となる．すなわち繊維質飼料は，①唾液の分泌を促進して反芻胃内のpHを安定させる，②第一胃（ルーメン）内にマット状のかたまり（ルーメンマット）を形成することで，飼料の消化・発酵および産生された揮発性脂肪酸（VFA）の吸収を十分に行うための時間的・空間的な場を確保する，という役割を果たしている．

　繊維質飼料の評価にはさまざまな指標が提唱されている．ウシの唾液には重炭酸およびリン酸などの高い緩衝能を有する弱酸性イオンが多く含まれており，咀嚼することでその分泌が促進されて反芻胃内発酵の安定に貢献する．飼

料の採食および反芻に要する咀嚼時間は，飼料中繊維含量と正の相関がみられるが，同じ繊維含量でも飼料の切断長・粒度によって咀嚼時間は異なるため，反芻刺激を促す 1.2 mm 以上の飼料片の割合を飼料の物理的有効率として表すことが提案された．また飼料の中性デタージェント繊維（NDF）含量に物理的有効率を掛け合わせたものが物理的有効繊維（peNDF）として，飼料の物理性を表す 1 つの指標として用いられている（Mertens, 1997）．さらに粗飼料の物理性をより簡易かつ正確に表すために，比較的大きな孔径でふるい分けるペンシルバニア州立大学・粒度分離器（PSPS）の利用も広まっている（Zebeli et al., 2012）．

　飼料の粒度がウシの咀嚼時間や反芻胃内緩衝能との間に相関があるとはいっても，やはり間接的な評価といえる．Sudweeks（1981）は，各飼料ごとに実際の咀嚼時間を測定することで飼料の物理性の評価を試み，粗飼料因子（RVI：飼料 DM 1 kg あたりの咀嚼時間）として表した．また Swan と Armentano（1994）は飼料の反芻胃内発酵安定力を，アルファルファを対照に乳脂率の変化から相対的に表す方法を考案した．これらは peNDF と比べると，より直接的で正確な方法であると考えられるが，測定が煩雑なことから現在は peNDF が物理性評価の主流となってきている．

　デンプン質飼料の多給あるいは繊維質飼料の減少は，反芻胃内のプロピオン酸を増加させて低乳脂を引き起こすとされているが，その機序は以下の通りである．反芻胃内プロトゾアで最も多く存在するエントディニウムはデンプン粒を好むため，デンプン飼料の増加に伴いその数は増え，最大で 1 mL あたり 100 万個体以上にも達する．しかし基本的には pH 低下に対する感受性が高いプロトゾアは，さらなるデンプン質飼料の多給に伴う過剰な発酵で胃内の pH が低下すると急激に減少することになる．プロトゾアの減少は，基質の競合と捕食により抑制されていたデンプン分解菌の急速な増殖をもたらし，さらなる発酵酸産生および pH 低下という螺旋へとつながる．プロトゾアと同様に pH 低下に耐性が低く，かつプロトゾアに付着共生しているメタン菌も，高デンプン・低繊維質飼料給与でその活性が抑制される．反芻胃内発酵は嫌気的に行われるため，必ず基質レベルで酸化還元の収支もしくは水素（代謝性水素）の出納を合わせなければならない．多くの水素を受容する反応としてメタン（CH_4）産生があげられるが，酢酸産生は水素を放出する反応であることから，酢酸優勢

表5.1 第一胃（ルーメン）内諸特性と乳脂率の関係

	試験 1[a]		試験 2[b]	
	高 A/P 区	低 A/P 区	プロトゾア存在区	プロトゾア不在区
ルーメン内特性				
pH	6.64	6.02	–	–
ルーメン A/P 比	3.34	1.84	4.36	1.68
プロトゾア数（万/mL）	51	1.3	50〜300	0
メタン産生（mol/日）	–	–	8.1	4.0
乳脂率（%）	3.59	2.11	–	–

a：Kajikawa, H. et al.（1990）
b：Whitelow, F.G. et al.（1984）

型の発酵は酸化還元バランスをとるためにメタン産生反応と共役している．一方，メタン産生が抑制された場合には，同様の水素受容反応であるプロピオン酸産生がかわりに促進される．

表5.1には，第一胃内pHの低下とプロトゾア数の減少，メタン産生抑制，酢酸/プロピオン酸比（A/P比）の低下および低乳脂発生との関連を示した．プロピオン酸は本書4.2節（p.43）で述べられているように吸収後は糖新生の材料となることから，その増加は血糖値の上昇によるインシュリンの分泌を促す．インシュリンは脂肪細胞への脂肪取り込みを行うリポプロテイン・リパーゼ活性を促進し，かつ脂肪細胞からの脂肪酸放出を促す代謝系（サイクリックAMPを介したホルモン感受性リパーゼ系）を抑制することで，血中の脂肪酸濃度を低下させる．そのため乳腺で牛乳中に取り込む脂肪酸の利用可能量が低下して，低乳脂になる（糖産生説，McClymont & Vallance, 1962）．

牛乳中には酪酸（炭素数4；以下C4と略記）からステアリン酸，オレイン酸，リノール酸やリノレン酸といったC18までの偶数鎖の脂肪酸がまんべんなく含まれているが，そのうち乳腺でアセチル-CoAから合成される脂肪酸はC4からC16（パルミチン酸）までである．血中から取り込まれた脂肪酸も牛乳中に分泌され，その組成は基本的に飼料の影響を受けるが，ココナッツ油（中鎖脂肪酸が多い）や魚油（C20以上の多価不飽和脂肪酸が多い）といった特殊なものを除けば，通常の飼料にはC16とC18の脂肪酸が多く含まれる．そこで牛乳中のC14以下とC18以上の脂肪酸組成もしくは産生量を測定すれば，脂肪酸の乳腺での合成量と血中からの取り込み量の変化を推定することができ

る．糖産生説によれば C18 以上の脂肪酸のみ減少するはずではあるが，実際には反芻胃内 A/P 比低下に伴う低乳脂発生時にはすべての脂肪酸で産生低下がみられることから，グルコース以外の物質の関与も示唆されている．

　乳脂率の低下を起こさない給与飼料中の繊維水準として，NDF で 30～35％（DM 中）以上が提案されているが，物理性の高い長もの粗飼料を給与した場合には 28％でも問題ないとされている（日本飼養標準 乳牛（2006 年版）；NRC 飼養標準 乳牛（2001 年版））．しかし同じ NDF 含量でも飼料の粒度により物理性が異なるため，Sudweeks（1981）は反芻胃内発酵を安定させ乳脂率を低下させないための RVI として，31 分/kgDM 以上が必要としている．また Mertens（1997）も同様に，正常な乳脂率を維持するためには飼料中に peNDF が 21％以上含まれることを求めている．近年では，乳牛の高能力化に伴い，急激な反芻胃内発酵によって生ずる体液性アシドーシスと過度の反芻胃微生物の増殖・死滅に起因するエンドトキシンが末梢血管を収縮させて蹄病を誘発するほか，繊維不足に由来する不十分なルーメンマット形成によって第一胃内で吸収されなかった過剰な発酵酸が第四胃変位を引き起こすなど，特に周産期における代謝疾病が増えている．Stone（2004）は乳脂率だけでなくこれら周産期疾病のもとになる亜急性ルーメンアシドーシス（SARA）を予防するための peNDF 臨界値として，21～23％を示している．乳牛では低乳脂の発生や代謝疾病のリスクを回避するために比較的高い飼料中繊維水準が求められているが，肉用牛では急性アシドーシスの発症さえ注意すれば，さらに繊維水準を引き下げることも可能である．反芻胃内 pH の低下によるメタン産生の抑制は，むしろ無駄なエネルギーの排出を低減して飼料利用効率の改善につながると期待される．しかし繊維水準を過度に引き下げると，繊維消化率の減少に伴って DMI が低下することや，長期的には潰瘍などの消化管障害やそれに伴う肝膿瘍の発生が危惧されることから，NDF を 20％以上に維持することが推奨されている（日本飼養標準 肉用牛（2008 年版））．なお第一胃筋層や絨毛の正常な発達を促して第一胃不全角化症を防ぐといった，いわゆる反芻胃機能を維持するための最低繊維水準として，NDF 16％という値も示されている．

　表 5.2 には代表的なウシ用飼料の有効繊維を RVI と peNDF で示した．どちらの指標で表しても牧乾草やサイレージ，わら類などの粗飼料では高い値が，トウモロコシや大麦などの穀類では低い値が示され，これらの飼料においては

表 5.2 各種飼料の有効繊維（梶川，1998）

	RVI (分/kgDM)	peNDF (％)		RVI (分/kgDM)	peNDF (％)
マメ科乾草			副産物飼料		
長もの	61.5	46.0	コーングルテンフィード		16.2
ペレット	36.9		コーングルテンミール		13.3
イネ科乾草			コーンコブ（粉細）	15.0	49.8
長もの	86.2	63.7	ホミニーフィード	8.1	5.0
ペレット	13.2		蒸留酒粕		1.7
わら			ビール粕（乾燥）		8.3
長もの	160.0		フスマ		16.8
ペレット	18.0		米ぬか	16.0	0.3
サイレージ			ビートパルプ		17.8
イネ科牧草	99〜120		大豆		14.0
アルファルファ	22.3	37.3	大豆粕		3.0
トウモロコシ（通常切断）	59.6	41.3	大豆皮	8.4	22.1
トウモロコシ（細切断）	40.0	36.2	綿実	40.0	44.0
穀類			綿実粕		10.1
エンバク（粉細）	12.0	10.9	綿実殻	30.1	
大麦（粉細）	15.0	6.8	油粕	6.0	
小麦（粉細）	10.0	4.8	落花生粕		5.0
トウモロコシ（全粒）		9.0	シトラスパルプ	30.9	7.6
トウモロコシ（粉細）	5.1	5.4	バガス（ペレット）	18.0	
マイロ（粉細）	11.0				

RVI：粗飼料因子（飼料 DM 1 kg あたり咀嚼時間），peNDF：物理的有効繊維．

RVI と peNDF 間に高い相関が得られた．また粗飼料はペレット化によって RVI が著しく低下した．一方，農産・食品製造粕等の副産物飼料には，蒸留酒粕（67％）やビール粕（65％），大豆皮（54％），ビートパルプ（50％），米ぬか（46％），綿実（45％），フスマ（39％）コーングルテンフィード（38％），豆腐粕（37％）などのように比較的繊維含量の高いものも多いが（括弧内は DM 中 NDF 含量），有効繊維含量としては一部の飼料を除き，その多くは低い値にとどまった．またこれらの飼料中には，米ぬか，大豆皮やシトラスパルプ（ミカン粕）など RVI と peNDF で有効性の評価が大きく異なるものもみられた．これら副産物飼料を多給する場合には，飼料の物理性の基準としては NDF 等の繊維含量のみを用いるのではなく，繊維の有効性を総合的に判断することが重要である．

5.3 デンプン質飼料

　ウシの高能力化に伴い，増大するエネルギー要求量を十分に充たすための飼料の給与が求められる．通常，エネルギーは物質としての表現が困難で，世界的には kJ（MJ）もしくは kcal（Mcal）の単位で示される場合が多いが，わが国ではウシの飼料エネルギーを可消化養分総量（total digestible nutrients：TDN；可消化炭水化物＋可消化粗タンパク質＋可消化粗脂肪×2.25）で示されることが多く，この単位を用いてエネルギーを物質的な成分として表すケースがよくみられる（すなわち kg もしくは％で表示）．

　ところでウシの高能力化に伴いエネルギー要求量は増大するが，たとえば乾乳牛では粗飼料のみでエネルギーの供給が可能であるものの，30 kg 生産乳牛ではよりエネルギー価の高い飼料を併給しなくてはエネルギー要求量を充たせなくなる．また乳牛の個体乳量が高いほど栄養素の全体要求量に占める維持要求量の割合が低下することで乳生産の効率が高まり（いわゆる希釈効果），さらに乳量あたりの生産資材費等のコストも一般的に低減する．このことから，自給飼料基盤が強い農家を除き，わが国の酪農では個体乳量を高めるためにエネルギー価の高い濃厚飼料を給与する生産体系が主流となっている．

　デンプン質飼料には各種穀類のほか，精白度の高い米ぬかやフスマ，パン屑や菓子粕のような食品副産物などがあげられ，その給与は多量のエネルギー成分を供給する反面，過度の多給は急激な反芻胃内発酵によるルーメンアシドーシスを引き起こす．反芻胃内発酵によって産生される酸の主たるものは酢酸，プロピオン酸，酪酸といった VFA（酸解離定数 pKa＝4.8〜4.9）であるが，飼料の切替や盗食などで急激に多量の穀類を摂取したときには，さらに強い酸である乳酸（pKa3.1）が多量に蓄積され，死に至る場合もある（急性もしくは乳酸アシドーシス）．高能力牛では反芻胃内に乳酸が検出されなくても，多量の VFA 産生によって pH5.6〜5.8 以下が一定時間以上持続する亜急性ルーメンアシドーシス（SARA）を示すケースが頻発している．SARA は乳牛では DMI 低下による乳量減少や乳脂率低下および蹄病や第四胃変異といった疾病に，肉用牛ではパラケラトーシスや肝膿瘍等の消化器障害につながる．

　反芻胃内発酵に対するデンプン質飼料の影響は，そのデンプン含量やデンプ

ン給与量のほかに，デンプン成分の可溶性や消化速度（分解・発酵速度）も重要なファクターと考えられる．主要な穀類間では小麦＞大麦＞トウモロコシ≒グレインソルガムの順に高い反芻胃内分解速度を示す．近年注目を集めている飼料用米は他の穀類よりも低い可溶性を示すが，分解速度が高いため，品種や系統によっては最終的には小麦なみの分解性を示すこともある．また同じ穀類でも加工形態によってその消化性は著しく変化する．通常，加熱圧ぺん＞粉砕＞粗挽き＞全粒の順に消化速度が高くなるが，加熱圧ぺんでも圧ぺん密度（単位容積あたりの重量）が低くなるにつれて消化速度は高くなる（表5.3）．加熱圧ぺんは，1Lあたり400g以下のものをフレークト，それ以上のものをロールドとして表現されているが，国内で流通している加熱圧ぺんトウモロコシはほとんどがロールドの範疇のものである．また米国で広く用いられているトウモロコシ穀実のサイレージである高水分コーンも高い消化性を示す．

表5.3 穀類の品種・加工形態と第一胃内分解速度（CNCPS ver.5 2002, CPM Dairy ver.3 2004 より）

(%/時間)	穀類（加工形態）
8	ソルガム（全粒）
10	トウモロコシ（全粒），ソルガム（ロールド）
15	トウモロコシ（粗挽き），ソルガム（フレークト）
20	トウモロコシ（粉砕 粗）
23	トウモロコシ（ロールド 541 g/L）
25	トウモロコシ（粉砕 中）
27	トウモロコシ（ロールド 498 g/L）
30	トウモロコシ（粉砕 細），大麦（全粒），高水分コーン
31	トウモロコシ（ロールド 438 g/L）
35	トウモロコシ（フレークト 361 g/L），エンバク（全粒）
40	トウモロコシ（フレークト 309 g/L），ライ麦（全粒），小麦（全粒）
45	トウモロコシ（フレークト 283 g/L）

デンプンの反芻胃内分解性が高まると有効なエネルギー価および反芻胃微生物由来の代謝タンパク質が増加して乳量の増加が期待されるが，同時に反芻胃内A/P比の低下に伴う低乳脂発生のリスクも高まる．さらに急激な反芻胃内発酵によるpHの低下は，セルロース分解菌の増殖を抑制し，飼料中繊維消化性の低下から乾物摂取量の減少をもたらすことも知られている．今後貿易自由化の進展などにより，消化・発酵性の高い飼料としての小麦の利用拡大も想定されるが，このようなデンプン質飼料の給与には，充分な馴致後に動物のようす

をみながら行うという基本がさらに重要となるであろう．

◐ 5.4　高脂肪飼料

　脂肪は 1 g あたり 9 kcal と，糖類の 4 kcal と比べて 2 倍以上のエネルギーを含むことから，高能力牛に対するエネルギー補給の役割が期待できる．しかし脂肪は，微生物の細胞膜に侵入して脱共役作用を示すことで外膜をもたないグラム陽性菌の増殖を阻害し，特に二重結合をもつ不飽和脂肪酸やラウリン酸（炭素数 12・二重結合数 0；以下 C12:0 と略記），ミリスチン酸（C14:1）といった中鎖脂肪酸にその阻害効果が高いことが知られている．そのため脂肪の多給はルーメン微生物への阻害を通して繊維消化率の低下や，後述する理由により低乳脂の発生をもたらすとされ，飼料中に粗脂肪として 5％以下に抑えることが推奨されてきた．

　しかし 1970 年代頃から反芻胃微生物に対する影響を弱めた脂肪，いわゆるバイパス脂肪が利用されるようになってウシ用飼料に対する脂肪の添加量が増加した．バイパス脂肪には保護脂肪，脂肪酸カルシウム，油実やペレット脂肪などがあげられる．保護油脂（protected fat）は油脂を包埋したカゼインをホルマリン処理したもので，ほぼ完全に第一胃をバイパスするものであるが，処理の安全性や残留への懸念，畜産物の過酸化問題等で，豪州で一時期使用されるにとどまった．現在バイパス脂肪源としておもに用いられているのは，脂肪酸カルシウムと油実である．脂肪酸カルシウムはオハイオ州立大学の Palmquist らによって開発されたもので，脂肪酸をカルシウム塩にすることで極性を高め，かつ溶解性の低い不飽和な脂肪源（パーム油等）を用いることでルーメン微生物に対して弱毒化をはかったものである．油実（oilseeds）としては最初に綿実の使用が広がったが，現在は大豆の使用も広がっており，また規格外落花生の利用等も見込まれる．油実は脂肪以外にもタンパク質や高消化性繊維に富んだものが多く，高エネルギー・高タンパク質飼料としての利用が期待される．しかし大豆のトリプシンインヒビターや綿実のゴシポール等の有毒物質を含むものもあるので，加熱等の無毒化処理を行うとともに，幼畜への給与は控えた方がよいとされる．近年，ビール粕や豆腐粕，バイオエタノール粕（DDGS）等の脂肪含量の高い副産物飼料の有効利用が図られているが，反

反芻胃微生物に対する効果が不明なものも多い．また米ぬかのように酸化されやすいものもあるので，加熱による酸化酵素の失活や抗酸化剤添加といった過酸化脂質を増やさない処理も求められる．さらに脂肪酸は嫌気状態では酸化されないため，反芻胃微生物のエネルギー源としての炭水化物とバランスをとって給与しなくてはならない．これらの注意点に留意して，バイパス脂肪を中心に給与すれば，飼料中 7〜8％程度までは給与量を上げられると考えられる．

以前から油脂の給与が乳脂率の低下をもたらすことは知られていたが，これは脂肪酸がプロトゾアやメタン細菌の増殖を阻害することでプロピオン酸の濃度が高まることが原因の1つと考えられる．さらに，反芻胃内での不飽和脂肪酸の代謝によってトランス脂肪酸が産生され，そのうちのいくつかが乳腺での脂肪合成を強力に阻害することが明らかになってきた．脂肪の給与により乳腺で脂肪酸合成が阻害され，牛乳中の C4〜C14 の脂肪酸産生量は低下するが，吸収された脂肪が乳腺に取り込まれて乳中に分泌されるため，C18 以上の乳脂肪酸産生量は高まる場合が多い．脂肪酸合成の阻害量が飼料由来の脂肪酸取り込み量を上まわったときは乳脂率が低下するが，その逆の場合には乳脂率はむしろ増加する．乳脂肪低下と増加のバランスがどちらに傾くかは，脂肪の種類と形態に左右される．

表 5.4 に，異なる形態の油脂の給与が乳脂率に及ぼす影響を，過去に発表された 68 編の文献から抽出してまとめた．油脂をそのまま添加した場合には，飽和脂肪酸割合の高いタロー（獣脂），パーム油やココナッツ油では乳脂率にあまり大きな低下はみられないが，リノール酸をはじめとする多価不飽和脂肪酸含量の高い大豆油や綿実油給与では，乳脂率の低下がみられる．これは前述した乳腺における脂肪酸合成阻害と飼料中油脂の乳脂肪への取り込みのバランスが前者に傾いたためと考えられる．エイコサペンタエン酸（$C20:5$）やドコサヘキサエン酸（$C22:6$）といった長鎖の高度多価不飽和脂肪酸を多く含む魚油（タラ肝油等）は特にこの傾向が強く，乳脂率の著しい低下につながる．しかし不飽和度の高い大豆油や綿実油も油実のまま給与したり，ホルマリン処理した場合には，同じ量の油脂添加でも乳脂率は増加するケースが多い．これは油脂が反芻胃内をバイパスすることで脂肪酸合成を阻害するトランス脂肪酸の産生が減少し，前述のバランスが後者に傾いたことによる．

ところで飼料中に含まれる代表的な多価不飽和脂肪酸であるリノール酸

表 5.4 油脂の給与が乳脂率に及ぼす影響

	対照	添加	文献数
油脂			
タロー	3.61	3.75	(12)
パーム	3.67	4.18	(5)
ココナッツ	3.74	3.76	(7)
大豆	3.84	3.42	(7)
綿実	3.28	3.03	(7)
魚油	3.60	2.81	(8)
脂肪酸 Ca			
パーム	3.52	3.63	(3)
油実			
大豆	4.07	4.25	(5)
綿実	3.79	4.21	(5)
ホルマリン処理			
タロー	3.54	4.20	(6)
大豆	4.09	4.77	(3)

（C18:2）やリノレン酸（C18:3）は，そのほとんどが第一胃内で還元されてステアリン酸になるが，添加量が多い場合には完全に水素添加されずに，中間産物であるトランス脂肪酸（t11–C18:1：バクセン酸と t10–C18:1；ここで C の前の記号と数字は二重結合の位置とシス型（c）・トランス型（t）の別を示す）が産生されることが知られている（図 5.2）．これらのトランス脂肪酸は吸収後に不飽和化酵素によって共役リノール酸（CLA：単結合を1つはさんで二重結合が隣り合うリノール酸の異性体）に変換される．反芻動物では c9t11–C18:2（ルーメン酸）と t10c12–C18:2 が代表的な CLA であり，特にルーメン酸は，抗がん作用や免疫賦活作用を示すことで注目されてきている．一方，t10c12–C18:2 には肥満防止やコレステロール低下作用が知られているが，反面，乳腺における脂肪酸合成を阻害して低乳脂の原因となる．牛乳中の CLA はリノール酸やリノレン酸を多く含む脂肪の給与や放牧によって増加することが報告されているが，濃厚飼料の多給により t10c12–C18:2 の割合が増える．近年，CLA の含量を高めた機能性畜産物の生産・開発が試みられている．

5.5 タンパク質飼料

ウシを含む反芻動物では，反芻胃内で分解された飼料中タンパク質を利用し

```
オレイン酸          リノール酸           α-リノレン酸
(c9-C18:1)         (c9c12-C18:2)       (c9c12c15-C18:3)
                         ↓                    ↓
                   ルーメン酸           c9t11c15-C18:3
                   (c9t11-C18:2)             ↓
                         ↓              t11c15-C18:2
                   バクセン酸
                   (t11-C18:1)                       → c15- or t15-C18:1
                         ↓      ←
                   ステアリン酸（C18:0）
```

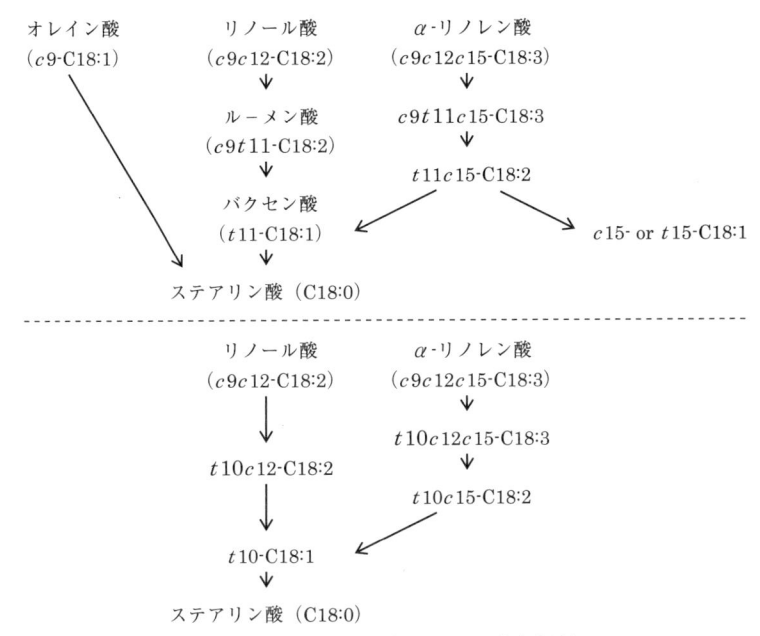

```
                   リノール酸           α-リノレン酸
                   (c9c12-C18:2)       (c9c12c15-C18:3)
                         ↓                    ↓
                                       t10c12c15-C18:3
                   t10c12-C18:2              ↓
                         ↓            t10c15-C18:2
                   t10-C18:1       ←
                         ↓
                   ステアリン酸（C18:0）
```

図 **5.2** C18 不飽和脂肪酸のルーメン内水素添加
上：$t11$ 経路．下：$t10$ 経路．

て微生物が増殖するが，一部はアンモニアとして吸収され利用されずに排出される窒素もある．そのためウシの飼料中タンパク質の評価は，可消化粗タンパク質（DCP）ではなく，代謝タンパク質（metabolizable protein：MP）として行われるのが世界の潮流となってきている．MPとは反芻胃内をバイパスする飼料中のタンパク質（RUP）と反芻胃内で合成される微生物体タンパク質（MCP）にそれぞれの小腸内消化率を掛けて足し合わせたものであり，実際の動物が小腸から吸収して代謝可能なタンパク質である（図5.3）．

　微生物の合成には反芻胃内で分解された飼料中タンパク質由来のアンモニアやアミノ酸，ペプチドが用いられる．分解性タンパク質（RDP）はさらに反芻胃内ですぐに溶け出す可溶性の部分（A画分もしくはCPs）と微生物によって時間をかけて分解されるB画分に分けられ，それぞれの割合を a および b（%）とし，B画分の1時間あたりの分解速度を k_d（/時間）とすると，給与 t 時間後の分解率 d_g は，

$$d_g\ (\%) = a + b(1 - e^{-k_d \times t})$$

という一次反応式に従うとされている（オルスコフの式：Ørskov & McDonald,

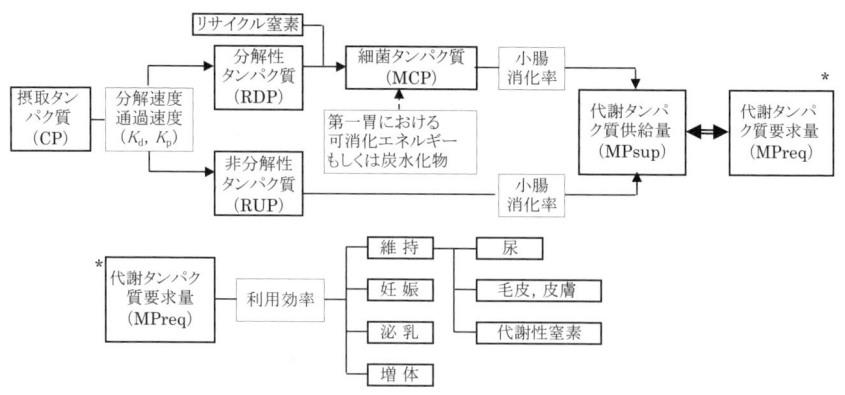

図 5.3 代謝タンパク質（MP）システムの概要

1979)．図5.4(a)にオルスコフの式に基づいた飼料中タンパク質の分解曲線とそのパラメータを示した．また図5.4(b)には，実際の飼料におけるタンパク質の分解パターンをいくつか例示した．綿実は a が大きく k_d も高い．大豆粕は a は小さいものの b が大きくまた k_d が非常に高い．一方，コーングルテンミールは a も k_d もともに低い値を示す．

反芻胃内微生物が利用できるタンパク質量を求めるには飼料中タンパク質の反芻胃内分解量を求める必要がある．分解性タンパク質（RDP）は，以前は飼料中の一定の値で示されていたが，反芻胃内容物の流出速度（または通過速度：k_p）によって変化することから，上記の分解パラメータを用いて，有効分解性

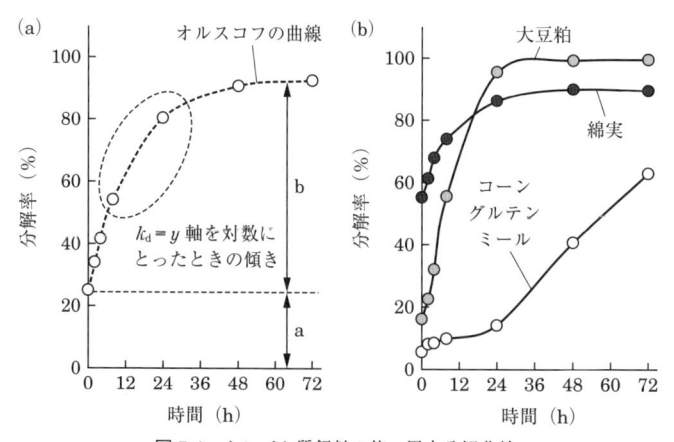

図 5.4 タンパク質飼料の第一胃内分解曲線
(a) オルスコフの式に基づいた曲線，(b) 各種飼料のタンパク質分解パターン．

タンパク質(ERDPもしくはECPd)として以下の値で示されるようになった.
すなわち,

$$\text{ECPd}(\%) = a + b \times (k_d/(k_d + k_p))$$

表 5.5 飼料中の有効分解性タンパク質(ECPd)含量

	ECPd (CP中%)						分解パラメータ		
乳量 (kg/日)	0	10	20	30	40	50	a	b	k_d
乾物摂取量 (kg/日)	8.9	12.9	17.0	21.0	25.2	29.2	(CP中%)	(CP中%)	(%/時間)
飼料通過速度 (kp%/時間)	3.5	4.2	4.9	5.5	6.2	6.9			
イネ科生草	76	74	72	70	69	67	32	59	10
マメ科生草	81	79	78	76	75	74	40	52	13
イネ科牧草サイレージ	80	78	77	76	75	75	57	32	8
マメ科牧草サイレージ	82	81	80	79	78	77	57	32	12
コーンサイレージ	78	77	77	76	75	74	61	25	8
イネサイレージ	64	63	63	62	61	61	53	19	5
イネ科乾草	66	64	62	60	58	56	25	62	7
マメ科乾草	79	77	76	75	73	72	33	56	16
わら	49	48	46	45	44	43	26	40	5
トウモロコシ	60	57	54	51	49	47	17	77	5
グレインソルガム	55	52	50	48	46	44	20	62	4
大麦	85	84	83	82	81	80	30	64	24
玄米	82	79	78	76	74	73	40	57	9
大豆	84	82	80	78	77	75	39	60	10
加熱大豆	75	72	69	67	64	62	20	80	8
綿実	81	80	78	77	76	74	43	50	12
大豆粕	74	71	69	66	64	62	16	82	9
加熱大豆粕	55	51	48	45	43	41	17	91	3
綿実粕	72	70	68	66	64	62	30	64	7
ナタネ粕	78	76	74	72	70	69	26	65	13
アマニ粕	71	68	65	63	61	59	22	71	8
米ぬか(脱脂)	60	58	56	54	52	50	21	62	6
フスマ	82	81	79	78	77	75	34	58	17
コーングルテンフィード	81	79	77	76	75	74	52	43	7
コーングルテンミール	38	35	33	31	29	27	7	69	3
醤油粕	86	85	84	83	82	82	67	27	9
ビール粕(乾燥)	49	46	43	41	39	38	10	67	5
ジスチラーズグレイン	69	67	65	64	62	61	31	54	9
豆腐粕	70	67	64	61	59	57	21	78	6
魚粉	47	44	43	41	40	39	25	53	2
尿素	100	100	100	100	100	100	100	0	0
大豆皮	68	66	63	61	58	57	19	74	7

a:可溶性タンパク質,b:分解可能な不溶性タンパク質,k_d:B画分の第一胃内分解速度.
(注)現在,魚介類を含む動物由来タンパク質のウシ等に対する飼料としての利用は制限されている.

この式では，全消失速度（すなわち分解速度＋流出速度）に占める分解速度の割合で分解率を表している．採食量の多い高能力牛では飼料の通過速度が高いため，飼料の分解率は低下する．表5.5では日乳量がゼロから50 kgに増加するとk_pが3.5％/時間から6.9％/時間に高まり，たとえばイネ科生草ではECPdが76％から67％へと低下する．この変化の度合いは飼料によって異なり，B画分が大きくそのk_dが低いものほどその影響も大きい（たとえばトウモロコシや加熱大豆粕）．このECPdを計算することで，反芻胃微生物が利用できる窒素化合物の最大量を求めることができる．

ところで微生物の増殖にはタンパク質だけではなくエネルギーも必要となる．一般に増殖している細菌におけるエネルギー要求量の半分以上がタンパク質の合成，特にペプチド結合の形成に費やされている．そのためMCP合成量の評価は，飼料中タンパク質だけでなくエネルギーの関数ともなっている．たとえばアメリカNRC飼養標準では，TDN 1 kg摂取あたり130 gのMCPが合成可能であるとしている．反芻胃内で利用可能なエネルギーとタンパク質はバランスを取ることが重要で，エネルギー含量が高くても分解性タンパク質が少なければ十分なMCPが合成されず，逆の場合には無駄な窒素の排泄につながる．日本飼養標準では飼料中TDN含量によって異なるECDd推奨値が示されている．しかし高泌乳牛ほど要求量に見合った飼料摂取が困難となり適正なTDN含量も高まっていくため，乳量に応じた値も同時に表記されている（表5.6）．この表に沿った飼料を調製すれば，理論的には反芻胃内での微生物合成

表5.6 飼料中に含ませる有効分解性タンパク質（ECPd）の適正含量

乳量（kg/日）			0	10	20	30	40	50
乾物摂取量（kg/日）			8.9	12.9	17.0	21.1	25.2	29.2
CP要求量（乾物中％）			6.7	10.5	12.7	14.3	15.5	16.5
ECPd（乾物中％）								
TDN （乾物中％）		60	*8.3*	*8.4*	8.4	8.5	8.5	8.5
		65	9.0	9.1	*9.1*	9.1	9.1	9.1
		70	9.7	9.7	9.8	*9.8*	9.8	9.8
		75	10.4	10.4	10.4	10.4	*10.4*	*10.4*
		80	11.1	11.1	11.1	11.1	11.0	11.0

ECPd（乾物中％）＝ 0.131 × TDN（乾物中％）＋ 0.00106 × 乳量（kg/日）＋ 0.577．（r^2 = 0.9978）
*太字斜体*はエネルギー要求量に見合ったTDN含量での値．

量が最大となる．すなわちたとえば，乾乳牛（乳量ゼロ）では 8.9 kg の飼料（DM）が摂取可能であり，その中に必要なエネルギーを盛り込むとすると TDN で 60％となる．この TDN を利用して反芻胃内の微生物が最大限増殖するには ECPd として DM 中 8.3％含む必要があることになる．それが日乳量 50 kg となれば DMI は 29 kg で TDN 含量は 75％となり，ECPd として 10.4％含むことが，MCP 合成の観点からは推奨される．

　効率よく家畜に飼料を給与するためには何が生産の制限要因（律速要因）になっているかを知る必要がある．特にエネルギーとタンパク質のバランスを考慮することが最重要であるが，反芻動物では飼料中タンパク質が反芻胃内で微生物タンパク質へ置き換わってしまうため，動物が実際に利用可能なタンパク質（いわゆる MP）を推定するのが困難となっている．そこでさまざまな影響要因を取り込んで MP を正確かつ精密に推定することを目的として，いくつかのモデルが開発されている．たとえばメカニスティックモデルの 1 つであるコーネルシステムを用いると，牛群の生産制限要因が代謝エネルギーなのか代謝タンパク質なのか，あるいは特定の代謝アミノ酸なのかを推定できるため，合理的な飼料設計が可能となる．また無駄な栄養素の供給を低下させることで環境に対する負荷も低減できる．〔梶川　博〕

参 考 文 献

石橋　晃・板橋久雄・祐森誠司ほか（2011）：動物飼養学，養賢堂．
Kajikawa, H., Odai, M., Saitoh, M. et al. (1990)：*Anim. Feed Sci. Technol.*, **31**：91-104.
梶川　博（1998）：ルーメン 5，デーリィ・ジャパン．
唐沢　豊（2004）：動物の飼料，文永堂．
McClymont, G.L., Vallance, S. (1962)：*Proc. Nutr. Soc.*, **21**：XIi-XIii.
Mertens, D.R. (1997)：*J. Dairy Sci.*, **80**：1463-1481.
森本　宏（1980）：飼料学，養賢堂．
National Research Council (2001)：*Nutrient Requirements of Dairy Cattle, 7th rev. ed.*, National Academy Press.（アメリカ NRC 飼養標準　乳牛）
農業・食品産業技術総合研究機構（2007）：日本飼養標準　乳牛（2006 年版），中央畜産会．
農業・食品産業技術総合研究機構（2009）：日本飼養標準　肉用牛（2008 年版），中央畜産会．
農業・食品産業技術総合研究機構（2010）：日本標準飼料成分表（2009 年版），中央畜産会．
Ørskov, E.R., McDonald. I. (1979)：*J. Agric. Sci. (camb)*, **92**：499-503.
Stone, W.C. (2004)：*J. Dairy Sci.*, **87**：E013-E026.
Sudweeks, E.M., Ely, L.O., Mertens, D.R. et al. (1981)：*J. Anim. Sci.*, **53**：1406-1411.

Swan, S.M., Armentano, L.E. (1994) : *J. Dairy Sci.*, **77** : 2318-31.
Whitelaw, F.G., Eadie, J.M., Bruce, L.A. *et al.* (1984) : *Br. J. Nutr.*, **52** : 261-275.
Zebeli, Q., Aschenbach, J.R., Tafaj, M. *et al.* (2012) : *J. Dairy Sci.*, **95** : 1041-1056.

6. ウシの繁殖

6.1 わが国におけるウシの繁殖性の現状

6.1.1 繁殖上の分類

　繁殖を英語では"reproduction"といい，文字通り「再生産」を意味する．さらに，再生産を「持続的再生産」に進化させることによって，畜産経営はいっそう揺るぎないものになる．ウシは，季節に関係なく1年を通して繁殖活動を行うことができる周年繁殖動物（「季節繁殖動物」に対する用語）に分類される．性成熟に達すると，1発情周期に1～2個の卵子を自然排卵（「交尾排卵」に対する用語）する．また，妊娠しない限り平均21日の完全発情周期（黄体形成を伴う発情周期のこと）ごとに発情を繰り返す多発情動物（繁殖期に1回のみの発情を示す「単発情動物」に対する用語）である．ピークを過ぎ高齢になるに従い繁殖機能は衰えるが，わが国の黒毛和種雌牛は，平均7.5歳まで繁殖用に供用されている．黒毛和種の種雄牛のなかには，15歳過ぎまで現役を続けるものもいる．

　しかし，周年放牧されている国や地域では，飼料となる青草が乏しい冬期には低栄養状態となり発情を示さなくなるため，あたかも季節繁殖動物のような繁殖形態を示す．また，乳用牛，特に高泌乳牛の場合，産次が進み高エネルギー飼料を多給されると，複数個の排卵をする確率が高くなり双子出産の割合が増える．このように，環境が変われば周年繁殖および一般に単胎として定義される雌牛の繁殖形態も変化する．

6.1.2 分娩間隔の推移

　ウシは役用家畜としてわが国でも古くから飼養されてきたが，特に戦後の

1945年以降，乳または肉専用家畜として飼養されるようになってきてからは，農家経済を支えるために1年1産が理想とされるようになってきた．1年1産とは分娩後365日以内に再び子牛を産むことを指し，妊娠期間約285日のウシの場合，分娩後80日以内に受胎に結びつく人工授精等を行うことで達成される．統計資料によると，都府県平均で平成元年（1989年）には396日であった平均分娩間隔が，平成23年（2011年）には449日まで延長している（図6.1）．分娩間隔とは，前回の分娩日からの空胎期間に妊娠期間を足したものを指すので，実質的には空胎期間の長さを意味する．ただし，空胎期間には分娩直後から数十日間にわたって卵巣機能の回復および子宮修復のために生理的に受胎が不可能な時期が含まれるので，その期間は乳用牛では任意待機期間（voluntary waiting period：VWP）と呼ばれ，その後の空胎期間（＝不受胎期間）と区別されている．また，平均分娩間隔は，分娩を1回以上経験し，その後受胎したウシのみを対象とする数値であり，初産後あるいは未経産のまま長期不受胎や繁殖障害に罹患したウシは除外されているので，農家の繁殖牛全体の成績を総括するものではないことに留意が必要である．この点を改善するために開発された指標がJMR（jours moyen retard；受胎までの日数の平均値）で，受胎に要した日数からVWPを減じたものの平均値を意味する．この指標を用いれば，長期不受胎牛や繁殖障害牛についても数値で評価することができるが，わが国では全国的な統計値はとられていない．もう1つ，繁殖牛全体の成績を把握するには，発情発見率（通常，人工授精実施率に等しい）に受胎率

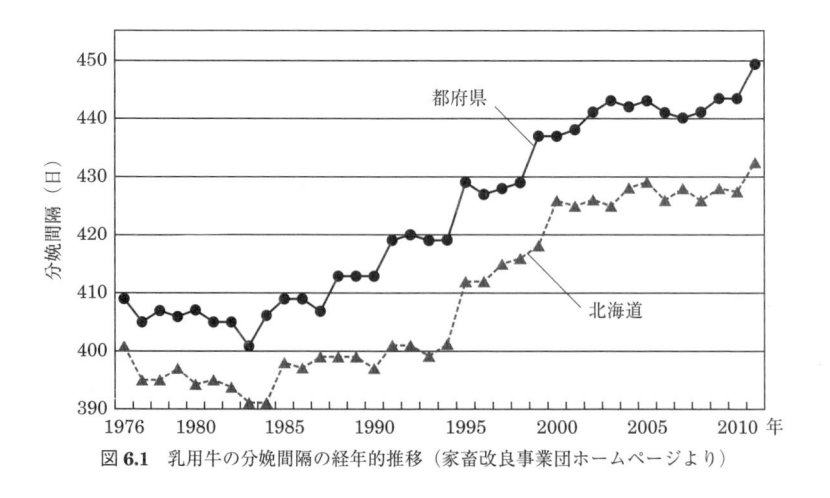

図 6.1 乳用牛の分娩間隔の経年的推移（家畜改良事業団ホームページより）

を乗じた妊娠率という数値を用いる方法がある．

　しかし，泌乳期間中の総乳量のことを考えると，分娩間隔が375〜385日のときに最高になるという統計資料もあるので，酪農では1年1産はもう少し緩やかに考えた方が経営上有利かもしれない．ただし，乳用牛では子牛を分娩して泌乳が始まり泌乳最盛期が分娩後1〜2ヶ月後にみられることから，酪農経営にとって泌乳量を維持するために計画的な子畜生産が必須であることに変わりはない．このことは，肉用牛においても同様で，子取り経営（たとえば，生まれた子牛を哺育・育成して約10ヶ月齢で家畜市場においてせり販売する）では，定期的な子畜生産こそが健全な経営の基盤である．

6.1.3　人工授精の受胎率の推移

　繁殖のために種畜として登録され供用されている種雄牛の頭数は，乳用牛（おもにホルスタイン種，ほかにジャージー種）で374頭，肉用牛（おもに黒毛和種，ほかに褐毛和種，日本短角種）で1,613頭であり，これらは地方自治体，社団法人もしくは民間の種畜場で集中管理されている（平成22年度畜産統計）．上の数字から推察すれば，わが国ではウシの繁殖は，そのほとんどが凍結保存された精液による人工授精によって行われていると考えられる．一部の酪農家では，アメリカやカナダからの輸入凍結精液も使用されている．

　乳用牛の経産牛頭数は，930千〜940千頭で，その内訳は3〜8歳が711千頭，9歳以上が46千頭である．ただし，2歳以下が710千頭（雄も含む）である．乳用牛の分娩頭数は，2010年3月〜2011年1月の統計によると833千頭となっているが，この統計数字は11ヶ月の数字であるので，1年間では833千×12/11＝909千頭（筆者が計算）となる．産出子牛の内訳は，乳用雌290千頭，乳用雄300千頭，および交雑種250千頭である．一方，肉用牛の子取り用雌飼育頭数は668千頭で，肉用種の出生頭数は，2009年8月〜2010年7月の統計では，雌子牛が277千頭，雄子牛が301千頭である．

　わが国のウシの人工授精の実態を表している数字に，乳用雌牛への黒毛和種精液の交配率がある．全国平均27.6%，都府県平均39.5%，北海道16.5%となっており（2012年1月〜3月），この数字から，交雑牛（F_1）生産がほぼ日常的に行われていることがわかる．この数値は枝肉相場などその時のいろいろな要因で変動するため，四半期ごとのデータが農林水産省から公表されている．

社団法人 日本家畜人工授精師協会が公表している人工授精の受胎率を，表 6.1 および表 6.2 に示す．

表 6.1 牛受胎率改善対策事業 乳用牛人工授精実施成績調査集計

平成 20 年 (2008 年)	総受胎率	受胎に必要な 人工授精回数	初回受胎率
未経産牛	92.3	1.6	60.0
経産牛	85.6	2.0	42.1
無区分	82.2	1.8	52.5
計	86.8	1.9	47.2

総授精の実頭数：629,432 頭，延べ頭数：1,212,599 頭．
初回授精の実頭数：534,678 頭．

表 6.2 牛受胎率改善対策事業 肉用牛人工授精実施成績調査集計

平成 20 年 (2008 年)	総受胎率	受胎に必要な 人工授精回数	初回受胎率
未経産牛	92.7	1.5	67.0
経産牛	91.3	1.6	62.1
無区分	87.6	1.5	62.7
計	90.6	1.5	62.8

総授精の実頭数：91,233 頭，延べ頭数：140,638 頭．
初回授精の実頭数：81,217 頭．

両表は，日本家畜人工授精師協会が集めたデータを集計したものである（ただし，一部の都府県を調査対象から除外している）．これらの表で無区分とあるのは，データに未経産／経産の区別の記載がなかったものを指す．悉皆調査のデータではないが，乳用牛では経産牛の受胎率低下が未経産牛に比べて著しい．また，肉用牛に比べて乳用牛の受胎率の低下傾向が歴然としている．

図 6.2 と図 6.3 は，平成元年（1989 年）から平成 20 年（2008 年）までの人工授精受胎率を肉用牛と乳用牛に分けて示したものである．いずれも上の折れ線が初回受胎率を，下の折れ線が 1〜3 回の平均受胎率を示している．

なお，1〜3 回の受胎率が初回受胎率のみよりも低いのは，反復して人工授精されるウシは基本的に受胎能力が低いからと推察される．両図から明らかなように，この 20 年間で肉用牛も乳用牛もともに受胎率が低下している．現在，これらの図が近年牛の受胎率が低下しているといわれている根拠になっている．ただし，悉皆調査が必ずしも精度がよいとはいえないことは真実であるが，これら両図の人工授精実施頭数は，さきにあげた雌牛頭数等の統計数値から判断

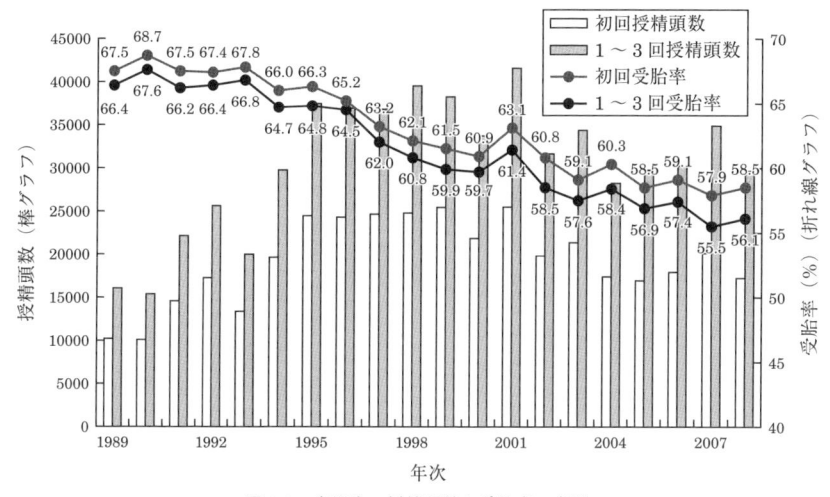

6.1 わが国におけるウシの繁殖性の現状　　　　　　　　　　　　　　77

図 **6.2**　肉用牛の授精頭数と受胎率の変遷

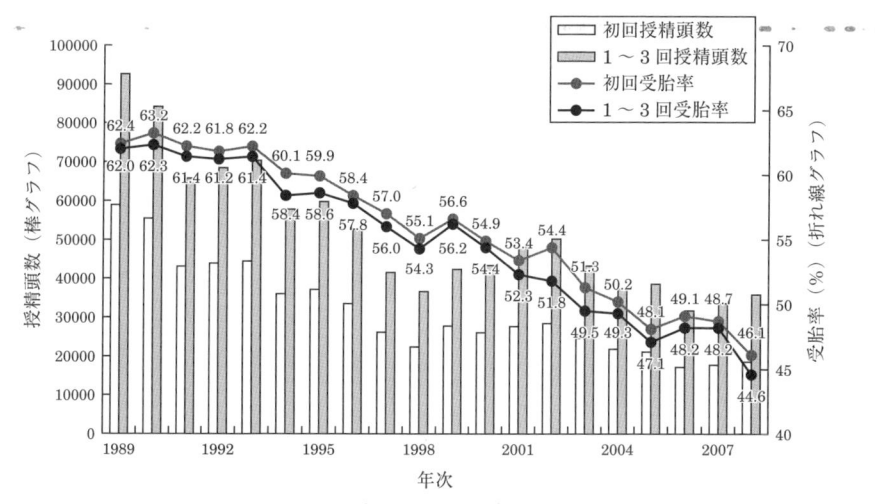

図 **6.3**　乳用牛の授精頭数と受胎率の変遷

受胎確認は，おもに 60 日～90 日以内の「ノンリターン法」（次期予定日に発情が回帰しないことを指標にして受胎している可能性を判断する方法）または直腸検査による「胎膜スリップ法」によっている．受胎率は次式により計算されている（社団法人 家畜改良事業団の HP より）．

　　初回受胎率＝初回受胎頭数／（初回授精頭数－妊否不明頭数）×100
　　1～3 回受胎率＝受胎頭数／（3 回目までの授精延べ頭数－妊否不明頭数）×100
（注 1）初回授精頭数とは未経産牛および分娩後の牛に初回授精した頭数．
（注 2）1 発情につき 2 回以上授精した場合でも授精回数は 1 回と数える．
（注 3）妊否不明頭数とは転売等により妊否を確認できなかった頭数．
（注 4）授精数は初回授精頭数および 3 回目までの授精延頭数から妊否不明頭数を差し引いた数．

して，一部のデータのみを使用して作成されたものであることに注意が必要である．また，肉用牛雄牛の精液は乳用種にも交配され，交雑種生産に利用されている．乳用繁殖牛は肉用繁殖牛より受胎性が低いことから，肉用牛の受胎率低下の一部は乳用牛の受胎率低下の影響を受けている可能性がある．

表6.3に，現在わが国でウシの繁殖技術として汎用されている技術および受胎促進のために用いられている技術の発表年次，あるいは装置・薬剤等の販売開始年次を経時的に表した．著しい技術の進展と人工授精によるウシ受胎率の

表 6.3　1990年代以降のわが国におけるウシ繁殖技術普及の変遷

発表年	発表事項	発表者／販売元
1991	凍結保存胚のダイレクトトランスファー法（凍結用ストローから胚を取り出すことなく移植する方法：エチレングリコールを耐凍剤に用いたことが功を奏した）の開発・普及	(独)家畜改良センター
	ウシ体外受精胚の販売	(社)家畜改良事業団
1993	胚性判別用PCRキットの販売	伊藤ハム(株)
1994	OPU（ovum pick up；超音波誘導経腟採卵）技術のウシ繁殖技術への導入	Roelofsen-Vendrig et al.
1995	GnRH（gonadotropin releasing hormone：性腺刺激ホルモン放出ホルモン）投与による定時人工授精の発表（Ovsynch + Timed AI）	Pursely et al.
	イージーブリード販売（1998年薬効追加承認）	(社)家畜改良事業団
2002	ポータブル経腟超音波画像診断装置の販売	すみれ医療(株)
	歩数計による発情発見補助装置（牛歩）販売，同解析ソフト販売（2005）	(株)コムテック
	LAMP法による胚性判別法の開発	栄研化学(株)
2004	シダー1900販売	ファイザー(株)
	PRID販売	あすか製薬(株)
2007	ウシ性選別精子の販売	(社)家畜改良事業団
2008	Double Ovsynch法の発表	Souza et al.

注：イージーブリード，シダー1900，PRIDは，いずれもウシの腟内に挿入するタイプの天然型プロジェステロンを浸み込ませたDDS（drug delivery system）の機能をもつプラスチック媒体である．Ovsynch（オブシンク）とは，GnRH製剤，PGF2α製剤等を組み合わせて排卵時間を制御して定時人工授精をするためのホルモン療法を指す．Double Ovsynchとは，Ovsynchを2回反復する療法のこと．その他，OvsynchとDouble Ovsynchの間に，Co-synch（2001）：TAIとGnRHを同時に行う方法，Heat-synch（2002）：2nd GnRHのかわりにestradiolを投与する方法で発情発現を重視，Rectal Palpation＋Ovsynch（2005）：直腸検査で黄体があることを確かめてOvsynchをする方法，Presynch＋Ovsynch（2006）：PGF2αを14日間隔で投与して，さらに14日後からOvsynchを始める方法，Ovsynch＋CIDR（2007）：未成熟な卵子の排卵を抑制するためにGnRH投与と同時にCIDRを7日間腟内に挿入してプロジェステロン濃度を十分に高めておいてPGF2αを投与する方法，などが考案されてきた．

低下傾向という矛盾する事態が起こっており，幅広い視点からの対策が望まれる．特に，乳牛では「泌乳曲線改良グループ」(2008年) が提唱している泌乳曲線の平準化など，周産期の飼養管理の合理的改善が奏功する可能性がある．

6.2 雌牛の繁殖

6.2.1 春機発動，性成熟，繁殖供用適齢

　雌牛の場合，他の家畜と同様，発情行動の発現が性成熟の目安となっている．初回の発情が発現したときを特に春機発動と呼び，性成熟期の開始としている．繁殖供用適齢とは，性成熟が完了して分娩時に難産にならない体格に達している月齢のことである．黒毛和種の場合，将来の子牛生産性を考えれば，過度の高栄養育成を避けて妥当な発育速度の繁殖用雌牛ではおおむね11〜13ヶ月齢に春機発動を迎える．そのときの体重は，平均220 kg前後という報告が多く，初回発情はその系統ごとに一定の体重に到達したときに発現する傾向が認められる．それに対して，6〜12ヶ月齢の間の発育が遅延している場合，春機発動の時期は遅れる．繁殖供用開始時期は，黒毛和種では14〜15ヶ月齢，体重280〜300 kg，体高115 cmを目安に実施することと指導されていたが，最近では早期繁殖として体重250 kg，12ヶ月齢から繁殖供用を開始することが試みられている．ホルスタイン種では14〜15ヶ月齢，体重は350 kg，体高125 cmが繁殖供用開始の一般的な指標である．黒毛和種と同様，早期繁殖として14ヶ月齢未満での繁殖供用も試みられている．

6.2.2 発情の仕組みと人工授精の適期

　人工授精とは，発情を示したウシの授精適期に，凍結精液あるいは液状精液をその生殖道内に注入する技術を指す．現在ウシでは，先述した通り，凍結精液による人工授精が一般的である．1952年にイギリスのポルジ (C. Polge) とローソン (L.E.A. Rowson) が凍結ウシ精子による受胎に初めて成功した．わが国では，1957年にドライアイスによるペレット凍結技術，1960年に液体窒素による凍結精液作製技術が実用化を目指して農林省 (当時) 畜産試験場 (現 独立行政法人 農業・食品産業技術総合研究機構 畜産草地研究所) で開発された．それ以前に用いられてきた液状精液と比べて，優秀な種雄牛の利用が広範

囲に及ぶことになり，経済形質の改良が飛躍的に進んだ．

人工授精の適期とは，授精能獲得を完了し，かつ授精能保有時間内の精子が卵管膨大部において排卵されてくる卵子を待ち受けることができるように人工授精をするタイミングのことである．したがって，発情の開始から終了までの雌牛の生理的および行動的変化についての理解が必要である．

図6.4から，スタンディング発情の見きわめおよび適期の人工授精が，卵管膨大部において精子が卵子とタイミングよく邂逅する瞬間に凝縮しているのがわかる．すなわち，まず，前周期で卵巣において排卵後に形成された黄体が退行するのに伴い，新たな卵胞が複数発育する（普通は，1つの発情周期の間に2〜3回の卵胞発育の波がある）．その最終波で発育する複数の卵胞の中から，通常1個の主席卵胞（優勢卵胞ともいう）が選抜され成熟卵胞まで発育する．その際，大量に分泌されるエストロジェンによって発情行動が誘起されるとともに，エストロジェンが一定の閾値を超え視床下部にフィードバック作用することによって，サージジェネレーター（視床下部にあるGnRHのサージ状分泌発生部位）がGnRHをサージ状に分泌させる．それが脳下垂体前葉に働き，黄体形成ホルモン（luteinizing hormone：LH）が選択的にサージ状に放出され（同時に卵胞刺激ホルモン，follicle stimulating hormone：FSHもサージ状に分泌される），ピークから約25時間後に成熟卵胞の破裂と卵母細胞の排卵を誘起する．このLHサージは，排卵を誘起する作用以外に，顆粒層細胞と卵母細胞間のギャップ結合を消失させることによって卵母細胞に排卵の準備を開始させる．また，卵母細胞の卵核胞崩壊と表層顆粒の辺縁移動を起こすとともに，一次卵母細胞の第一成熟分裂を再開・完了させ，卵母細胞を来るべき受精に備えさせる．さらに，卵管峡部に一時貯蔵されていた精子は，LHサージによって卵管上皮細胞の線毛との結合が解け，受精能獲得を完了させるとともに尾部の運動が活発化される．そして，精子は受精の場である卵管膨大部まで移動する．そこで，排卵される卵子を待ち受けることになる．

人工授精が適期よりも遅すぎると，精子が卵管膨大部にたどり着いたときには，すでに卵子は排卵されており，卵子の受精能が減衰した状態での受精あるいは老化した卵子との受精となり，それぞれ受精失宜および早期胚死滅につながる．一連のこの流れは，スタンディング発情を基本にした授精適期の判断がいかに重要であるかを意味している．雌牛の体内で起こっている一連の流れは，

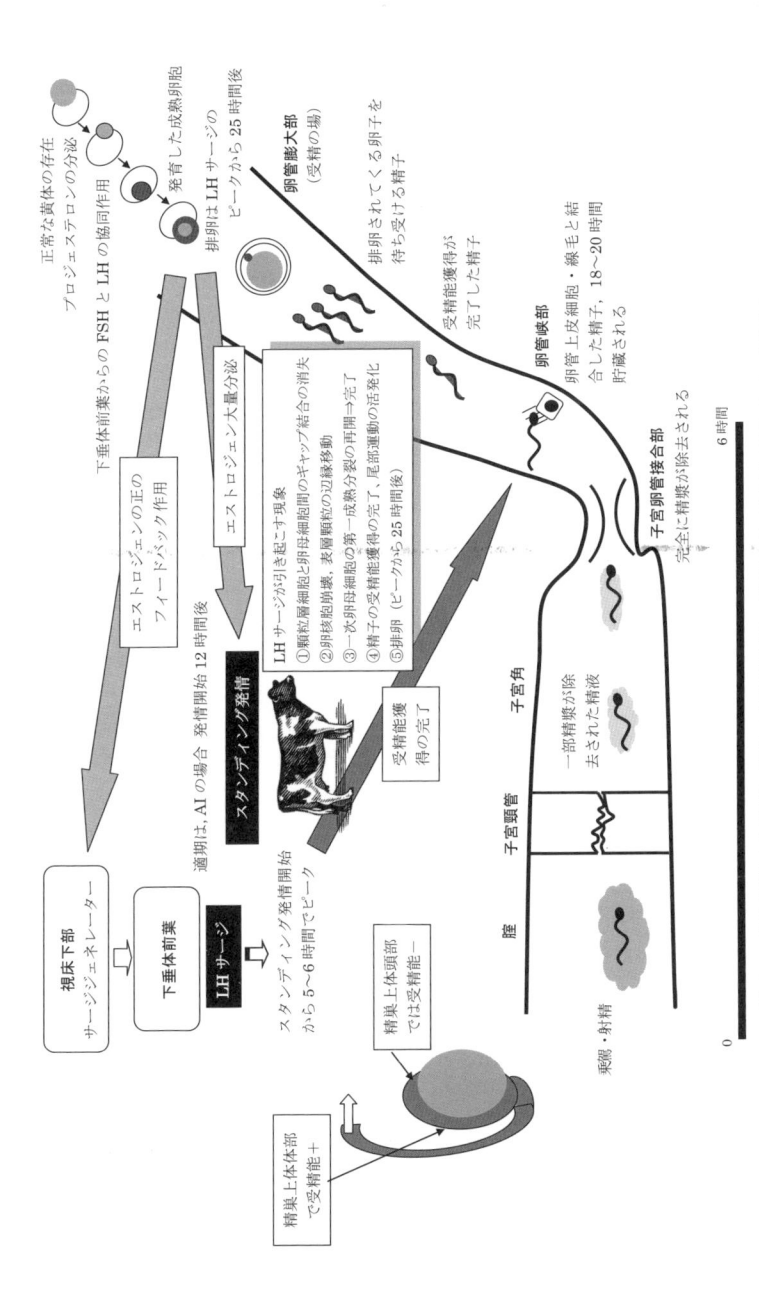

図 6.4 卵胞発育から発情，精子の受精能獲得，排卵を経て受精に至るまでの連関図

発情周期を正常に繰り返すウシでは人工授精による生殖道内における精子の存在の有無にかかわらず起こっている．人工授精の場合，精液を人為的に注入することになるので，その時期がなによりも重要である．自然交尾では，雄牛に対する雌牛の乗駕許容が必要であるので，人工授精で問題となる"時期"の問題は起こりえない．

　乳牛においてスタンディング発情開始推定時刻から4～12時間以内に人工授精をすれば，最も高い受胎率が得られるという報告（Dransfield et al., 1998）があるが，スタンディング発情といっても，通常行われている1日2回の発情監視のなかではその開始時刻を把握することはまずあり得ない．また，1日2回の発情監視とAM／PM法（従来から慣用的に用いられている発情発見と人工授精のタイミングを表現した方法で，午前中に発情を発見したらその日の午後に人工授精をする方法）では，発情持続時間が短いウシに対しては人工授精の適期を逸する（遅すぎる）場合がある．一方，ウシの歩数が発情牛のマウンティング行動とほぼ軌跡を同一にして上昇と下降を示し，スタンディング発情の時期をかなり正確に推定することができることから（O' Connor, 2007），ウシの歩数をリアルタイムで把握できる装置は非常にすぐれた発情発見と適期人工授精の補助器具である．

6.2.3　妊娠診断

　妊娠診断は，受胎牛と不受胎牛を峻別して，その後の受胎牛の適正な飼養管理ならびに不受胎牛に対する発情監視の強化を図るためのものなので，人工授精後の不受胎の診断は，正確性はもちろんであるが，診断時期が早ければ早いほど経営には有利に働く．すなわち，人工授精を実施した後，当該牛が発情を示さないか注意深く監視することが分娩間隔をいたずらに長引かせないために肝要である．しかし，ノンリターンを確認してもその数日後に突然発情を示すウシがいるので，注意が必要である．これは，おそらく母体の妊娠認識の時期（発情発現日を0日目として16日目）を過ぎてからの胚死滅のためであると考えられる．筆者らは，人工授精後14日目と20日目の超音波画像診断装置のモニター画面に写し出される黄体割断面の面積を指標として，早期（20日目）に高い確率で不受胎牛を診断する方法を考案した（Gaja et al., 2009）．この方法によると，不受胎牛は発情発現日を0日目として14日目と20日目の黄体断面

積の間には有意差（減少）が認められるが，受胎牛の場合両者に有意な差は認められない．この不受胎牛の診断方法は，血中プロジェステロン濃度を指標とした診断よりも鋭敏（高信頼度）であり，実用的な方法といえる．

その他の一般的な妊娠診断の方法としては，直腸検査による「胎膜スリップ法」によって受胎を確認する方法，ポータブル超音波画像診断装置によって胎子の心拍動あるいは胎子附属物を視認する方法があり，いずれも現場でよく用いられている．特に，ポータブル超音波画像診断装置は，農家に妊娠の証拠を画像として示すことができるので，農家との信頼関係を築くうえで貴重な手段となっている．その時期としては，さきに述べたようにできるだけ早期に不受胎牛を摘発する以外に，ノンリターンを経て胎盤が卵黄囊胎盤から尿膜胎盤に構造変化するために流産が起こりやすい妊娠28〜40日以降，その後は乳牛であれば乾乳期に入る直前での診断が一般的である．いずれにしろ，いったん受胎していたウシが早期胚死滅あるいは流産を起こせば必ず発情を示すことから，受胎牛であっても発情監視は必要である．また，近年乳牛ではフリーストール形式を採用している農家が多いので，流産胎子を見つけることは困難になってきているが，受胎牛の入念な観察は欠かしてはならない．

わが国ではまだ販売されていないが，ウシ胎盤にある栄養膜巨細胞で産生される pregnancy specific protein B（PSPB）もしくは pregnancy associated glycoproteins（PAG）の血中濃度の高低によって妊娠の可否を診断できる酵素免疫測定法（enzyme-linked immno solvent assay：ELISA）キットがアメリカではすでに販売されている．PSPBおよびPAGはいずれも糖タンパク質であり，アスパラギン酸ペプチダーゼの仲間である．母体の子宮上皮細胞に嵌入する栄養膜の分泌細胞から放出される顆粒に含まれていて，母体の循環血中に入ると考えられる．いずれも35日目以上ではかなり妊娠との関連性が高いようである（Piechotta et al., 2011）．

6.2.4 繁殖障害とその防除

リピートブリーダー（臨床的な異常は認められず，正常な間隔で発情周期を反復し，かつ明瞭な発情徴候を示すが，3回の連続する発情周期で適期に人工授精をしても受胎しないウシを指す）や長期不受胎牛（明確な定義はないが，リピートブリーダーと同義，あるいはリピートブリーダーのまま放置され長期

間にわたって受胎の機会を失っているウシを指し，肉用牛に多いと思われる）の存在は，繁殖の担当者にとって悩みの種である．リピートブリーダーの主たる原因は，受精障害と早期胚死滅のいずれかといわれている．また，長期不受胎牛になると，子宮も妊娠を成立・維持するのに適さない状態になり，受胎の可能性がますます遠のく．

近年，リピートブリーダーに胚移植を施すと受胎する場合があるとする報告（Dochi et al., 2008）があり，不受胎対策の 1 つとして応用されている．このことから，リピートブリーダーの原因の 1 つに受精障害があることは確からしい．しかし，早期胚死滅が原因のリピートブリーダーには，胚移植をしてもすべてが解決するわけではない．子宮環境が胚発育に適さない状態にあるため受胎しないウシに対しては，人工授精をして数時間後に子宮に 50 mL のイソジン液を注入する方法で功を奏する場合がある．また，子宮洗浄もこのようなウシに対しては有効な治療法である．リピートブリーダーに安息香酸エストラジオールを大量投与すると子宮内膜の上皮成長因子（epidermal growth factor：EGF）の動態を正常に戻す効果があり，その受胎性を回復できるとする報告がある（Katagiri & Takahashi, 2008）．

乳牛の夏季不妊症は毎年の課題である．地球温暖化が進むなかで，その対策はますます緊急性かつ重要性を増している．暑熱ストレスは，横臥時間の減少，乾物摂取量の減少，産乳量の減少，直腸温の上昇（おそらく子宮内温度も）を伴う．しかし，再現性のある根本的な解決策はいまだ見つかっておらず，大型扇風機による風，細霧などをウシの体表に直接あてて体感温度を下げる方法が主体となっている．暑熱ストレスを数値化する試みがあり，温度湿度指数（THI）が応用されている．これは，温度と相対湿度の相関から出された数字で，THI が 72 以上になると暑熱ストレスが始まるといわれている．暑熱ストレス解消のための育種学的あるいは牛舎構造の面からのアプローチはほとんどなく，現状では飼養管理技術や栄養補充で解決の糸口を探り当てようとしている．環境条件が厳しさを増す夏季高温多湿期間は，清潔な水の充分な給与，衛生害虫の駆除，毛刈り，削蹄，清潔な寝床維持など基本的な飼養管理とストレス軽減につながる軽微な対策の集積が最終的な効果として表れ，管理者の技量が問われるとともに，その差が如実に表れる．なお，黒毛和種は，ホルスタイン種に比べて比較的暑熱ストレスに耐性を示す．（以前，筆者が農林水産省家畜改良セン

ター本所に勤務していたとき，インド系雌牛由来の除核卵子とホルスタイン種の体細胞核を用いて，核移植技術により暑熱ストレスに強いウシを作出する試験を計画したことがあるが，インド系雌牛のミトコンドリア DNA 解析の結果，ホルスタイン種の遺伝子が入っていることがわかり，その試験を断念した苦い思い出がある．)

6.3 雄牛の繁殖

　わが国では人工授精が普及しているため，生殖能力のある雄牛の頭数は雌牛の頭数に比べて圧倒的に少ない．したがって，雄牛の繁殖に果たす役割のうち，発情している雌牛を見つけ出す能力を発揮する機会は与えられない．凍結精液を製造するために行われる定期的な採精に支障が出ないように，旺盛な乗駕欲，乗駕の成立（肢蹄の強さ），陰茎の勃起，正常精子の生産，正常精液の射出，生殖器伝染病に罹患していないことが，種雄牛の具備しなければならない必須条件である．
　また，発育が標準以上であること，肢蹄が強健であること，陰嚢の基部が適当にくびれていること，その下垂状態も良好で左右睾丸のバランスがとれていること，睾丸周囲長が一定の基準を超えていること，睾丸組織の充実がすぐれていること，陰嚢部が捻転していないことが，候補種雄牛になるための最低要件である．実際に採精が始まると，精液および精子の検査が行われる．精子濃度，精子活力，精子の形態が最低限調査される．特殊検査として，精巣のテストステロン分泌能を評価するヒト絨毛性性腺刺激ホルモン（human chorionic gonadotropin：hCG）負荷試験のような内分泌学的検査，精子の成熟，副生殖腺の機能を推測するための精液の生化学的検査，精子の受精能を判定する精子機能テスト，精巣の石灰化などを診断する超音波検査がある．また，雄牛の副生殖腺の状態を診るために直腸検査が行われる．ウシの場合，精巣は胎齢 3 ヶ月で陰嚢に下降する．精巣内の精母細胞は精細管内に生後 2〜3 ヶ月齢で，6 ヶ月齢では完成した精子が認められる．精細管内に多数の遊離精子が出現するのは 8〜10 ヶ月齢になってからで，この頃になると精液採取が可能となる．実際の供用開始は，15〜20 ヶ月齢になってからである．精子の耐凍能もこの頃に最大となる．採精は，2〜4 日間隔で，1 日 2 射精をめどに行われる．精子の凍結

保存技術については詳細を省略する．手法については，プログラムフリーザーを用いる方法もあるが，液体窒素蒸気法がほぼ確立されている．一般に，ウシ精液の凍結過程では，胚の凍結保存には欠かすことができない植氷（細胞外液に強制的に氷晶を形成させ細胞内からの脱水を促す処置）操作は実施されていないが，精液の凍結にも植氷を応用することで，生存性が向上することが期待される（Chen & Foote, 1994）.

6.4 胚移植技術

胚移植とは，あらかじめ多排卵誘起処置を施し人工授精をしておいたウシ（供胚牛）から7日目（発情発現日を0日とする）に子宮洗浄によって回収した胚（生体内由来胚），あるいは卵巣から吸引した卵子を体外成熟させ，その後体外受精，体外培養を行って胚盤胞に生育した胚（体外受精由来胚）を，供胚牛の発情周期と同期化した他の雌牛（受胚牛）の子宮角に移植する技術である．

農林省（当時）畜産試験場の杉江　佶博士によって，世界で初めて非外科的手法（現在一般的な頸管経由法ではなく，頸管迂回法であった）による胚移植によって子牛が生産された（Sugie, 1965）．それを嚆矢として，昭和50年代後半から農林省（当時）のウシ受精卵移植技術利用促進事業や畜産新技術実用化促進特別対策事業が相次いで開始され，また技術の定着に伴い家畜改良増殖法の改正（1983年）もなされた．このように，技術開発に続く補助金制度の整備によって，わが国の最先端繁殖技術が自治体を通じて農家に導入されることになった．今では，ウシ胚移植技術の提供を主たるサービスとしている個人開業獣医師や民間研究機関が全国に散在する状態に至っているが，当初は国あるいは地方自治体の補助金によって各自治体の機器整備や人材養成がなされた．1992年には，ウシ体外受精胚の利用が始まったことを受けて，再度家畜改良増殖法が改正されている．

人工授精では精液が発情期の雌牛に注入されるが，胚移植では胚は黄体期の雌牛に移植される必要がある．受胚牛に胚を移植できる受胎可能な時間幅は，人工授精で受胎可能な適期の時間幅よりも一般的に長い．それは同期化の程度と呼ばれるが，供胚牛と受胚牛の発情発現の同期化程度を基準に置くか，胚の発育ステージと受胚牛の発情発現からの日数を基準に置くかで同期化程度の数

値は微妙に異なる．たとえば，前者で供胚牛の発情発現の日の時間帯と受胚牛のそれのずれを表現するには，両者がまったく同じであればゼロ（0）となり，受胚牛が1日（24時間）早く発情発現すれば＋1，半日で＋0.5，半日遅い場合は－0.5，1日遅い場合は－1，という具合に表現する．一方，後者では，7日目採胚の供胚牛から緊縮桑実胚，初期胚盤胞，胚盤胞が採取される場合がある．その場合，同期化している受胚牛がいれば，上記の＋1～－1の範囲で早く発情を発現したものには胚盤胞を移植し，遅れ気味に発情を発現したウシには緊縮桑実胚を移植するというような，胚の振り分けも考えられる．胚移植の周辺技術は多岐にわたるが，次節でその最先端技術の概要を紹介する．

6.5 最先端技術

6.5.1 胚の超低温保存（凍結保存）

ウシ胚の凍結保存技術がウシ胚移植の実用化に寄与した功績は計り知れない．それまでは，移植に際しては，採卵の日に合わせて供胚牛の発情に同期化した受胚牛を多数準備しておかなければならず，胚数と受胚牛数の過不足が生じていた．胚の凍結保存技術は，鋭意技術改善が図られ，今では新鮮胚の移植による受胎率と比べても遜色ない程になっている．また，凍結方法として緩速冷却法を用いるダイレクトトランスファー法（Dochi et al., 1995）が用いられるようになり，人工授精と同様に農家の庭先での移植が可能になったことも，凍結胚が移植の大部分を賄うようになった大きな理由である．ダイレクトトランスファー法とは，文字通り，融解後の希釈工程を経ずに受胚牛に移植できる方法であるが，この方法を可能にしているのは，耐凍剤としてのエチレングリコールがウシ胚の細胞膜に対して非常に高い透過性を有するとともに，胚に対する毒性も低いことによると推察される．

胚の凍結保存技術が開発された当初は，耐凍剤としてグリセロールがよく用いられたため，融解された直後の胚を等張液に直接浸漬すると，浸透圧差により水が細胞内に急激に流入するために細胞が膨満して破裂を起こすことがあった．これは，細胞膜に対する透過性が耐凍剤よりも水の方が圧倒的に高いからである．したがって，段階的かつ徐々に胚細胞質から耐凍剤を除去する工夫が必要となった．そこで最初に応用された方法は，段階的（通常，3～5段階）に

耐凍剤の濃度を希釈した溶液に胚を順次移していくステップワイズ法である．次に開発された方法は，0.25～1.0 M のショ糖溶液中に耐凍剤を含んだ胚を直接移動して，胚細胞質中の耐凍剤を排出させる方法である．この方法では，ショ糖溶液中で胚細胞質は収縮した形態を呈し続けるので，凍結・融解のストレスを受けた胚には胚の膨満と収縮過程を繰り返すステップワイズ法に比べてストレスのより少ない方法と考えられる．凍結・融解がうまく進行していても耐凍剤を除去する工程上のミスが起これば簡単に胚の生存性が損なわれるので，ダイレクトトランスファー法はすぐれた方法といえる．ウシ胚の凍結保存には，欧米でウシ精液の凍結容器に用いられている 0.25 mL 容量の透明なプラスチックストロー管が採用されており，急速融解では 25～37℃の範囲の温水中に浸漬する方法がとられている．最近では，透明帯の破損率を低減させる方策として，温水中に浸ける前に室温空気中に数秒間放置する方法がよく用いられている．0.25 mL ストロー管では室温（25℃）融解でも充分な融解速度が得られることが筆者の実験で判明しており，37℃の温水中に浸けると融解速度が速くなりすぎて胚にダメージを与えることになるので，それを防ぐためにいったん室温中に放置するというものである．

　また，近年，ガラス化保存法の技術が急速に改善され，好成績が得られるようになってきている．ガラス化法は，緩速冷却法で用いる耐凍剤の濃度よりもかなり高い濃度の耐凍剤と胚を平衡した直後に，液体窒素中／液体窒素蒸気中に直接投入する方法である．ガラス化法は，現状ではいまだ改善すべき課題が残されてはいるものの，冷却時および加温時の細胞内外における氷晶形成を完全に抑制するといわれ，氷晶形成に伴う直接的および間接的傷害を回避することができることから，ほぼ理想に近い超低温保存法と考えられる．近年，OPS（open pulled straw）法，Cryotop 法，Cryoroop 法，MMV（metal mesh vitirification）法，MD（microdroplet）法などが開発され，胚を含む耐凍剤溶液の量を 0.1 μL 以下に抑えると，従来のガラス化溶液の耐凍剤濃度を下げても生存することが相次いで報告されている．また，これらの方法は従来融解後の生存性が低かった未受精卵子やブタ胚の超低温保存にも応用され，大きな成果を上げている．

　緩速冷却法とガラス化法は，それぞれ手技が大きく異なり，かつ超低温化で存在する様相が異なっても，それぞれ最適条件下で実施すれば融解（加温）後

にも胚の生存性を維持させることができる．緩速冷却法では，過冷却温度域で細胞外液に強制的に氷晶を形成させる植氷という操作が契機となって胚の脱水を促す．一方，ガラス化法は比較的高濃度の耐凍剤＋ショ糖溶液などに曝されることによって胚内部の水が耐凍剤と置換される．ガラス化法によるこの現象を広義の脱水ととらえれば，緩速冷却法（植氷により細胞内自由水を排出させ細胞内氷晶形成を害のない程度に抑制する）と本質的に異なる方法ではないといえる．

現在，ウシの胚移植の現場では，従来のダイレクトトランスファー法により凍結保存された胚を含むストロー管をそのまま装填する胚移植器に代わって，ストローを装填しなくてもよい胚移植器（モ４号：ミサワ医科工業株式会社）が多用されていることから，基本的にストロー管を用いないガラス化法により超低温保存された胚が使用しやすくなる環境になりつつある．ただ，よりいっそうの普及を図るためには，ガラス化法においても融解後にワンステップあるいはノンステップで胚から耐凍剤を除去できる方法の開発が必要である．緩速冷却法は必然的にプログラムフリーザーを使用する必要があるが，ガラス化法は液体窒素だけあれば実施可能な方法なので，停電時やプログラムフリーザーの故障時のオプション・危機管理の手段として，あるいは電気設備が調っていない場所での唯一の超低温保存法として有効である．

▶ 6.5.2 雌雄産み分け

酪農家において，生まれる子牛が雌ばかりであればコスト削減に直結する．この願望をかなえるべくまず実用技術となったのが，採取された胚の性別を事前に調べて希望の性別の子牛を産ませる技術である．

まず最初に考案されたのが，胚の一部を採取して作製したカリオタイプ（染色体の核型）標本から判定する胚の性判別方法であった（1991年）．その後，PCR（polymerase chain reaction）法でDNAの増幅を行い，得られた増幅産物を電気泳動して雄特異的バンドを検出する技術が開発され，胚の性判別はルーチン作業の地位を得た（1993年）．さらに，新たに開発されたLAMP（loop-mediated isothermal amplification）法による性判別では，一定温度でDNA増幅反応が進行し，特異性および増幅効率が高く，増幅の有無を反応副産物による白濁で判定できるため，反応開始から判定までにかかる時間はPCR法の3

時間から1時間に短縮された（2002年）．しかし，これらの技術では，胚の細胞の一部を採取する必要があるので，胚の生存性が低下し結果的に受胎率が低下することは否めなかった．希望の性別の子牛だけが生まれるので，受胎率が通常の半分でもよいわけであるが，現在では一時ほど積極的に利用されていない．また，反対の性別の胚も必然的に50％生産されるので，その面でもコスト高にならざるをえない．凍結融解後の受胎率が新鮮胚に比べていっそう低下することも利用拡大を阻んでいる．

それにかわる方法として脚光を浴びたのが「性選別精子」である．この研究は，胚の性判別技術に先立って開発に着手されたが，実用技術として利用されるようになったのは胚の性判別技術よりも遅れた．哺乳類の染色体は，XがYより大きく，ウシではX精子がもつDNAの量はY精子より3.8％多いことが知られている．1980年代の後半，アメリカ農務省のJohnsonらは，このDNA量の差を利用して，細胞膜を透過しDNAに可逆的に結合する蛍光試薬Hoechst33342で染色した精子をフローサイトメーターに1個ずつ流しながら蛍光を測定することで，X/Y精子を識別・分取する技術を開発した．流れてきた個々の精子にレーザー光線を当て2方向から蛍光強度を測定し，コンピューターで瞬時にX精子かY精子かを識別する．その精子が液流の先端に移動したとき，液全体が荷電され，荷電液滴が液流から分離した直後に偏向板により回収される．現在わが国では，アメリカXY社からライセンスを取得した社団法人 家畜改良事業団および社団法人 ジェネティクス北海道が，自家保有種雄牛の精液を用いて製造販売している．家畜改良事業団の性選別精子はSort90という名前で，90％の確率で表示の性別の子牛が生まれることを保証しており，結果についてはすでに実証済みである．受胎率は，家畜改良事業団のデータによれば，適期を見きわめ子宮角深部に注入することによって，選別精子300万個の授精で，乳用牛未経産で46.2％（242/524），同経産牛33.6％（72/214），肉用牛未経産53.1％（412/776），同経産牛29.8％（25/84）の受胎率が得られている．

6.5.3 体外成熟，体外受精，体外培養による胚生産

体外成熟・体外受精・体外培養技術が確立されたおかげで，食肉処理場からウシ卵巣さえ入手できれば，ウシを所有していない研究機関でも胚盤胞を生産

することができるようになり，わが国のウシ胚関連の基礎研究は飛躍的に進展した．次に述べるクローン技術は，必然的に体外で再構築胚を培養して胚盤胞まで発育させることから，今まで蓄積された体外培養技術が大いに役立っている．

　体外受精は，現在，乳牛から肥育用素牛を生産するために，黒毛和種の胚を提供する手段として，わが国で独自の発展をしている．これは，わが国における黒毛和種の牛肉生産が非常に高付加価値を生み出すからである．現在，家畜改良事業団が黒毛和種の体外受精卵を販売している．欧米では，体外受精はホルスタイン種などの優秀な乳牛を増殖する手段として用いられている．乳牛の未経産牛や受胎牛に対して超音波誘導経腟採卵技術（OPU）を用いて，未成熟卵子を採取して，体外成熟・体外受精・体外培養を行っている．この方法は，2～3日間隔で未成熟卵子の反復採取が可能である．体外成熟・体外受精・体外培養技術自体の詳細は専門書に譲る．

◖ 6.5.4　胚クローンと体細胞クローン

　胚クローン技術と体細胞クローン技術は核移植技術を基盤にした技術である．両者とも，レシピエント卵子（体外で成熟させた卵子，第二成熟分裂中期で休止状態にある）の核を取り除き，その囲卵腔に胚クローン技術では胚由来の割球（胚クローン）1個，体細胞クローン技術では体細胞由来の繊維芽細胞（体細胞クローン）1個を注入した後，直流パルスによる電気融合，活性化刺激（エタノール，カルシウムイオノフォア，シクロヘキシミド，超音波など）を経て培養して得た胚盤胞を受胚牛に移植する．ただし，胚クローンでは，活性化刺激は核移植操作の前にレシピエント卵子に与えられることが多い（MPF*活性を低下させておく処置）．一方，体細胞クローンでは，除核直後のMPF活性の高いレシピエント卵子を用いる．（*MPF：M期促進因子 M phase promoting factor または成熟促進因子 maturation promoting factor）

　胚クローンの場合は，1つの胚由来の産子のみが互いに核内遺伝子構成が同一のクローンである．一方，体細胞クローンの場合は，体細胞提供動物が同一であれば，産出された子牛は核内遺伝子構成が同一のクローンであると同時に，体細胞提供動物と産子もお互いにクローンである．したがって，胚クローンでは同一クローン動物の数には限りがあるのに対し，体細胞クローンではドナー

核は培養によって繊維芽細胞として用いるので，クローンを無限に作出できる可能性がある．ただし，胚クローンでもリクローン（胚クローンの雌産子由来の胚を利用して胚クローンを生産すること）を行えば，理論的には無限に生産できる．

　クローン技術は，当初，育種分野への応用が期待されたが，クローン技術による家畜の作出効率が非常に低いこと，および特に体細胞クローンでは世代交代ができないことから，限定的な利用にとどまっている．肉用牛育種においては，優良種雄牛の体細胞クローンによる永続的な使用は改良を停滞させ，遺伝的多様性を減少させることから好ましくないが，胚クローンや幼牛クローン（体細胞クローンの利用法として，候補牛が生まれてすぐ，あるいは胎子の段階でそのクローンを作出し，クローンウシを調査牛として検定に利用）を用いた間接検定は年あたりの遺伝的改良量を高める可能性がある．黒毛和種においては現行の育種システムにおいても遺伝的改良がなされていることから，フィールドで測定が困難な形質の改良に取り組むときに，クローン技術を活用することが考えられる．種雄牛の遺伝的優越性は人工授精により効率よく広めることができるが，優秀な雌牛の増殖は容易ではないので，雌牛のクローンによりコマーシャル生産集団を効率よく更新できる可能性がある．また，優良種雄牛のクローンも，特に自然交配（まき牛交配）によるコマーシャル生産に限っての利用であれば，その価値は大きいと考えられる．

　体細胞クローン産子の安全性については，平成20年（2008年）4月，厚生労働省が国内外における体細胞クローン家畜由来食品の安全性に関する知見が集積されてきたことや関係文献等の収集が終了したことから，食品安全基本法の規定に基づき，内閣府食品安全委員会に食品健康影響評価の依頼を行ったことが特記される．その依頼を受けて，食品安全委員会は調査・審議を開始した．具体的には，食品安全委員会の新開発食品専門調査会に「体細胞クローン家畜由来食品の食品健康影響評価に係るワーキンググループ」を設置し（平成20年5月2日～翌1月19日まで5回開催），核移植などの専門家の参画も得て最新の科学的知見に基づき審議を行った．審議の結果，「現時点における科学的知見に基づいて評価を行った結果，体細胞クローン牛および豚並びにそれらの後代に由来する食品は，従来の繁殖技術による牛および豚に由来する食品と比較して，同等の安全性を有すると考えられる．なお，体細胞クローン技術は新しい

技術であることから，リスク管理機関においては，体細胞クローン牛および豚に由来する食品の安全性に関する知見について，引き続き収集することが必要である.」という評価結果を取りまとめた（平成21年（2009年）6月23日）．新開発食品専門調査会のワーキンググループの資料，議事録等は，以下のURLで閲覧できる； http://www.fsc.go.jp/senmon/sinkaihatu/clone_shingi.html

　体細胞クローン動物として最初に生まれたヒツジのドリーの作出にあたっては，ドナー核の細胞周期を G_0 に同調するために血清飢餓培養が行われたことが成功の鍵といわれている．近年成功したiPS細胞の作出においては，ES細胞を用いたリプログラミング（初期化）に必要な遺伝子の探索が成果に結びついたが，クローン技術では，血清飢餓培養することによりドナー核および卵子のリプログラミングに必要な遺伝子にスイッチが入ったと考えられる．

　わが国の体細胞クローンウシ作出技術は世界的をリードするレベルに達していたが，ブタのように利用目的（ヒトへの移植用臓器作製など）が明確ではなかったうえに，食品安全委員会の評価結果を受けた農林水産省が事実上，体細胞クローンの作出にブレーキをかける格好となり，現在ではほとんど作出されていないばかりか，技術そのものの継承も途絶えてしまった感がある．また，エピジェネティクス的（後生的）変異の影響と考えられる過大子症候群などの異常が多発したが，その解決の途上で技術開発の速度が大きく鈍ったため問題は未解決のままである．クローン技術は核移植を基盤にしているが，核の受け皿となる卵子は多くの場合，食肉処理場由来の卵巣から採取した卵子を用いる．そのため，核は同一でも，卵子細胞質は異なるので，卵子細胞質中のミトコンドリアDNAが形質にどのように影響するかを見きわめる研究のきっかけになると思われたが，こちらも道半ばで止まっている状況である．　　〔小島敏之〕

【謝辞】本稿を執筆するにあたり，データ提供の申し出に対しご親切に対応していただいた株式会社コムテックの笹栗　健氏，ファイザー株式会社の田中伸一氏および社団法人 家畜改良事業団の宮村元晴氏に感謝する．

参 考 文 献

Chen, Y., Foote, R.H. (1994)：*Anim. Reprod. Sci.*, **35**：131-143.
Dochi, O. *et al.* (2008)：*Theriogenology*, **69**：124-128.

Dochi, O., Imai, K., Takakura, H. (1995) : *Anim. Reprod. Sci.*, **38** : 179-185.
Dransfield, M.B.G. *et al.* (1998) : *J. Dairy Sci.*, **81** : 1874-1882.
Gaja, A., Kubota, C., Kojima, T. (2009) : *Vet Rec.*, **164** : 659-660.
Katagiri, S., Takahashi, Y. (2008) : *J. Reprod. Dev.*, **54** : 473-479.
O'Connor, M.L. (2007) : Estrus Detection. *Current Therapy in Large Animal Theriogenology, 2nd edition* (Youngquist, R.S., Threlfall, W.R. ed.), Saunders Elsevier.
Piechotta, M. *et al.* (2011) : *J. Reprod. Dev.*, **57** : 72-75.
Pursely, J.R., Mee, M.O., Wiltbank, M.C. (1995) : *Theriogenology*, **44** : 915-923.
Roelofsen-Vendrig, M.W., *et al.* (1994) : *Tijdschrift Voor Diergenees Kunde*, **119** : 61-63.
Souza, A.H. *et al.* (2008) : *Theriogenology*, **70** : 208-215.
Sugie, T. (1965) : *J. Reprod. Fert.*, **10** : 197-201.

7. 乳 生 産

◖◗ 7.1 乳牛の乳生産の現状

　乳牛は乳生産の向上を目的にして改良されたため，消化器官や乳房が発達し，肉牛に比べると後躯が充実している．わが国で飼養されている乳牛の99％はホルスタイン種であるが，わが国では遺伝的能力の改良と飼養管理の改善により，ホルスタイン種乳牛の乳量と乳成分が急速に向上し，現在では多くの酪農家で年間乳量が1万kgを超える高泌乳牛が飼養されている．実際に，乳用牛群能力検定成績（家畜改良事業団）によるホルスタイン種乳牛の305日乳量は5826 kg（1975年）から9286 kg（2010年）に増加し，最近はその増加率がやや鈍化しているものの，この35年間では毎年100 kg近く乳量が増加している（図7.1）．高泌乳牛では牛体が大型化し，乳房の大きさや形が改良されているが，乳牛の体重を650 kgとするとじつに体重の14倍もの牛乳を毎年生産して

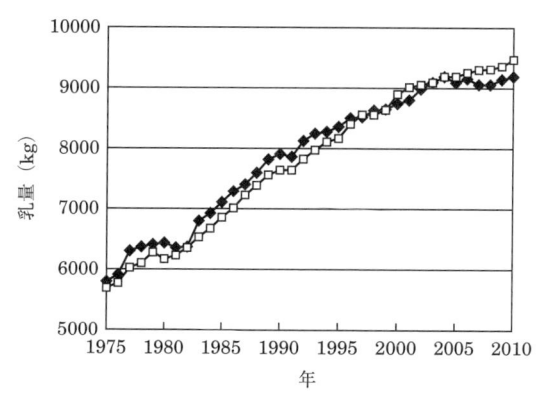

図7.1　北海道（◆）と都府県（□）の乳量の推移（家畜改良事業団（2011）：乳用牛群能力検定成績のまとめ―平成22年度）

いることになる．特に，乳牛のなかでも年間（365日）で2万kg以上乳生産する乳牛をスーパーカウと呼んでいるが，そのようなスーパーカウも年々増加し，現在は3万kg以上生産する乳牛も存在している．

高泌乳牛は飼料を大量に摂取できることと，体内に吸収した栄養素を乳腺で効率よく牛乳に変えられることが大きな特徴である．しかし，飼養管理に少しでも不備があると健康状態が損なわれやすいため，高泌乳牛に対しては高度な飼養管理技術が求められている．また，高泌乳牛では夏季の暑熱ストレスによる影響が非常に大きく，地球温暖化がこのまま進むと高泌乳牛の生産性低下は顕著になると予想されている．

7.2　乳牛の泌乳生理と搾乳

乳牛の子牛は生時体重が40〜50 kgの範囲にあるが，生後12ヶ月齢から15ヶ月齢で体重350 kg，体高125 cm程度に達すると人工授精を行い妊娠させる．乳牛の妊娠期間は約280日で人間とほぼ同じであるが，初産月齢は平均すると25〜26ヶ月齢と非常に早く，なかには21ヶ月齢で乳生産を開始する乳牛もいる．成牛は1年1産が理想であり，乳生産している泌乳期（305日）と乳生産していない乾乳期（60日）を繰り返しながら，年齢を重ねる．乳量は分娩直後から急激に増加し，分娩1〜2ヶ月後の泌乳最盛期に最大になるが，その後は徐々に減少する．乳牛が5産以上の老齢になり，乳生産が低下しだすと廃用になるが，老齢になる前に疾病などが多発すると淘汰される．

乳牛の体の構成では大きな乳房のあることが最大の特徴であり，その乳房で毎日多量の乳を生産している．乳を生産している乳房は4つの分離した乳腺（分房）で構成され，各分房には乳頭がある．乳房は乳を合成し分泌する組織の乳腺と，乳をためる組織の乳そうからなっている（図7.2）．乳腺細胞では血液成分から乳成分が合成され，分泌された乳が乳腺胞，小乳管，大乳管を経由して，乳そうに移行する．搾乳時には，乳頭そうや乳そうに貯蔵された乳が搾られ，その後乳管や乳腺胞の乳も乳そうに移行し，同時に排出される．

乳房は性成熟に達すると大きくなるが，分娩が近づくと乳腺組織が発達し，乳房は泌乳開始の準備をする．泌乳にはさまざまなホルモンが関係し，乳腺の発達は卵巣から分泌されるホルモン（エストロジェンやプロジェステロン）や

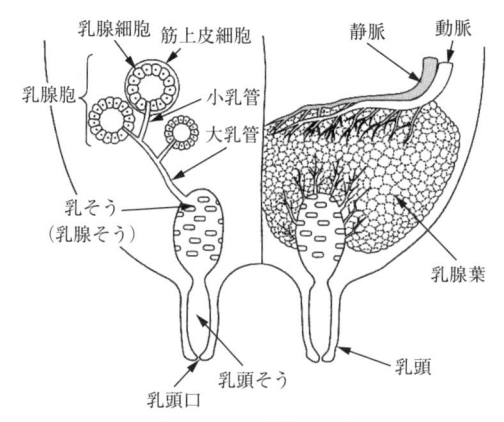

図 **7.2** 乳牛の乳房の構造（久米，2007）

下垂体から分泌される催乳ホルモン（プロラクチン）などの働きによる．乳牛の泌乳開始にはプロラクチンの増加とプロジェステロンの減少が関係し，泌乳の持続はプロラクチン，成長ホルモン，副腎皮質ホルモンなどの働きによる．乳房からの乳の排出には，下垂体後葉から分泌されるオキシトシンが作用する．オキシトシンは子牛の吸入による乳頭刺激や搾乳による刺激により反射的に分泌され，乳腺胞の筋上皮細胞の収縮を促して乳腺胞や乳管に集められた乳を乳そうに移し，乳の排出を円滑にする．搾乳刺激は搾乳作業による乳牛の学習によるところもあるが，逆に乳牛にストレスを与えると副腎髄質ホルモン（アドレナリン）が分泌されて，乳の排出が妨げられる．

　乳牛の乳の合成と排出は約 10 ヶ月間に及ぶ泌乳期を通じて毎日行われるため，酪農家では毎日乳牛を搾乳しなければならない．搾乳を泌乳期の途中で強制的に中止すると，乳牛はホルモンバランスが崩れ，乳房炎などの疾病が発生する．酪農家では乳房炎などの予防のために，衛生管理に常に気をつけ，基本的な搾乳手順に従って搾乳している．搾乳は朝夕の 2 回，等間隔（12 時間間隔）でミルカーを使って実施することが基本であるが，搾乳回数を 3 回にすると乳量は増加する．実際に，大規模な酪農家になると搾乳回数を 3 回に増やして効率よく乳生産を行っているが，逆に労力が増えるため中小規模の酪農家には負担になる．

7.3 牛乳の品質と乳成分の変動

7.3.1 牛乳の品質と規格

牛乳中にはタンパク質，脂肪，糖質，ミネラル，ビタミンなどが含まれているが，なかでも人間にとって貴重な栄養源になるタンパク質とカルシウムが豊富に含まれている．分娩直後の乳は初乳と呼ばれ，市販されている牛乳（常乳）と成分が異なるため，分娩後5日間は出荷することができない．その後，搾乳された牛乳は品質に異常がなければ，泌乳期間を通して牛乳工場に出荷される．市販の飲用乳は乳と乳製品に区別され，乳は牛乳，脱脂乳，加工乳などに分かれる．乳製品にはクリーム，チーズ，バター，ヨーグルトなど，栄養価の高いものが多い．

牛乳，乳製品の成分規格や品質の基準は，「乳及び乳製品の成分規格に関する省令（乳等省令）」によって定められている．牛乳の成分的品質は，乳等省令では乳脂肪と無脂固形分で定められているが，牛乳成分には乳脂肪，乳タンパク質，乳糖，カルシウムなどのミネラル，ビタミンAなどのビタミンなどが含まれている．市販の牛乳ではこれらの成分を牛乳パックに表示しているが，なかには乳脂肪4.0％（通常は3.5％程度）などと表示された，地域の特色を活かした高品質の牛乳も販売されている．牛乳の衛生的品質は，乳等省令では細菌数と大腸菌群で示されているが，牛乳の品質管理では体細胞数がよく利用されている．

7.3.2 乳成分の変動

牛乳の品質は，個体差，乳期，乳量水準，栄養管理，飼養環境など，さまざまな要因によって変動する．乳成分は血液から乳腺に取り込まれた種々の原料（前駆物質）から，乳脂肪，乳タンパク質，乳糖，ミネラル，ビタミンなどが合成される．これらの前駆物質が不足すると乳成分の低下につながるため，乳成分の向上では栄養管理の改善が非常に重要である．

わが国の乳牛は乳脂肪の改善を育種目標としたため，乳脂率が高くなっているが，最近では乳タンパク質率も上昇している．乳成分は個体差が大きいものの，乳期による変動が大きく，乳量の多い泌乳最盛期に乳脂率，乳タンパク質

7.4 高泌乳牛の能力を支える反芻胃　　　　　　　　　　　　　　99

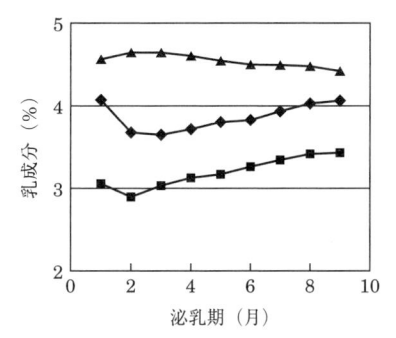

図7.3 乳牛の乳中の乳糖（▲），脂肪率（◆）とタンパク質率（■）の乳期における変動（久米, 2007）

率とカルシウム含量が最低になり，乳量が減少する泌乳後期に上昇する（図7.3）．また乳牛の産次が進み，乳量が多くなると，乳脂率と乳タンパク質率は低くなる．飼養環境では暑熱ストレスの影響が大きく，夏季の暑熱ストレスが厳しいと乳量の減少だけでなく，乳脂率，乳タンパク質率，カルシウム含量などが低下する．

　牛乳中には水分が約87％と非常に多いため，乳腺に多量の水が移行すると乳量が増加する．乳中の乳糖含量は乳期を通して変動が少ないものの，泌乳前期には4.6％前後のやや高い値を維持している．乳量は乳腺で合成される乳糖の量に影響されるが，これは乳中の乳糖が少ないと浸透圧の影響によって乳腺への水の移行が減少するからである．グルコースが乳糖の前駆物質であるため，高泌乳牛では血漿グルコース濃度の低下を防ぎ，乳腺における乳糖の合成を促進することが乳量の増加につながる．

7.4 高泌乳牛の能力を支える反芻胃

　乳牛の最大の特徴は，人間の利用できない草を大量に食べて，反芻胃内で繊維を分解し，栄養価の高い牛乳に変換できることである．高泌乳牛は大量の牛乳を毎日生産しているが，その能力を支えているのは約100〜200 Lにも達する巨大な第一胃（ルーメン）である．第一胃内は酸素のない嫌気的環境であるが，この中には細菌や原虫（プロトゾア）など，非常に多数の微生物（ルーメン微生物）が生息し，乳生産のために重要な役割を果たしている．

植物の細胞壁成分にはセルロース，ヘミセルロース，ペクチン，リグニンなどの多種類の繊維性物質が含まれているが，人間と同様に，乳牛の消化管から分泌される消化酵素は細胞壁成分を分解できない．しかし，ルーメン微生物はセルラーゼなどの繊維分解酵素を産生して，セルロース，ヘミセルロース，ペクチンを分解し，酢酸，プロピオン酸，酪酸などの揮発性脂肪酸（VFA）を生産する．揮発性脂肪酸は第一胃の絨毛から吸収され，吸収された揮発性脂肪酸は乳牛体内でエネルギー源として使われ，また乳腺で乳脂肪合成のために利用される．反芻胃で生産されたプロピオン酸は肝臓で糖新生によってグルコースに変換され，乳糖の合成に使われる．牧草に含まれる繊維には，反芻胃に物理的刺激を与えて咀嚼や反芻を促進させ，乳牛の健康を維持する役割もある．

乳牛が摂取したタンパク質は反芻胃内でペプチドを経てアミノ酸やアンモニアにまで分解され，ルーメン微生物はそれらを利用して菌体タンパク質を合成する．ところが，反芻胃で産生されるアンモニアの量が多いと，利用されなかったアンモニアは胃壁から吸収後，肝臓で尿素に合成されて，尿中に排泄されるが，尿素の一部は唾液を経て第一胃に流入し，ルーメン微生物に再利用される．このように，乳牛は摂取したタンパク質をできるだけ有効利用することが可能である．また，アミノ酸組成にすぐれた良質の菌体タンパク質は小腸で分解されてアミノ酸になり，小腸から吸収されたアミノ酸が乳腺でカゼインなどの乳タンパク質に変換される．しかし，高泌乳牛は菌体タンパク質だけではタンパク質不足になるため，加熱大豆など，反芻胃内で分解されないタンパク質（バイパスタンパク質）を補給することが欠かせない．

反芻胃内に生息している微生物はビタミンB群とビタミンCを合成できるが，ビタミンA，ビタミンD，ビタミンEなどの脂溶性ビタミンは合成できない．また，乳中にはカルシウム，リンなどのミネラルが毎日大量に分泌される．消化管から吸収されたミネラルとビタミンは血液に移行し，乳腺でミネラルとビタミンの供給源として利用されるため，乳牛はミネラルと脂溶性ビタミンを常に摂取しなければならない．

7.5 乳成分の改善

乳成分では，乳脂率と乳タンパク質率の改善が進んでいる．乳脂肪は，反芻

胃で生産された酢酸と酪産から合成される炭素数が16以下の低級脂肪酸と,飼料中の脂肪や体脂肪から合成される炭素数が16以上の長鎖脂肪酸で構成されている.そのため,乳脂率の改善は低級脂肪酸の増加と長鎖脂肪酸の増加の両面で取り組まれている.低級脂肪酸の増加には反芻胃内の酢酸生産量の増加が大きく影響するが,濃厚飼料を多給した場合には反芻胃内pHが急激に低下して,酢酸生産量が減少する.低級脂肪酸の改善では,飼料中の繊維含量を適度(35%程度)にして反芻胃内pHを一定に保ち,酢酸生産量を増やすことが効果的であり,良質の自給粗飼料を利用できると改善効果は大きい.それ以外に,混合飼料(TMR)給与,濃厚飼料の多回給与,重曹の給与などが乳脂率の改善につながる.長鎖脂肪酸の改善では,反芻胃で分解されにくい脂肪酸カルシウム(バイパス脂肪)の給与や,脂肪含量の多い綿実などの給与が効果的である.

乳タンパク質はアミノ酸から合成されるが,その供給源はルーメン微生物の菌体タンパク質と第一胃で分解されなかった非分解性タンパク質である.そのため,乳タンパク質の改善は微生物タンパク質合成量の増加,非分解性タンパク質の給与,最適なアミノ酸組成による飼料給与などが効果的である.微生物タンパク質の合成量増加は,給与飼料中のタンパク質とともにデンプン含量を充足させることが大切である.非分解性タンパク質とアミノ酸の補給は,加熱大豆などの非分解性タンパク質の多いタンパク質飼料や,リジンやメチオニンを含んだバイパスアミノ酸製剤などで行われる.

乳質の改善では,乳中の体細胞数や細菌数などの低減も重要である.生乳中の体細胞数は10万個／mL以下が望ましく,細菌数は400万個／mLを超えると牛乳の出荷ができない.乳中の体細胞数や細菌数は衛生管理の不備,乳房炎の発生などで増加するため,衛生管理や搾乳法の改善が体細胞数や細菌数の低減に貢献する.

7.6 高泌乳牛の飼養管理と乳生産の改善

7.6.1 高泌乳牛の飼養管理

高泌乳牛の飼養管理の基本は,乳生産に必要な栄養素を適正に給与することと,高泌乳牛が快適に過ごせる環境を整えることである.これらが適切でないと,高泌乳牛は乳量と乳成分が低下するだけでなく,疾病の増加,繁殖成績の

低下など，生産性の低下を招いてしまう．

　高泌乳牛の栄養の充足度は，飼料中の栄養素の含量と飼料摂取量で決まる．高泌乳牛の栄養管理では，牧草などの粗飼料だけではエネルギーなどの要求量を満たすことができないため，濃厚飼料（穀物，大豆粕など）を多量給与している．しかし，高泌乳牛では粗飼料が不足すると反芻胃の機能が減退し，体調を壊して最悪の場合は死んでしまうこともある．そのため，高泌乳牛では濃厚飼料と粗飼料を適切に組み合わせて，栄養素の要求量を満たすように給与することが基本になる．最近では，コンピュータ用の飼料設計ソフトを利用して高泌乳牛の栄養管理をしているケースが増えているが，粗飼料分析による飼料成分のデータ，牛群検定による乳量・乳成分のデータなどを活用すると改善効果が高まる．

　高泌乳牛の飼養環境では，飼槽や牛床などの牛舎構造，暑熱ストレスの影響を軽減する防暑対策，群管理に適した牛群構成など，乳牛を取り巻くさまざまな環境的要因に十分に注意し，乳牛をいつも快適な状態に維持することが大切である．

7.6.2　移行期の飼養管理

　わが国では乳量と乳成分が急速に向上したが，わが国の高泌乳牛の飼養管理における最大の問題点は，分娩前後における疾病（周産期病）の増加と繁殖成績の低下である．特に，高泌乳牛が周産期病にかかると治療に要する経費やその後の乳量低下だけでなく，最悪の場合には淘汰が必要になるため，酪農家にとっては経済的損失が非常に大きくなる．そこで，高泌乳牛の生産性向上のために移行期（分娩3週間前から分娩3週間後の期間）の栄養管理の改善が非常に注目を集めている．

　移行期の最大の特徴は，分娩直後に乳量が急激に増加することに対して，エネルギー不足による体重減少が非常に大きいことであり，このことが高泌乳牛の疾病増加や受胎率低下を招いている．高泌乳牛は泌乳最盛期に体重の4％を超える量（1日あたり乾物で25 kg以上）の飼料を摂取できるが，飼料を最大限摂取できても分娩後1ヶ月間はエネルギーやタンパク質が不足しやすい．そこで，高泌乳牛では分娩後1ヶ月間は体内に蓄積している養分を利用して乳量の急激な増加に対応しているが，その結果，体重が分娩直後から分娩3週間後

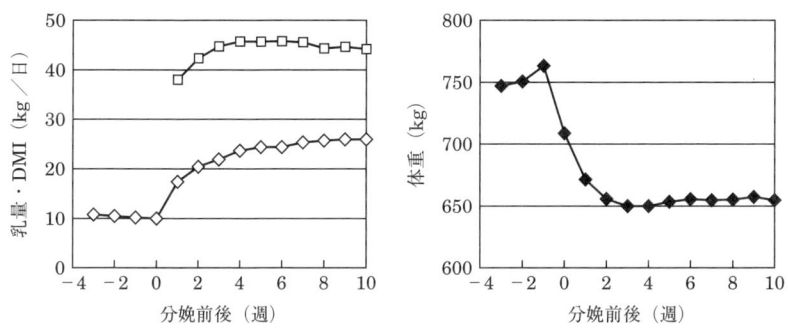

図 7.4 乳牛の分娩前後における乾物摂取量（DMI：◇），乳量（□）と体重（◆）の変動（久米，2012）

まで急激に減少する（図 7.4）．

　周産期病は反芻胃や肝臓などの機能低下が原因で生じるが，周産期病の発生には飼料給与や飼養管理の不備による影響が大きい．高泌乳牛が分娩直後にエネルギー不足になると体内の脂肪を肝臓でエネルギー源として利用するが，体脂肪が急激に動員されると血中ケトン体（アセト酢酸，β-ヒドロキシ酪酸，アセトンの総称）が増加してケトーシスが，また肝臓に脂肪が過剰蓄積されると脂肪肝が発生する．ルーメンアシドーシスは，分娩直後の泌乳牛に濃厚飼料を多給すると反芻胃内で乳酸の産生が急増し，胃内の pH が急速に低下してその機能に異常をきたす疾病である．乳熱は分娩直後に乳中へカルシウムが大量に分泌されることが原因であるが，骨や消化管からのカルシウムの補給が十分に行われないと血中のカルシウム濃度が急激に低下し，乳牛に起立不能などが生じる疾病である．

　高泌乳牛の移行期の飼養管理では，高乳量を維持するだけでなく，繁殖成績を向上し，周産期病を予防することが求められる．そのため，①分娩直後のエネルギー不足を早期に改善すること，②タンパク質，ミネラル，ビタミン栄養の改善を同時に図ること，③ボディコンディションを適切に維持することが大切である．また，乳牛の分娩前後における周産期病や繁殖障害を減らすためには，低カリウム含量の飼料給与による乳熱の予防，微量ミネラルと脂溶性ビタミンによる抗酸化作用の促進，一定量の繊維とデンプン給与による反芻胃機能の安定化などが求められる．

　高泌乳牛の移行期の飼料給与では，飼料から栄養素を過不足なく摂取できる

こと，反芻胃環境を適正に維持できること，分娩後の乾物摂取量の早期増加が可能なことのために，TMRで給与することが最も望ましい．また，乾物摂取量の増加には高品質の粗飼料が欠かせないため，移行期には栄養価の高い高品質粗飼料を給与することが大切である．さらに，分娩後の乾物摂取量の早期増加のために，分娩3週間前からは濃厚飼料の給与量を増やし，飼料構成も分娩後の飼料に近づけることが推奨されている．

高泌乳牛の飼養管理で，分娩に伴って劇的に変化するのは飲水量である．高泌乳牛では分娩後に乳量が急増するため，泌乳開始とともに水の要求量が著しく増加する．また，高泌乳牛は飼料に含まれている水と飲料水から水を摂取しているが，分娩直後に乳量が30 kgに達すると1日あたり約80 kgの水を飲料水として摂取しなければならない．高泌乳牛に水が不足すると体内の恒常性に異常をきたすため，移行期の飼養管理では安全な水を安定供給することが非常に重要である．

7.6.3 夏季の飼養管理

冷涼な気候のオランダとドイツが原産地のホルスタイン種乳牛にとって，高温多湿なわが国の夏季は過酷な環境条件になる．特に，高泌乳牛は体内からの熱発生量が多いため，夏季には体温や呼吸数が急上昇する．その結果，高泌乳牛では体内代謝に異常をきたして，飼料摂取量が減少し，乳量と乳成分が低下する．なかでも猛暑の年には乳生産の低下だけでなく，疾病や死廃頭数の増加を招き，繁殖成績を著しく低下させる．

わが国では夏季の乳生産の低下を防ぐために，高泌乳牛の防暑対策が進んでいる．防暑対策の基本は体温の上昇を防いで，飼料摂取量と乳生産を一定に維持することであるが，適切な栄養管理，牛舎管理で防暑対策を徹底すると，高泌乳牛は恒温を維持することが可能になる．夏季の栄養管理では，濃厚飼料などのエネルギー含量の高い飼料を利用して，無駄な熱の発生を抑制することや，涼しい朝や夜間に給餌して飼料摂取量を増やすことが効果的である．夏季の牛舎管理では，畜舎の換気を良くして，断熱性にすぐれた屋根や日射を避ける庇陰施設を備えることや，畜舎内に送風機や噴霧装置をおいて，送風と散水により牛体からの熱放散を促進することが効果的である． 〔久米新一〕

参 考 文 献

久米新一（2007）：家畜生産の新たな挑戦（今井　裕編），p.121-154，京都大学学術出版会.
久米新一（2012）：畜産の研究，**65**：247-254.

8. 肉 生 産

🐾 8.1 肉用牛の育成

　黒毛和種などの肉用子牛は，普通，生後から6ヶ月齢くらいまでは母牛と一緒に飼育される．この頃を哺育期という．また，肉専用子牛でも乳牛のように早期に離乳させ，人工乳によって育てる場合もある．

　いずれにせよ，初期において子牛は乳のみで育つが，哺育期の途中（1～3ヶ月齢）からは，十分な栄養を与え，また反芻胃をうまく発達させ，離乳やその後の肥育準備とするため，粗飼料や濃厚飼料といった別飼飼料を併用する必要がある．

　離乳は，肉用子牛では通常6ヶ月くらいで行われる．この後の育成期には，

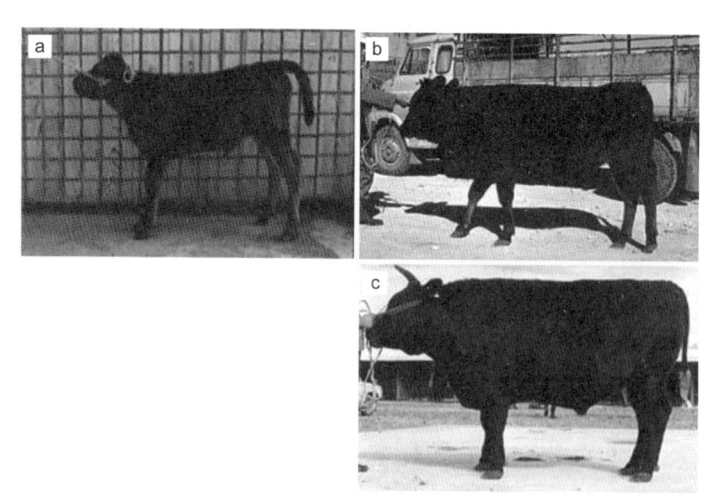

図 **8.1**　ウシの発育（福原ほか，中央畜産会）
(a) 生後2週齢の子牛，(b) 生後8ヶ月齢の肥育素牛，(c) 出荷時の肥育牛．

将来に備えて運動をさせたり，日光浴をさせたりする方がよい．

その後，育成牛は9ヶ月齢位で（ただし，出荷には幅がある），繁殖農家から子牛市場に出荷（肥育素牛と呼ばれる）される．また育成と肥育を一緒に行っている一貫経営農家では肥育が開始される．

8.2 ウシの肥育

肉用の子牛は，一定の時期が来ると繁殖用以外は肉を生産するための飼料給与方式，すなわち肥育に回される．また繁殖牛や搾乳牛も，最終的には肥育に回されることになる．

肥育の目的とその生産方式にはさまざまなものがあり，コストを考えた肉量を重視した生産方式，あるいは高く販売できる肉質を重視した生産方式等がある．また目的に応じて，飼育様式，出荷体重も違ってくる．このように肥育には，開始月齢，肥育期間，性や品種などによって，いろいろなものがある（表8.1）．

国内でのウシの肥育は頭数ベースでみると，和牛純粋種（うち95％が黒毛和種）が4割程度を占め，乳用種が4割（去勢が雌より若干多い），交雑種（乳用の雌×肉用の雄がほとんど）が2割程度となっている．

なお，純粋種の和牛からの肉でないと「和牛肉」とは呼称できず，「国産牛肉」と称されているものは一般的に乳用種の肉である．

表8.1　わが国における肉牛の肥育方式

名　称	ウシの種類	出荷時期	特　徴
短期肥育（開始時期等により若齢，普通，理想肥育等がある）	和牛	24～30ヶ月齢	一般的なややコストを抑えた和牛肉の生産．牛肉の表示は「和牛」．
	交雑種	16～20ヶ月齢	一般的に肉質は和牛に劣るが発育はよい．「交雑牛」などの表示．
	乳用種（去勢）	22～26ヶ月齢	飼料の利用性に富み，増体がよい．「国産牛肉」表示．
長期肥育	和牛	32～36ヶ月齢	一部銘柄牛の高級肉生産．
老廃牛肥育	和牛（雌）	子牛生産または乳生産を終え，肥育後に出荷	飼い直しや代償性成長を利用．
	乳牛（雌）		

ほかに一産取り肥育などがある．多くは濃厚飼料多給，舎飼いである．

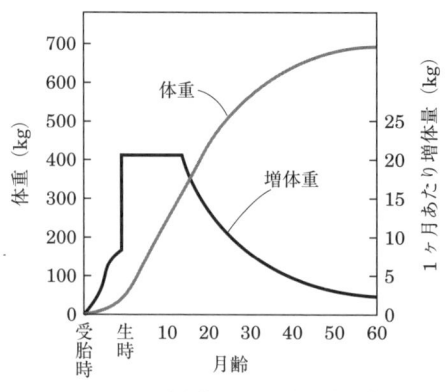

図 8.2 黒毛和種雄牛の標準発育曲線

　黒毛和種の去勢牛で最もよく利用されている肥育方式は，肉質を最優先させた肥育方式（9ヶ月齢位から始め30ヶ月齢前後で出荷）である．その肥育末期では増体速度はかなり鈍り，飼料要求率も比較的高くなる（図8.2）．また，この肥育方式では，脂肪交雑（サシ）に影響を与えるビタミンAのコントロールのため稲わらなどの青色の少ない粗飼料を給与し，さらにトウモロコシや麦などの穀類や植物製造粕類などからなる濃厚飼料を多給するのが一般的である．

　一方，欧米の牛肉生産は，一般的に交雑種を用い，若齢（18ヶ月齢位）で出荷する肥育方式が多く，肥育効率と赤身生産を優先させている．またおもにヨーロッパでは去勢をしない雄の利用もなされている．なお欧米で有名なビール（veal）肉は子牛段階で出荷されたものである．さらに飼料の違いによってグラスフェッド（grass fed；放牧による牧草肥育）とグレインフェッド（grain fed；穀物併用による肥育．わが国の肥育もこれに入る）に分けることができる．

　オーストラリアからの輸入肉はグラスフェッド中心で，米国からの輸入肉はグレインフェッド中心であり，それぞれコストや価格，肉質も異なっている．つまり，グレインフェッドは脂肪交雑（多〜少）が入り，価格は高めで，グラスフェッドは赤身で価格が安いのが一般的である．なお，現在では輸入肉は，わが国の牛肉消費の過半を占めている状態になっている．

8.3 ウシと牛肉の流通

8.3.1 子牛の流通

　肉用子牛の出荷月齢は地域や子牛の発育などによって一定しないが，現状では黒毛種でおおむね280日齢，体重280 kg程度である．なお，出荷体重は，増体の良い子牛の導入により増加傾向にある．家畜市場では子牛の価格はせり取引によって決められるが，需要と供給，枝肉相場，飼料価格などにより影響を受ける．

　品種ごとの取引頭数割合については，黒毛和種は全体のおおむね8割弱，交雑種はおおむね2割弱となっている．乳用雄子牛は，一部は新生子牛で，一部は哺育終了時で家畜商や家畜市場で取引され，相対取引が主流である．相対取引とは，一定のルールに従って2者間で販売価格が決められるものである．

8.3.2 肉牛〜牛肉の流通

　生産した肉牛を販売する方法には生体販売（庭先販売）と枝肉販売がある．生体販売は家畜商などが肉牛農家から直接ウシを購入し，さらにと畜場で枝肉にして販売する方法である．生体販売は以前，多く行われていたが，最近では珍しい取引形態となっている．

　一方，枝肉販売は農家などが食肉処理場や食肉センターに出荷し，枝肉として販売する一般的な取引方法である．すなわち農家の収入は枝肉の販売価格に大きく影響される．ここで枝肉（図8.3）とは，家畜をと畜後，頭，内臓，四肢端部，皮を除いたものをいう．また，枝肉全体を丸，半分を半丸という．

　と畜は，できるだけ痛みを与えない方法で行うことが，動物福祉的にも，肉質を悪化させないためにも大切である．このためウシは係留所で一定時間かけて落ち着かせ，また，と畜直前，意識を失わせるスタニング（stunning）処理を行う（図8.4）．

　わが国では，スタニングは，エアガンやボルトピストルなどによる頭部への銃撃（ただし銃弾は出ず，金属突起がとび出して頭部を打ちつけたり，脳の一部を破壊する）によって行うのが一般的である．その後，迅速に首をスティッキング（sticking，大動脈を切断）し，速やかに放血する．

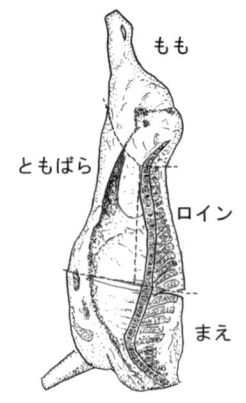

図8.3 ウシ枝肉と大分割

(もも、ともばら、ロイン、まえ)

図8.4 ウシのと畜、解体

運送 → 係留 → スタニング → スティッキング → 放血 → 懸垂 → 前脚切断
剥皮 → 尾・頭切断 → 胸割 → 脊髄吸引 → 内臓出し → 背割 → 枝肉

次に食道を結紮し，と体を懸垂後，角や前脚を切断する．肛門を結紮後，剥皮し，尾，頭を切断し，胸部を切開（胸割）する．BSEの原因となる脊髄を吸引し，その後，内臓を摘出する．さらに電気ノコギリで背骨を半分に切った（背割）後，枝肉とし，すみやかに冷蔵する．なお，冷却が遅かったり，不十分であったりすると，肉質が低下することがある．

ウシの生体やと体は，と畜場法に基づいて，獣医師の資格を有したと畜検査員によって1頭ずつ検査される（と畜検査）．生体においては，食用にできない病気にかかっていないかどうかを調べ，解体後には，内臓と枝肉の異常を検査し，さらに場合によっては，微生物学や病理学，理化学的な精密検査も行い，食品としての安全性がチェックされている．

8.3.3 副生物の利用

　生体から枝肉を採取した残りと枝肉から除かれた骨が副産物であり，副産物から原皮を除いたものが副生物である．内臓などの副生物は食用として有効に活用されているものが多い．図 8.5 におもな副生物とその呼称を示す．副生物は流通においては，「赤もの」と「白もの」に大別される．「赤もの」とは，舌，肝臓，心臓などで，白ものとは消化器（生殖器も含む）などの臓器である．他にも頭肉，肺臓，脾臓，尾，耳，肢などが副生物としてあげられる．なお，脳や脊髄，回腸遠位部は，BSE 発生後，食用として利用されていない．

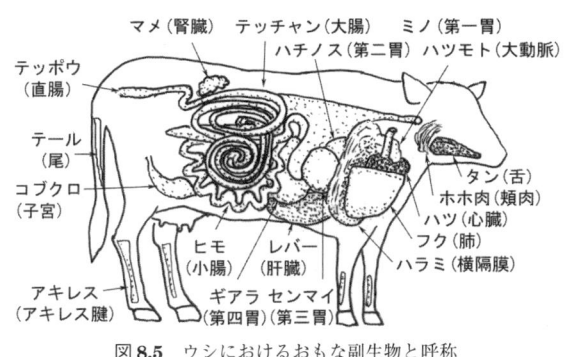

図 8.5　ウシにおけるおもな副生物と呼称

8.4　牛肉の評価

8.4.1　枝肉の格付検査

　わが国では枝肉は農林水産省の省令によって，規格格付が定められ，これによって多くの牛枝肉は 1 頭ごとに格付評価がなされる．評価は社団法人 日本食肉格付協会の資格を有した食肉格付員が行っている．枝肉は，肉量，肉質などが評価され，歩留等級と肉質等級が付けられる．

　歩留等級とは，枝肉から肉がどの程度とれるかの基準であり，次の歩留基準値から算出され，A（よい；72 以上），B（標準；69 以上 72 未満），C（劣る；69 未満）に判定される．なお，計算式は下記の通りである．

$$歩留基準値 = 67.37 + (0.130 \times 胸最長筋面積\ cm^2)$$
$$+ (0.667 \times ばらの厚さ\ cm) - (0.025 \times 冷と体重量\ kg)$$
$$- (0.896 \times 皮下脂肪厚\ cm)$$

（ただし，肉用種の場合は 2.049 を加算する）

　肉質等級は「脂肪交雑」，「肉の色沢」，「肉の締まりおよびきめ」，「脂肪の色沢と質」の4項目が評価され，それぞれ1～5（低いまたは劣る～高いまたは優れる）に判定される．最終に付けられる肉質等級は，各項目のうちもっとも低い数値がその等級となる．

　脂肪交雑，肉色，脂肪色の基準についてはそれぞれプラスチックのモデルがあり，取引規格解説書にもカラーで印刷，掲載されている．牛脂肪交雑基準（Beef Marbling Standard：BMS）は，脂肪交雑のみられない No.1 から，非常に多い No.12 までに分けられ，No.1 は等級1，No.2 は2，No.3～4 は3，No.5～7 は4，No.8～12 は5となる（図8.6）．なお，細かい脂肪交雑のコザシに対し，大きな塊はアラザシといわれ，流通において好まれない．

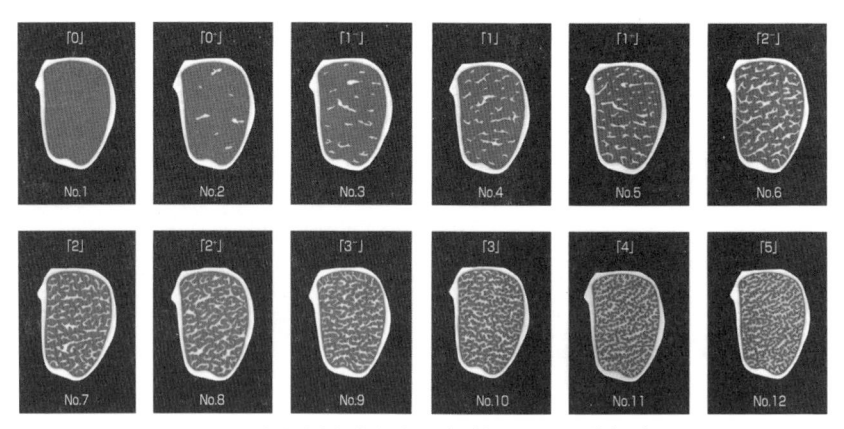

図 8.6　牛脂肪交雑基準（BMS）〔巻頭カラー口絵参照〕

　一方，枝肉規格に採用されているプラスチックモデルでは脂肪交雑の細かさ（コザシ）が表現されにくかったため，最近，枝肉断面の実際の写真が補助として参照されるようになった（図8.7）．

　肉色は No.3～5 が等級5，No.2～6 が4，No.1～6 が3，No.1～7 が2，1 は等級5～2 以外となっている（カラー口絵参照）．つまり，淡すぎるものも，濃すぎるものも良くない．

　肉の締まりは，軟質で肉汁が滲み出るものは，しまりが悪い（等級1）と評価され，ドリップが出にくく，しまった感じのものが，評価が高くなる（等級5）．肉のきめは切断面である筋肉表面を眼で見て，筋束がビロードのように細

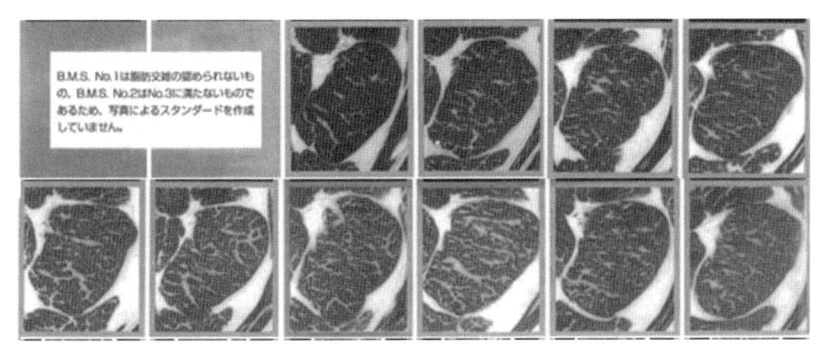

図8.7　牛脂肪交雑の写真

かく，滑らかさがあるものが高く評価される．

脂肪の色沢と質では，脂肪の色と脂肪の質的なもの（触感など）が評価される．脂肪色の基準は，5が No. 1～4，4が No. 1～5，3が No.1～6，2が No. 1～7，1が等級5～2以外となっている（カラー口絵参照）．すなわち，白色～乳白色がよく，黄色くなると評価が低下する．またある程度の粘りがあって，やや軟らかいものがよく，硬すぎるものは評価が低くなる．

さきにも述べたように，各項目の最低等級がその肉質等級となり，この歩留等級と枝肉等級の組合せ（例としてA5）が，その枝肉格付となる．

8.4.2　肉質の科学的評価

生体では肉質評価は困難であるが，超音波断層法を利用すれば生体で肉量や脂肪量を評価できる．X線などのCT装置は研究されているが，細かい脂肪交雑までは評価できず，価格や装置の大きさ，簡便性，安全性から実用化は難しい状態にある．

食肉の評価では，食味は官能検査法によることが基本で，官能検査には消費者の嗜好性などを調査対象とした消費者パネルと，熟練した専門家による食肉の差異などを研究対象とした実験パネルの2種類がある．肉の食味としては一般的にはやわらかさなどのテクスチャー，風味，多汁性の各項目が評価され，さまざまな科学的評価法が検討されている（表8.2）．

なお，最近では，光を利用した装置（図8.8）により，格付，外観，食味，健康に関連するオレイン酸などの脂肪の質が，現場で非破壊的に簡易かつ安価に測定できるようになり，その数値に基づく銘柄牛を生み出したり，全国和牛共

表 8.2 肉質評価項目と関連する科学的評価法

評価項目	形 質	関連する科学的評価法
外 観	脂肪（量，分布，色，しまり）	視覚や触感による外観評価，色差計，近赤外分析などの光学評価，画像解析法など
	赤肉（量，色，しまり）	
食 味	テクスチャー	官能検査，ワーナーブラッツラー剪断力，筋肉・脂肪・結合組織の組織学的検査，化学分析，光学解析など
	風味 (呈味，香り・臭い)	官能検査，舌に感じる呈味物質や，鼻に感じる香り・臭い物質の器機分析
	多汁性	官能検査，保水性評価
栄養成分	タンパク質，脂肪，微量要素など	アミノ酸，脂質，ビタミン，ミネラルなどの化学分析
安全性・安心	安全（科学的根拠）	微生物や毒性の検査，放射線や抗生物質・農薬残留検査など
	安心（消費者の心理）	消費者調査

図 8.8 近赤外光を利用した牛脂肪質の測定装置（株式会社 相馬光学）装置外観（左）と現場での測定（右）．

進会の肉質評価に応用されたりしている．

8.4.3 牛肉質の異常

牛枝肉では瑕疵(かし)として，表 8.3 のようなものがある．シミ，ズル，シコリは異常肉といわれるもので，「その他」に含まれる異臭や異色も異常肉の一種である．

ズルはおもにビタミン A 欠乏によるものであり，さきに述べた脂肪交雑向上のためのビタミンコントロール法の失敗によるものが多い．

シミの発生原因は不明であるが，飼養管理と，と畜処理による複数の原因が

8.4 牛肉の評価

表 8.3 瑕疵の種類と枝肉の表示

瑕疵の種類	表示
シミ（筋出血）	ア
ズル（水腫）	イ
シコリ（筋炎）	ウ
アタリ（外傷）	エ
カツジョ（割除）	オ
その他*	カ

*「その他」には背割不良，骨折，放血不良，異臭，異色，汚染などがある．

考えられている．たとえば，スタニングから放血までの時間が長いと多発するといわれている．

シコリについても原因不明であるが，遺伝的影響は少ないとされ，ビタミンなどの抗酸化物質が不足している等の飼養管理の失宣が疑われている．

異臭には，雄臭，飼料臭，飼養管理の不衛生さに起因する糞臭，病気による腐敗臭などがある．

異色では，脂肪の場合と筋肉の場合がある．脂肪では黄色いものの評価が低くなるが，これは一般的に青草中のカロテノイド類が体脂肪に蓄積して発生するものである．したがって，異常とはいえないが，見栄えが良くなく，同時に草類中の香り物質も移行するため，わが国では評価が低くなる．

筋肉では，淡色のものは，牛肉本来の色が濃いため，あまり問題とならないが，実際には食味が劣るものが多い．濃色のものはときおり問題となり，海外ではダークカッティングビーフ（dark cutting beef）と呼ばれ，わが国でも色調の濃い牛肉は異常肉として価格が低下する． 〔入江正和〕

参 考 文 献

日本食肉格付協会（2007）：牛豚・枝肉 牛・豚部分肉 取引規格解説書，日本食肉格付協会．
神田 宏・入江正和（2002）：食肉の科学，**43**：19-32．
食肉消費総合センター・家畜改良センター編（2005）：食肉の官能評価ガイドライン，食肉消費総合センター．

9. ウシの放牧

9.1 放牧とは

9.1.1 放牧を取り巻く情勢

　草原・草地の面積は半砂漠や荒原を含めると世界の陸地面積の 50％以上を占め，その多くで草食家畜による放牧が行われている．世界人口は 2050 年までに 90 億を超えると予想され，動物性タンパク源を供給するための放牧の役割は今後も重要と考えられる．しかしながら，アジア，アフリカの乾燥地域では，植生の退行と砂漠化が進み，その原因の 1 つに過度の放牧があげられている．南アメリカでは，森林伐採後の放牧地への転用により熱帯雨林の 20％が消失したとされている．一方，ヨーロッパでは，MEKA2 やスチュワードシップなどの環境保全農業支援制度が進み，高い家畜生産性と草地保全を実現化している地域もある．

　20 世紀初頭，日本の国土面積の 14％は原野で占められており（小椋，2006），放牧や家畜の飼料採取の場として利用されていた．しかし現在は，原野と牧草地をあわせても国土面積の 3.7％を占めるにすぎず（Matsuura et al., 2012），多くの草原性生物種の絶滅が危惧されている．その原因の 1 つに，高度経済成長期以降の飼料を大量に輸入する舎飼畜産の発展により，飼料資源としての草地の利用率が減少したことあげられる．また 1960 年代以降，畜産の振興を目的として家畜の預託放牧を行う公共牧場が全国に設置され，10 万 ha を超える草地が造成されたが，近年公共牧場の利用率は減少し草地の荒廃が進んでいる．一方，農村地域では過疎化や高齢化が進み 40 万 ha の耕地が放棄されている．近年，そのような荒廃した草地や耕作放棄地を利用した放牧の試みが始まっている．

9.1.2 放牧の役割

　放牧とは，家畜を放し飼いにして自由に草を食べさせ，放牧地に蓄えられたエネルギーと栄養成分を畜産物に変換させる技術である（図9.1）．また，家畜の糞尿は直接土壌に還元され，土壌の動物，微生物を介して無機塩類となり植物の栄養成分として吸収される．このように放牧地は環境と植物，家畜，土壌が密接に結びついた1つの生態系であり，適正な放牧を行うためには生態系を管理する高度な技術が必要である．放牧地生態系の管理にはさまざまなとらえ方があり，表9.1に示すように，草地の条件，用途，管理の集約度などの区分により放牧は多くの類型に分類される．放牧は舎飼畜産で必要とされる採草，給餌，糞尿処理，施肥などに伴う労力やコストの削減が可能で，急傾斜地や乾燥地などの耕作不適地が利用できるという利点を有している．前項で述べたように放牧が自然環境に与える影響はさまざまであるが，放牧地の特性を理解し生態系を制御する家畜飼養技術としてとらえることで，放牧は環境保全型のすぐれた生産技術となりうる．

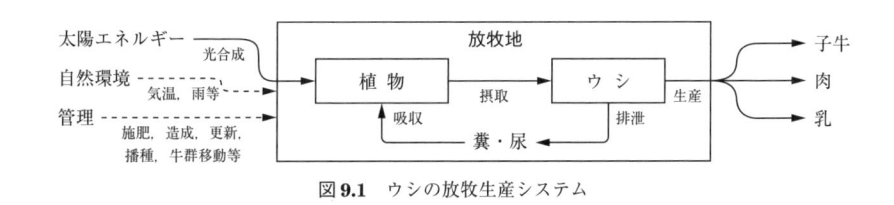

図9.1 ウシの放牧生産システム

9.2 放牧環境下でのウシの反応

　放牧環境は舎飼環境に比べ複雑で制御しにくいため，ウシの採食，生産，行動，健康などは環境に左右されやすい．適正な放牧管理を行うためには，放牧地でのウシの反応を深く理解することが重要となる．

9.2.1 採食と栄養

　家畜生産において最も重要な点の1つは，家畜に飼料を適切に食べさせることである．放牧地では飼料となる草の質と量，管理法，気象などのさまざまな条件が変動するため，ウシの採食を制御するには，豊富な知識と技術が必要と

表 9.1　放牧の類型

区　分	放牧類型	概　要
家畜の状況	混合放牧	混牧．2種以上の家畜の同時あるいは時期をずらした放牧．
	母子放牧	母牛と子牛を一緒にした放牧．
	まき牛繁殖	繁殖牛群の中に雄牛を入れて交配する方法で，一般に放牧が利用される．
	馴致放牧	放牧環境への順応を目的とした入牧前の小さな牧区内での家畜の放牧．
管理度合	粗放牧	草地造成，資材，労働等のエネルギー投入の少ない放牧．
	集約放牧	生産性の向上のため，草地や家畜の管理を集約的に制御する放牧．
	管理放牧	設定した目的に応じて家畜や草地の管理を制御する放牧．
経営・生産	遊　牧	アジアやアフリカの乾燥地域で家畜と人が長距離移動する放牧．
	移　牧	地中海沿岸の山地を利用し季節ごとに標高をかえて移動する放牧．
	夏山冬里方式	春から秋まで奥山にある大規模草地で放牧し冬は畜舎に戻し飼養する．
	2シーズン放牧	子牛を生まれた年と翌年に放牧した後，畜舎で仕上げ肥育を実施する．
	放牧酪農	放牧を主体とした酪農経営方式．
	出前放牧	耕種農家の農地や休閑地に畜産農家が所有している家畜を派遣する放牧．
植　生	野草地放牧	在来野草が優占する草地での放牧．
	人工草地放牧	牧草を用いて造成された草地での放牧．
草地利用	先行後追い放牧	栄養要求量の高い家畜を放牧した後，栄養要求量の低い家畜を放牧する．
	待期放牧	野草地で植物種子が結実するまで休牧する待期牧区を設ける放牧．複数の待期牧区を作り輪換的に放牧することを待期輪換放牧と呼ぶ．
	2番草放牧	春の牧草生育の高い時期に1番草を採草した後，放牧利用する．
	頭数調整放牧	牧草生育量に併せて放牧頭数を制御する放牧．
	蹄耕法	牧草播種時に放牧を実施し，不耕起で草地を造成，更新する．
土地用途	耕作放棄地放牧	耕作放棄あるいは休閑されている水田，果樹園，畑地での放牧．
	公共草地放牧	飼料生産拡大のために開設された公共牧場の草地での放牧．
	山地放牧	低山帯や里山にある林地，野草地および造成草地を利用した放牧．
	林内放牧	林間放牧．林木生産を行う森林（混牧林）内での放牧．
放牧圧	軽度放牧	弱い放牧圧条件での放牧．
	重放牧	強い放牧圧条件での放牧．
放牧季節	周年放牧，夏季放牧，晩秋放牧，冬季放牧	放牧季節による類型．周年放牧は1年を通じての放牧．野草地や秋季備蓄牧区草地（autamn saved pasture：ASP）を利用した晩秋放牧や冬季放牧の技術が開発されている．
放牧時間	昼夜放牧	終日放牧．1日を通しての放牧．
	昼間放牧	昼間のみ放牧し夜は畜舎内で飼養する．
	夜間放牧	夜間のみ放牧し昼は畜舎内で飼養する．
	時間制限放牧	1日のうちの数時間のみの放牧．
牧　区	連続放牧	定置放牧もしくは固定放牧．放牧期間中，同一牧区での継続した放牧．
	長期輪換放牧	大面積の牧区を複数配置し，1週間以上の滞牧期間で牧区間を移動する．
	短期輪換放牧	小面積の牧区を複数配置し1日～数日間の滞牧期間で牧区間を移動する．
	ストリップ放牧	草地を可搬型の牧柵で帯状に区切り，半日から3日程度で順次放牧する．
	小規模移動放牧	点在する小規模の耕作放棄地を牧区にし，各牧区を移動する．

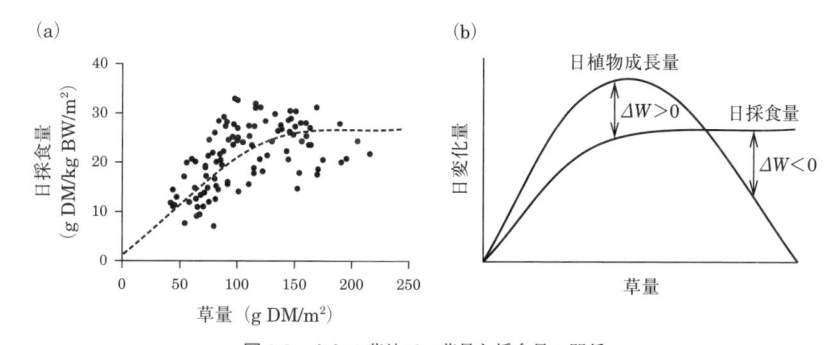

図 9.2　ウシの草地での草量と採食量の関係
(a) はシバ草地で測定された牛群の日採食量と草量の関係，(b) は草量を決定する1日の草量変化量（ΔW）が植物成長速度と牛群採食量の動的相互作用により変動することを示した模式図．

なる．たとえば，放牧牛の採食量は草量により変化するが，草量も植物の成長とウシの採食の動的相互作用で変動している（図9.2）．それゆえ，放牧管理は，放牧牛の採食量は放牧期間中に草量とともに変動するものとしてとらえる必要がある．草の品質もウシの採食量と栄養に強く影響する．春季の牧草は栄養価が高く，ウシの採食量は増加するが，夏季以降の牧草は栄養価が低下し，採食量は減少する．一般に，放牧によって短い草丈に維持された牧草は栄養価が高くウシの嗜好性が高いことが知られている．放牧地の生草は繊維含量が低く溶解性のタンパク含量が高くなることもあり，第一胃の微生物活性と栄養吸収能を低下させることもある．また，ウシの栄養要求は成長期や泌乳期により異なるので，その要求量に応じた草地植生の管理が必要となる．このように，放牧牛の採食と栄養状態を制御するには，草を中心とした放牧環境と採食の関係を把握することが重要となる．これまでに放牧地で草量や採食量，採食行動を測定するための技術はいくつか提案されてきたが（日本草地学会編，2004），今後も容易かつ精度の高い測定技術の開発を進めていく必要がある．

9.2.2　繁殖と生産

育成期に放牧されたウシは内臓器官がよく発達するため，肥育期に入っても飼料の食い込みがよく発育がよい．繁殖牛を放牧すると適度な運動やストレスの低減により，受胎率の向上や発情間隔の正常化，難産の低減などの繁殖機能の正常化が期待できる．一方で，放牧地での効率的な発情検出法や発情時の捕獲法などの放牧特有の繁殖技術が必要となる．日本では，搾乳牛や肥育牛の放

牧は少ないが，実際には栄養価の高い牧草を利用することで舎飼畜産と同等の産乳量と肥育増体の成績をあげることが可能である．搾乳牛を放牧すると，生草成分に由来するカロチン，ビタミンEおよび抗がん作用をもつ共役リノール酸（CLA）などの機能成分が牛乳中に多く含まれるようになることがわかっている．肥育牛の放牧でも，同様の機能成分を含んだ良質の赤肉生産が期待できる．しかしながら，日本では牛乳の乳脂肪率や牛肉の脂肪交雑度が市場評価の基準となっており，畜産物に対する放牧の有用性が十分に評価されていない．今後，日本でウシの放牧利用を進展させるには，放牧することで得られる，畜産物の品質や味覚，家畜の健全性，環境調和性などに高い付加価値をつけること（プレミアム化）が重要となる．

9.2.3 放牧牛の活動

ウシは放牧環境に応じてさまざまな行動様式を発現する．高温や低栄養などの不良な環境下ではウシはストレス反応を示すので，ウシの反応をよく観察することで放牧管理の状況を評価することができる．また，飲水施設や電気牧柵などを設置するとき，ウシの動きを理解することで合理的な配置計画をたてることができる．ウシどうしの社会的親和性を知ることは，牛群編成や馴致放牧を実施するときに役立ち，放牧適性の高いウシを放牧地での行動から評価して選抜していくことで放牧管理はより容易になると考えられる．公共牧場のように大規模で傾斜の多い草地では，放牧牛の活動によるエネルギー消費量が大きくその把握は栄養管理に役立つ．放牧地でのウシの活動は多様でありその測定は容易でないが，目的に応じた行動測定技術の開発が今後必要となる．

9.2.4 衛生と健全性

放牧は舎飼いに比して束縛によるストレスが少なく，心肺機能や筋肉を強化させるなどの効果がある．放牧されたウシの筋肉中には運動機能を向上させる成分であるクレアチンやカルニチンが多く含まれる．また，生草に多く含まれるカロチン，ビタミンD，Eや無機塩類の摂取は，ウシの免疫機能や抗酸化作用などの健全性を高める．反面，ピロプラズマ病，牛肺虫症，趾間腐爛，鼓張症，ワラビ中毒，グラステタニーなど放牧で起こりやすい疾病もあり，アブやサシバエなどの害虫が放牧地で多く発生するとウシのストレスは高まる．たと

えば，グラステタニーのようにウシのマグネシウムの摂取不足あるいはカリウムの過剰摂取により起こりやすい疾病もあり，生草に含まれる無機塩類の季節変動には注意する必要がある．放牧はウシの健全性を高めるすぐれた技術といえるが，その効果を十分発揮させるには放牧地の衛生環境と栄養環境を適確に把握し制御することが重要となる．

9.3 これからの放牧

9.3.1 環境との共生

放牧を生態系管理の技術としてみる場合，家畜と草と土が相互に作用するシステムとしてとらえるとよい．図 9.3 に示すように，放牧地ではエネルギーと無機塩類が草と家畜と土壌の間を流れる．この流れを制御することで生産されたものが畜産物であるが，この制御を誤ると放牧環境は破壊に向かうことになる．たとえば，草地への窒素肥料の施用は草の生産性を向上させるが，過剰な施用は地球温暖化ガスである一酸化二窒素（亜酸化窒素）の大気中への排出と硝酸態窒素による地下水汚染を促し環境を悪化させる．今後，環境との共生を無視した放牧はありえず，生態系を適正に制御する放牧管理技術の開発が必要となる．したがって，世界の陸地面積の大きな部分を占める草原・草地で生じている砂漠化，地球温暖化，生物多様性の減少などの国際的な問題に対して，放牧が担う役割は非常に大きいといえる．

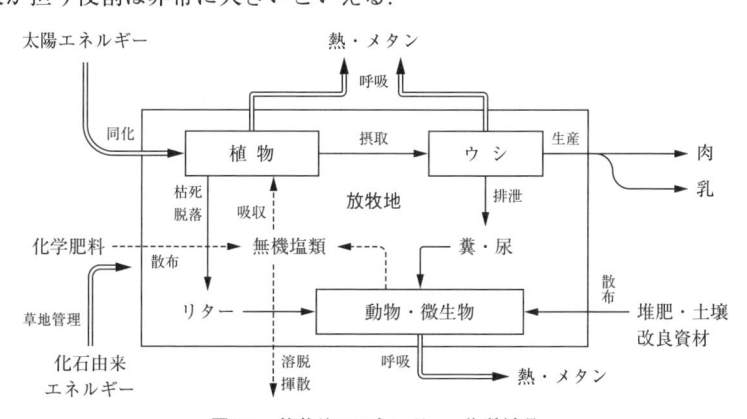

図 9.3 放牧地のエネルギー・物質循環
実線はエネルギーと無機塩類，二重線はエネルギーのみ，破線は無機塩類のみの流れを示す．

環境との共生を考えるとき，放牧の生態系サービスとしての機能と役割を理解しておくことは重要である．生態系サービスとは人類の利益になる生態系のもつ公益的機能のことであり，放牧草地は，畜産物生産による食糧供給機能のほか，炭素固定や水保全などの生態系調整機能，レクレーションや安らぎの場としての文化的機能，生物多様性の保全機能などをもっている．近年の研究では，日本の草地土壌には，森林に匹敵する炭素蓄積能（Nakagami et al. 2009）と高い土水保全機能があること（中尾，2010）が明らかにされている．また，草地は空間的な広がりと奥行きをもっており，草地景観に対する市民の評価は非常に高い．今後，放牧により草地の生態系サービス機能を効果的に発揮させることが，環境との共生を考えるうえで重要であろう．

9.3.2　集約から管理へ

日本では，高品質の家畜生産物への需要が大きく農地面積が小さいことから，集約放牧が行われることが多い．集約放牧は，牧草地を小さく区切った短期輪換放牧を実施して，高栄養の牧草地を維持しながら高い家畜生産性を得ようとするものである．集約放牧は，特に酪農を中心に浸透してきており，産乳量は舎飼いと同等といわれている．

しかしながら，これからの家畜生産は，高い生産性を得ると同時に環境との共生を考えていかねばならない．そのためには草地の集約的利用から適切利用への意識の転換が重要となる．高い生産性を得るための集約放牧を実施するとともに，景観保全や生態系機能を考慮した粗放的な放牧も取り入れることが必要である．また，農家の経営評価も重要で，単に高生産性を狙うのではなく，生産地域の気候や風土を考慮し，経営収支に見合うような労働・資材を投入する必要もある．最も重要なことは，環境や経済性に最も適した生産量を明確にし，それに応じたウシの栄養要求を満たすように草地を総合的に管理することである．管理放牧は集約放牧以上に複雑な飼養技術であり，生態系への深い理解と制御法の開発が必要となる．

9.3.3　里山の再生

日本では農業人口と耕作地が減少した結果，里山環境の劣化が大きな問題となっている．環境との共生を意識し生態系を適正に制御する放牧は，里山に新

たな価値を付加する里山再生のための新しいアプローチといえる．

a. 耕作放棄地の解消

　耕作放棄地では草丈の高い雑草と雑木が繁茂する．このような環境は病害虫と獣害の温床となっており，農村景観の悪化や集落機能の低下など農村がもつ生態系の機能を損失させている．近年，耕作放棄地対策の1つとしてウシを耕作放棄地で放牧することが西日本を中心に始まり，全国に広がりつつある．現在，点在する複数の耕作放棄地に，ウシを移動させながら放牧するのが主流であるが，今後は，耕作放棄地を集積し耕作地と放牧地を広く配置することで効率のよい農業生産を行うことも必要となる．また，放牧利用と作物栽培の輪作を取り入れる技術（図9.4a）を開発すれば，畜産農家と耕種農家の連携による集落機能の活性化が期待できる．さらに，近隣にある林地にも放牧を取り入れることができれば，獣害防止や景観保全のためにより有効であろう．里山再生という観点からは，耕作放棄地の放牧は集落全体を利用した地域連携のもとで行うことが理想であり，いくつかの地域では成功事例も存在している．

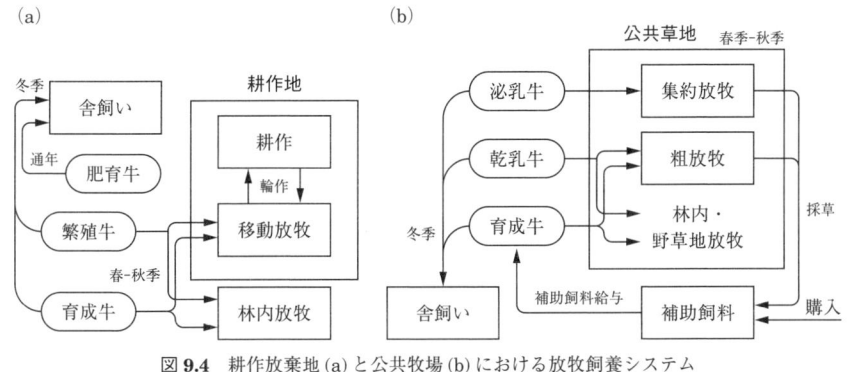

図9.4　耕作放棄地(a)と公共牧場(b)における放牧飼養システム

b. 公共牧場の再生

　公共牧場は奥山に位置し，里の農家が飼養しているウシを春から秋の期間預かり放牧飼養する場所であったが，公共牧場におけるウシの利用頭数はここ20年間で30%程度減少し，その結果，草地の荒廃が進んでいる．公共牧場の再生には，ウシの生産性の向上や繁殖成績の向上などの農家が望む放牧技術の開発が必要であると同時に，公共牧場のもつ公益的な機能を有効に引き出していくことが重要である．公共牧場でのウシの預託は繁殖牛と育成牛を対象としたも

のが一般的だが，公共牧場の利用性の向上を考えるなら搾乳牛や肥育牛の受け入れまで視野にいれた方がよい（図9.4b）．高栄養の牧草地の造成は実際の利用規模にとどめ，そこを集中的に管理することで放牧生産性の向上と草地管理の軽労化をはかる．周りの野草地や林地も乾乳牛や育成牛の管理放牧により維持する．また牧場景観の改善や道の整備を行い，環境学習やリクレーションなどの場として提供する．このように公共牧場を総合的に利活用することで，適正な家畜生産の実現化を図るとともに，有用な生態系サービスを市民に提供していく．公共牧場が潜在的にもつ役割は非常に大きく，今後の放牧利用の進展が期待される．

c. 原野の再利用

ススキ草原やシバ草原に代表される原野は，古くからウシの飼料源や放牧地として利用されてきた場所である．戦後，高生産性を追求する畜産が進展し，飼料栄養価の低いこれらの原野は利用されなくなり，貴重な草原環境が失われてきた．現在の日本において，原野を主体にした家畜飼養は困難であろうが，先述した耕作放棄地と公共牧場での放牧のように，生産性，環境保全，地域再生をめざす放牧では草原や林地の役割も大きくなり，新たな原野の利用法の創出につながる可能性もある．実際，近年，阿蘇などの一部の地域では，放牧や採草を取り入れた草原再生の取り組みも行われている（井上，高橋，2009）．

〔板野志郎〕

参 考 文 献

井上雅仁・高橋佳孝（2009）：景観生態学，**14**：1-4.
小椋純一（2006）：京都精華大学紀要，**30**：160-172.
Matsuura, S. *et al.*（2012）：*Grassland Science*, **58**：79-93.
中尾誠司（2010）：日本草地学会誌，**56**：175-181.
Nakagami, K. *et al.*（2009）：*Grassland Science*, **55**：96-103.
日本草地学会編（2004）：草地科学実験・調査法，全国農村教育協会．

10. ウシの遺伝

🔖 10.1 ゲノム，遺伝子，染色体

　遺伝とは，生殖を通して親から子へと形質が伝わるという現象のことである．しかし，母子感染などの後天的な疾患はこれにはあたらない．また遺伝は，その生物固有のゲノムを子孫に伝達する現象そのものであるともいえる．したがって形質によっては，親の形質が子に現れるといった単純な伝達でない場合も多い．DNAやゲノム，遺伝子，染色体といったワードは，おおむね同じものを指しているようでそのじつ意味や概念がまったく違うので，下記に説明する．

　親が子孫に伝達する遺伝物質とはデオキシリボ核酸（DNA）である．DNAの構成成分である4種類の塩基の配列によって，遺伝情報が決定されている．ゲノムとは，1つの生物に蓄えられているすべての遺伝情報を示した言葉であり，塩基配列が並んでいる配列の情報を指している．哺乳類のゲノムの長さはおおよそ30億塩基対（3×10^9 塩基対）であり，ウシも同様の長さのゲノムをもっている．ゲノムの長さは高等生物になるほど長くなる傾向があるが，同じ脊椎動物内でも 10^8（硬骨魚類）〜10^{10}（両生類や魚類の一部）塩基対まで幅広い変異をもつ．

　遺伝子とは，タンパク質のアミノ酸配列やtRNAに代表される機能的RNAをコードするDNA配列を指している．RNAに転写されるDNA領域があたるが，それらを制御する調節領域を含める場合もある．すなわち，遺伝子はDNAから構成されているが，DNAやゲノム＝遺伝子ではない．それ以外の箇所はこれまでジャンクDNAと一般的に呼ばれ，機能を有さないと考えられてきたが，これまでわからなかった調節領域や相同組換え，生物進化に関係する可能性も示唆され始めている．しかし，これらすべてが遺伝情報を担っているわけ

ではない.

ヒトでは遺伝子の数が22,000個程度であることが報告されている. ウシをはじめとする哺乳類ではこの数と大きく差はないものと考えられる. 動物の遺伝子の数は種によって幅があるが, ヒトであってもハエであっても遺伝子の数は1～3万個程度のオーダーで大きな差はない. むしろ, さまざまな環境に適応するためかミジンコでは3万個もの遺伝子が存在すると報告されている. ゲノムの長さの変異と比べると, 遺伝子数は動物種が異なっても大きな変異はないものと考えられている. したがって, ゲノムの長さが長い動物種であっても, それは遺伝子の数が多いためではなく, 必要のないDNA領域を蓄積しているためだと考えられる.

この膨大なDNA鎖を物理機能上まとめているものが染色体である. 染色体は細胞の核内に存在し, ゲノムDNAとヒストンを代表とする染色体タンパク質群から構築される. 染色体の最も重要な役割は, 遺伝をつかさどる遺伝子を正しく子孫に伝達することにある. 通常, 動物の染色体は核内に2コピー ($2n$) で存在するが, 配偶子形成時には減数分裂によって分離し ($1n$), 片方のみが受精によって子孫に伝達される. 雄と雌から$1n$の染色体を受け取り, $2n$の個体を構築する.

染色体の形や数には種特異性があり, その全体の形態を核型という. ウシの染色体は$2n=60$であり, 1つの核の中に58本の常染色体と2本の性染色体をもっている (図10.1). 家畜牛は大きく2つの亜種, 北方系牛 (*Bos taurus*) とインド系牛 (*Bos indicus*) に分類されるが, 染色体数は同じで交配可能であ

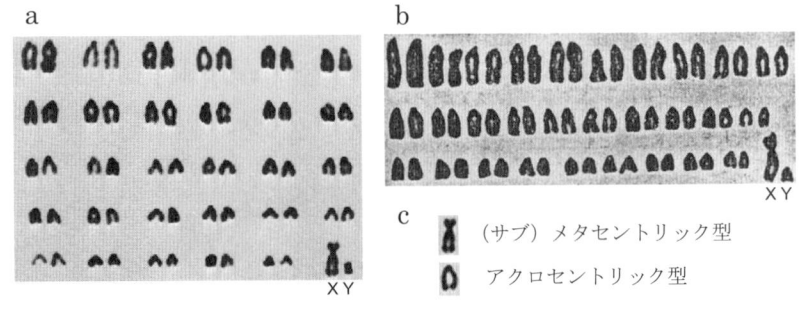

図10.1 ウシの染色体パターン (核型) (Benjamin & Bhat, 1977を改変)
a:北方系牛の核型, b:インド系牛の核型, c:代表的な核型のパターン. X型になっている型をメタセントリック型といい, 上部の枝が短いこの型をサブメタセントリック型という. 逆V型がアクロセントリック型である.

る．ただし，性染色体であるY染色体の形が異なり，北方系牛では小型のメタセントリック型，インド系牛ではアクロセントリック型となっている．常染色体はどちらもすべてアクロセントリック型の染色体となっている．

10.2 遺伝的変異と遺伝的多型

変異とは生物をさまざまな形質について観察したときに，個体や系統の間でみられる違いのことである．変異には後天的つまり環境によるものと，先天的つまり遺伝によるものがある．また，両方の影響を受ける変異も多い．後天的な違いにより生じる変異を環境変異といい，先天的な要因による変異を遺伝的変異という．図10.2は黒毛和種とホルスタインの写真であるが，通常黒毛和種には斑紋はなく，ホルスタインには白斑が認められる．これは品種間での遺伝的変異である．またホルスタインの白斑は個体によって紋様が異なり，個体間での変異を認めることができる．その他のウシにおける代表的な遺伝的変異としては，角の有無などがある．

図10.2 ウシの品種間での遺伝的変異
黒毛和種（左）とホルスタイン（右）．ホルスタインは黒色が基本的な毛色であり，白斑が突然変異による表現型である．白斑のパターンは個体ごとに異なる．

生物種内では個体の遺伝的変異が多く認められ，それらを遺伝的多型（たけい）という．遺伝的多型は生物の形態をはじめとし，染色体構造，酵素，タンパク質の電気泳動像，DNAの塩基配列などの幅広いレベルで観察することができる．図10.3にDNAの変異をPCR-RFLP法で検出した例を示す．通常，遺伝変異には頻度の概念はないが，遺伝的多型は集団で1％以上の頻度があるときに使用し，1％未満の遺伝変異に対しては遺伝的多型と呼ばない．

家畜においても遺伝的多型は，血液型をはじめとするタンパク質多型から研

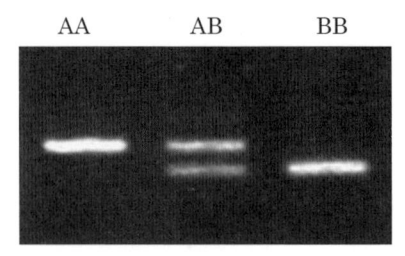

図10.3 DNAの塩基突然変異をPCR-RFLP法で検出した例

究が始まり，ヒトのABO血液型に代表されるように，赤血球型を中心に研究が進められた．その後白血球や血清タンパク質にも多型が見いだされ，これらを総称して血液型という．近年では血液型にかわり，DNA多型が遺伝標識として用いられるようになった．これらの遺伝的多型は遺伝マーカー（遺伝標識）として，ウシでは個体識別や親子鑑別などにこれまで利用されてきた．

10.3 性に関する遺伝

ウシをはじめとする大部分の哺乳類の性染色体はX染色体とY染色体である．雄の遺伝子型はXYであり，雌ではXXである．哺乳類ではY染色体上のSRY（sex-determining region Y）遺伝子が性決定因子であることが明らかになっている．SRYは他の遺伝子に対する転写因子であると考えられている．初期胚におけるSRYの発現は性決定の引き金となり，未分化の生殖腺を精巣へと誘導する．

伴性遺伝は，性染色体上の遺伝子により決定される形質の遺伝である．哺乳類のX染色体には，性決定と関係のない遺伝子も多数含まれている．これらのうち，XX型の劣性ホモで発現する形質は，哺乳類雄のXY型で必ず発現するため，雌雄での形質発現頻度が異なる．伴性遺伝の代表的な例としては，ヒトの赤緑色覚異常がある．X染色体上における遺伝子の異常により，錐体神経が異常を生じ発症する．伴性遺伝のため，男性では疾患X染色体を有するXYで発症するが，女性では疾患X染色体をホモXXでしか発症しないため発症率はきわめて低い．

限性遺伝はいずれかの性に限定して出現する形質の遺伝である．哺乳類では

雄のY染色体が，一方の性のみに存在するため，これら染色体上に存在する遺伝子は片性のみで発現する．いずれも性染色体に関する遺伝であるので，伴性遺伝の一種といえる．最も簡単な例としては，ウシはXY型の染色体をもつため，XY個体は雄となる．これも限性遺伝の一種である．

　従性遺伝は，常染色体上の遺伝子によって支配されるが，遺伝様式が性により調節され雌雄二型を示す遺伝である．常染色体上に存在するため両性ともにその遺伝子をもつが，性による体質やホルモンに代表される生理活性の相違により，性によって異なる形質の発現を示す．ヒツジの角の有無，鳥類の羽毛の雌雄差が従性遺伝を示す代表的な例である．

　ウシの異性双仔（多仔）には，フリーマーチンとよばれる間性の不妊雌牛が現れる．フリーマーチンは正確には遺伝によるものではないが，ウシでは非常に有名な疾患として扱われるのでここで述べる．双仔の雄牛の生殖器は正常である．一方，雌仔の90％以上はフリーマーチンとなる．フリーマーチンの雌生殖器は正常に見えるが，雌雄両性の内部生殖器をもつ場合もあり，その程度はさまざまである．

　フリーマーチンの原因は，胎内において雌雄双仔間の尿漿膜が融合し，血管吻合が起こることによる．この血管吻合により，雌胎仔が雄の性ホルモン様物質の影響を受ける．この物質は可溶性H–Y抗原であり，ミュラー管抑制物質あるいは抗ミュラー管ホルモンであることがわかっている．ウシでは19番染色体上に位置する遺伝子である．このホルモンは，アンドロジェン（男性ホルモン）をエストロジェン（女性ホルモン）に転換する酵素であるアロマターゼを阻害する．その結果，アンドロジェンは減少せず，生殖器を雄化に導く．よって，雌雄双仔に血管吻合が起こると，雌胎仔にこのホルモンが影響し，雄化が導かれるわけである．フリーマーチンはウシにおいて高頻度で発生するが，他の家畜種でも低頻度で発生することがある．

10.4　質的形質の遺伝

　質的形質は角の有無や血液型など，形質が非連続的であり形質の型が明確に区分できるものをいう．質的形質は，単一あるいは少数の遺伝子により支配され，環境の要因に影響されにくい．

質的形質は，優性と劣性，分離の法則および独立の法則に示されるメンデルの法則に基本的に従う．一方，家畜の形質の中には毛色や血液など，不完全優性や共優性を示す現象もしばしば観察される．これらは単純なメンデルの法則には従わないが，メンデルの法則を拡充するものとしてとらえられている．1つの遺伝子座によって支配されている質的形質の遺伝様式は，子孫において簡単な分離比で現れる．

以下にウシで観察される質的形質の代表的な例を示す．

10.4.1 角

ウシには有角と無角の品種がある．日本在来品種では無角和種が無角品種である．ウシの角は無角（対立遺伝子 P）が有角（p）に対して優性である．図10.4 に無角である無角和種と有角である韓国在来牛（韓牛）の写真を示す．世界的には有角の品種が多いが，アバディーン・アンガスのように世界を代表する肉牛の品種も無角である．

図 10.4 日本無角和種（左）と韓国在来牛（右）
日本無角和種は無角で，韓国在来牛は有角である．

10.4.2 血液型

一般的に，血液型とはヒトの ABO 型に代表されるように，赤血球の表面に存在する抗原の型の違いによって区別される赤血球抗原型をさす．血液型を広くとらえれば，白血球抗原型，血清抗原型（血清アロタイプ），血液中のタンパク質・酵素型を含める場合もある．図 10.5 に血液成分の分類と血液成分による血液型についてまとめた．ウシでは赤血球抗原型による 11 システムによる，93種類の抗原が分類されている．

```
                    ┌─ 赤血球 ┬─ 赤血球抗原型
                    │        └─ 赤血球タンパク質・酵素型
            ┌─ 血球 ┼─ 白血球 ── 白血球抗原型
            │       └─ 血小板
   血液 ────┤
            │       ┌─ 血清 ┬─ 血清タンパク質型
            └─ 血漿 ┤       └─ 血清抗原型（血清アロタイプ）
                    └─ 繊維素原
```

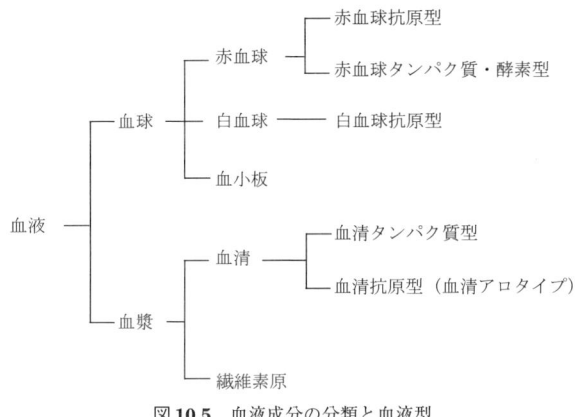

図 10.5 血液成分の分類と血液型

10.4.3 毛　色

　動物の毛色は複雑で，質的形質の毛色もあれば，質的形質ではなく法則性も不確かな毛色も存在する．ホルスタインの白斑は優性白斑である．黒毛和種とホルスタインの交雑個体は，黒色部が大部分となるが四肢などに一部白斑が認められることが多い（巻頭口絵参照）．また，ヘレフォードや韓牛（図10.4）などに認められる褐毛色は，メラニン細胞刺激ホルモンのレセプターである MC1R 遺伝子（*MC1R*）の変異であることがわかっている．これは遺伝子翻訳領域の1塩基欠失による変異で，この変異により MC1R タンパク質が不完全となりその機能が失われる．この対立遺伝子をホモ接合型でもつ個体は，チロシナーゼの活性化が起こらないため，フェオメラニンが形成され毛色は赤褐色〜黄色となる．ただし，褐毛色のウシがすべてこの変異によるものではなく，たとえば日本の褐毛和種はこの変異を有しないが褐毛色を示す．

10.4.4 筋 肥 大 症

　ウシでは豚尻やダブルマッスルとよばれる筋肥大を示す形質がある．これはミオスタチンとよばれる TGF-β ファミリーに属する成長因子の突然変異であることが明らかにされている．この形質をもつ個体は肉量が増大し，脂肪量が減少することがわかっている．脂肪交雑を主体とする品種では疾病扱いとなるが，赤身重視の品種では有用形質として扱われている．ベルジアンブルーはこの形質に対して選抜された品種である．

10.4.5 遺伝的疾病形質

腎機能不全や軟骨発育不全など，これらの疾病形質の多くは劣性である．育種上の観点からは，集団から排除すべき形質である．遺伝子と原因変異がわかっており，遺伝子診断法が確立されている例としては，バンド3欠損症，13因子欠損症，クローディン16欠損症，チェデアックヒガシ症候群，白血球粘着性欠如症などがある．

10.5 量的形質の遺伝

体重や泌乳量のように連続的な変異で表される形質を量的形質という．質的形質とは違い，量的形質は効果の小さい多くの遺伝子（ポリジーン）によって支配されている．それに加え，環境要因にも影響を受けるため連続変異を示すようになる．家畜の経済形質のほとんどは量的形質である．量的形質に対する分析は，多くの遺伝子が関与しているため複雑になり，統計的手法を用いることが必須となってくる．量的形質に対する育種を実践するには，統計学上の指標を理解する必要がある（次章「ウシの育種」を参照）．ここでは，ウシの代表的な量的形質について紹介する．

10.5.1 乳量

哺乳類は出産直後から離乳まで母乳を飲んで成長する．その必要な乳量は品種によって異なるが，母牛が仔牛を育てるためには1年あたりおおむね1000 kgの乳を必要とする．この牛乳をヒトが飲用，チーズ，バターなどに利用するようになってから，数千年もの長い年月が経っている．その間にヒトは搾乳できる乳量を増加させる方向へと育種改良を進めてきた．特にここ50年の間に育種改良技術が進歩し，日本のホルスタインが生産する乳量は1年間あたり9000 kgを超えてきている．このように乳牛の乳量は，年々めざましく改良が進んでいる．

ウシの乳量に対する原因遺伝子としては，Diacylglycerol O-acyltransferase 1（DGAT1）遺伝子が同定されている．DGAT1は脂質代謝にかかわる重要な酵素の1つであり，ウシ14番染色体上に存在する．DGAT1遺伝子のエクソン8内に認められた多型（K232A）は，リシンからアラニンへのアミノ酸置換を

伴うものであり，乳量や乳脂肪割合などの乳形質に対する原因変異として考えられている．

10.5.2 肉　　質

　わが国においては牛肉食の文化は長くなく，一般的に牛肉が食されるようになるのは明治時代以降である．それ以前，ウシは農耕のための労役用として飼育されていた．戦後間もなくして日本の在来牛は肉用として改良が進められることになった．特に和牛では，脂肪交雑を中心とした育種改良が進められてきた．脂肪交雑は筋肉内脂肪組織のことであり，一般的には「霜降り」や「サシ」とよばれる．脂肪交雑が高い牛肉は，きめが細やかで柔らかく，風味に富む（図10.6）．この形質は，遺伝的要因によるところが大きい量的形質の1つである．「神戸ビーフ」や「松阪牛」のブランド牛を有する黒毛和種が示す，最も顕著な形質として知られている．

　近年では，黒毛和種の脂肪交雑が十分に改良されたとして，肉質形質が着目されるようになってきている．脂肪交雑の脂肪は中性脂肪が主である．この脂肪酸組成は食味に関与しており，不飽和脂肪酸が高い牛肉は口溶けが良くうま味を感じる．脂肪酸組成も遺伝的要因が影響する量的形質である．現在ではゲノム解析により，脂肪酸組成に関与するいくつかの原因遺伝子の同定も成功している．Stearoyl-CoA desaturase（SCD）遺伝子は脂肪酸組成に対する代表的な原因遺伝子であり，牛肉の育種改良にDNAマーカーとして使われている（Mannen, 2011）．

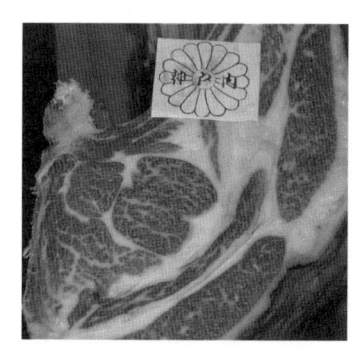

図 10.6　すぐれた脂肪交雑が認められる黒毛和種の牛肉（神戸肉）

10.6 集団の遺伝

　現在の先進国では，ウシは乳用や肉用など食物資源としての位置づけにある．これらウシ集団から優良な個体を選抜し，人類にとって有益な方向に生物進化を導くには，集団の遺伝的構成を把握し，どのような要因により集団の遺伝的構造が変化するのかを知る必要がある．遺伝学上での集団とは，単なる個体の集まりではなく，有性繁殖を行っているメンデル集団を指す．一方，家畜集団では人為選抜や淘汰が加わるため，遺伝構造の推移はメンデルの法則のみでは対応できない．集団における遺伝子構成を明らかにするためには，遺伝子型頻度および遺伝子頻度が基礎情報となる．遺伝子頻度はある集団において各対立遺伝子が含まれている割合，遺伝子型頻度は遺伝子型の集団での割合を指す．

　集団の大きさが十分に大きく，雌雄間で任意交配が行われている集団の遺伝子構成は，世代を重ねても遺伝子頻度と遺伝子型頻度は変化せず安定する．これをハーディーワインベルグの法則と呼ぶ．集団の遺伝子構成に影響を与える要因としては，個体の移住，選抜，突然変異，遺伝的浮動がある．観察された遺伝子型頻度がハーディーワインベルグ平衡にあるかを検定することで，ある遺伝子や集団に対する選抜や移住の有無を調査することができる．しかし，一時的に遺伝子構成が変化したとしても，集団に影響を与える要因がなくなれば，次世代において集団は平衡に達する．

　しかし，現実の集団の大きさには限りがあり，家畜集団では理想的なメンデル集団は存在しない．家畜集団では雄の数は雌の数より少ないのが普通であり，特定雄の利用や選抜により，集団の遺伝的多様性は小さくなっていく．野生動物でも，年々の自然条件により集団の大きさが変化することが知られている．これらさまざまな集団の遺伝的な大きさを評価するため，どの程度の理想的なメンデル集団の個体数に相当するかを換算したものが，集団の有効な大きさ（N_e）である（11.5 節参照）．

　ウシでは人工授精が一般的に普及することにより，特に優秀なエリート雄牛を作出しその優秀な遺伝子を集団に広げようとすることは，現在におけるウシの育種においても同様である．一方，特定の種雄牛の頻使用は集団の遺伝的多様性を低下させる直接の原因となり，持続的な育種改良の壁となる．育種改良

と遺伝的多様性の保持，この相反する2つの要因のバランスをとることが，現在のウシ集団に対する遺伝学の大きな課題であろう．

10.7 ゲノム情報の活用

10.7.1 ゲノムプロジェクトの進展

21世紀に入り，ヒトやマウス，ウシ，ニワトリなどの多くの生物種で全塩基配列を決定するゲノムプロジェクトが進み，ゲノム配列情報が利用可能となった．人類が初めて全ゲノムを解読したのは2003年のことである．このプロジェクトでは，世界の研究所が協力して13年間をかけ，ヒトの全塩基配列を決定した．ゲノム配列を解読する技術はめざましく進歩を遂げ，現在ではヒトゲノムと同程度の解析が2ヶ月程度でできるようになっている．その後もゲノム解読の技術はすさまじい勢いで進化し続けており，近々にも個人の全ゲノム解析が1時間，10万円以下で可能になるといわれている．

このような，塩基配列決定を高速かつ大情報で処理可能なゲノム解読装置を次世代シーケンサーとよぶ．次世代シーケンサーは2世代〜4世代までが現在開発され，年々新しい技術が報告されている．次世代シーケンサーの方法・原理はさまざまであり，短いDNA断片を大量に光検出し高速コンピューターで解析する方法（第2世代），1分子のDNAを鋳型としてDNAポリメラーゼの合成速度で塩基配列を読む方法（第3世代），ナノポアの利用や光検出以外の検出方法により超並列的に塩基配列を決定する方法（第4世代）などが考案され，実用化されている．

ウシは，ゲノムプロジェクトがヒトのゲノムプロジェクト後にいち早く手がけられた家畜種である．2006年には全ゲノム配列のドラフトシーケンスが公表され，一般でも利用できるようになった．2009年には全ゲノム配列の完成版が公表され，遺伝子数もヒトと同じく22,000個程度であることが報告されている．この全塩基配列が公表されて以来，ウシの遺伝学も大きな転換期を向かえることになった．

10.7.2 ゲノムワイド関連解析

このプロジェクトの結果のなかで最も利用価値の高い情報は，SNP（single

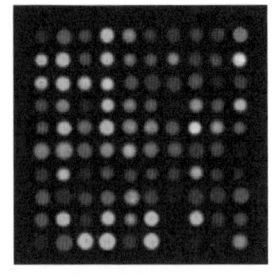

図 10.7 DNAマイクロアレイの例

nucleotide polymorphism) と呼ばれる一塩基多型であろう．SNPは単純な1塩基の置換による多型であるが，同一生物種の中で1000万個以上も多型が存在する．ウシの全ゲノム配列が30億塩基対であるから，300塩基対に1つのSNPが存在することになる．この膨大な数のSNPの解析を可能にしたのは，DNAマイクロアレイという技術である．DNAマイクロアレイとは，さまざまなDNA断片をガラス等の基板上に配置した分析方法や器具のことをいう．顕微鏡のスライドガラス程度の大きさの基板上に，数万～数十万ものDNA断片を配置し（図10.7），一度に膨大な数のSNPの解析を可能にしたものである．DNAマイクロアレイはRNAの発現解析などにも使われる技術であるが，SNPジェノタイピングを対象としたものは高密度SNPアレイと呼ばれている．

この膨大な数のSNP多型を一度に検出可能な高密度SNPアレイが利用できるようになり，ゲノム全体の多型とウシの経済形質との間の関連解析が可能となった．この方法をゲノムワイド関連解析（genome wide association study：GWAS）という．この解析の概念を以下に示す．たとえばあるウシの集団において，肉質形質がすぐれている上位個体とすぐれていない下位個体の試料を採取する．具体的にはDNAが得られる血液や肉試料があればよい．これら上下集団に対して，高密度SNPアレイによる分析を行い，数万～数十万の各SNPの遺伝子頻度の違いを上下集団で検定する．対象形質の原因遺伝子にきわめて近傍の領域では，この原因遺伝子とまわりのSNPが連鎖不平衡になっているものと考えられ，頻度差に有意差が認められることから候補領域を探索する方法である．

牛肉の肉質形質である脂肪酸組成に対してゲノムワイド関連解析を行った例を図10.8に示す．これはマンハッタンプロットとよばれる図である．形質の上

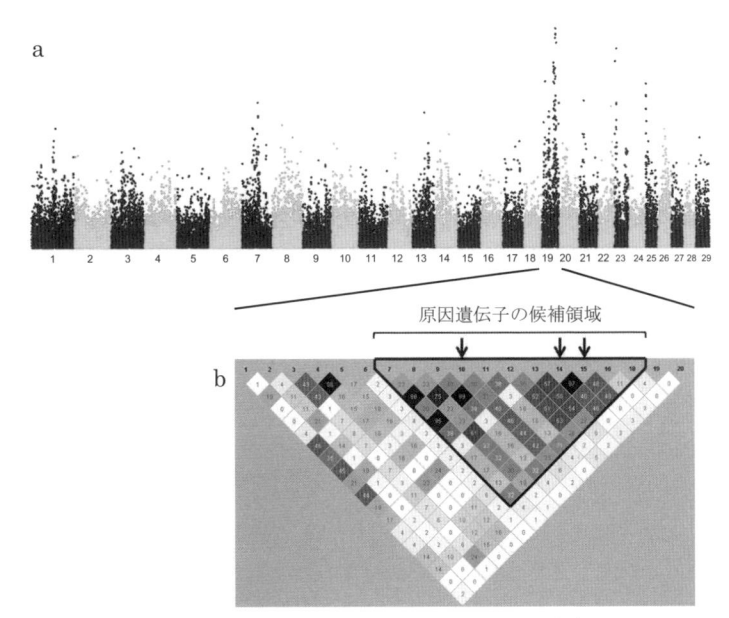

図 10.8 ゲノムワイド関連解析によるマンハッタンプロット解析（上）とハプロタイプブロック解析（下）

マンハッタンプロット解析では脂肪酸組成の形質に対して第 19 番，23 番染色体が候補染色体であることが示されている．ハプロタイプブロック解析の上部の数字は各 SNP の番号であり，菱形内の数字は SNP 間の連鎖不平衡係数を示す．矢印で示した SNP は解析で検出された有意 SNP である．太線で囲まれた領域が連鎖不平衡によるハプロタイプブロックを形成しており，原因遺伝子の存在が示唆される．

下集団に対し，常染色体すべてを含むゲノム上の 5 万ヶ所以上の SNP を解析し，各 SNP の遺伝子頻度の違いから帰無仮説に基づく検定統計量確率（P 値）をすべてプロットした図である．1 つ 1 つのプロットはそれぞれの SNP に対応している．上部のプロットほど P 値が低く，対象形質と SNP マーカーが有意な関係にある．プロットが立ち上がっている，つまり複数の SNP が有意な P 値をもつ染色体が候補領域となる．図 10.8(a) では第 19 番染色体のプロットが大きく立ち上がっており，この肉質形質に対する原因遺伝子の候補領域といえる．

図 10.8(b) は候補染色体領域に対する連鎖不平衡解析である（このような図をハプロタイプブロックと呼ぶ）．この図は各 SNP 間の連鎖不平衡状態を示している．菱形内の色が濃く数字が大きいほど，SNP 間の連鎖不平衡が高いことを示している．有意な P 値を示した SNP がハプロタイプブロックを形成して

いれば，このブロック領域内に原因遺伝子が含まれている可能性が高くなり，この候補領域内において原因遺伝子・原因変異探索を行っていく．

ゲノムワイド関連解析では，ヒトのようにランダムな交配様式をもつ集団では染色体上の組換えが世代を経てよく生じているために，連鎖不平衡が存在する領域が狭くなる．一方，家畜集団では共通祖先が多いために連鎖不平衡領域が広くなりやすい．連鎖不平衡領域が狭くなると，原因遺伝子変異を検出するためにより多くのSNPマーカーが必要となるが，ひとたび検出されれば領域が狭いために原因遺伝子の同定が容易になる．逆に連鎖不平衡が大きい家畜集団では，ヒト集団のような多大なSNP数は必要ないが，候補領域も広範囲にわたるため原因遺伝子の絞り込みに労力が必要となる．このように，いずれの動物種でも集団の遺伝構造を考慮した解析手法が求められるだろう．

10.7.3 食肉偽装を防ぐゲノム情報の利用

食肉偽装が表面化するようになったのは，21世紀に入ってからである．2002年にはオーストラリア牛肉を国内産牛肉と偽って買い取らせようとした事件（雪印食品牛肉偽装事件），2007年には豚肉や鶏肉を牛肉に混合する牛肉偽装（ミートホープ食肉偽装事件）が発覚し社会問題となった．これら偽装問題は食品流通モラルの低下が直接の原因である．正しい表示に基づく食肉の販売は，消費者や生産者の受益といった点で重要である．そのため2000年以降，食肉を判別する技術開発が進んできている．牛肉を中心とした代表的な食肉鑑定法を紹介する．

肉種鑑別法： 日本で消費される肉種は，ウシ，ブタ，ニワトリ，ヤギ，ヒツジ，ウマなどである．これら家畜種は大きく分岐しているため，DNAで見分けるのは難しくない．よく対象とされるのはミトコンドリアDNAである．塩基配列の特異性を用い，家畜種によってPCR増幅の有無で判断する方法や遺伝子非コード領域D-loopの長さの違いを利用した判別法などがある．

牛肉のDNA鑑定： 日本で生産される牛肉は国産牛肉とよばれ，黒毛和種，ホルスタイン（おもに去勢雄），それらの交雑種で97％以上を占める．また，日本国内で消費される輸入牛肉はアメリカ合衆国かオーストラリアからの輸入が大部分を占める．牛肉偽装は，大きく分けて2つのケースに分類できる．1つは輸入牛肉を国産牛肉とする牛肉偽装であり，もう1つは国産牛肉内での牛

肉偽装である．これらの品種や産地を見分けるために，ミトコンドリア DNA や Y 染色体，毛色関連遺伝子，高密度 SNP アレイなどが利用されている．現在では輸入牛肉と国産牛肉，国産牛肉においても黒毛和種，ホルスタイン，交雑種の判別が高精度で判定できる DNA マーカーが見つかっており，牛肉の抜き取り検査などに用いられている．

10.8　経済形質関連遺伝子の多様性

　遺伝的多様性は，生物種が生存し環境へ適応するために重要な要因である．家畜集団で遺伝的多様性を保持することは，持続的に家畜を改良するために必須である．遺伝的多様性とは，種の中での異なる対立遺伝子の割合の程度を指す．その程度は，変異をもつ遺伝子の割合，遺伝子座における対立遺伝子の数，その対立遺伝子の遺伝子頻度などが関係する．つまり遺伝的多様性に富むということは，種に含まれる個体の遺伝子型にさまざまな変異が含まれ，種としてもっている遺伝子のパターンの種類が多いことを意味している．

　一方，近年ウシにおいては，経済形質にかかわる多くの遺伝子マーカーが同定されつつある．近年同定された代表的な経済形質にかかわる遺伝子多型の世界的な遺伝的多様性をみてみよう．ウシの主要な経済形質である肉形質と乳形質にかかわる 14 の遺伝子多型の頻度を表 10.1 に示した．ここでは形質に好ましい影響があるとされる方の対立遺伝子の頻度を示している．肉形質の多型と比較すると，乳形質の多型は優良対立遺伝子の頻度が高い傾向にある．この理由は，乳形質では乳量が改良の中心となり，肉牛においても乳量の増加はその品種の繁殖性にかかわってくるために偏りが生じているものと考えられる．一方，肉形質の多型では，遺伝子頻度が多型や集団によって大きな幅があることがわかる．これは肉形質では脂肪交雑や脂肪酸組成など，対象形質が多岐にわたるためであると考えられる．このように経済形質に関与する遺伝子であっても，品種内や品種間での遺伝的多様性が保持されている様子がうかがえる．

　このような世界の品種に対する形質関連遺伝子の情報は，遺伝子多型を用いた選抜の可能性を知るため，あるいは世界の家畜品種の遺伝的多様性を保持するための基本的な遺伝情報として重要である．さらに育種改良による近交弱勢を可能な限り避け，将来的な改良基盤を保持するためにも，このような遺伝情

表10.1 ウシ経済形質関連遺伝子の多様性 (Kaneda et al., 2011 から改変)

	黒毛和種	褐毛和種	韓牛	モンゴル在来牛	アンガス	ヘレフォード	ホルスタイン	ブータン在来牛	インド系牛
肉形質遺伝子									
EDG-1	0.383	0.483	0.250	0.133	0.017	0.000	0.000	0.150	0.033
AKIRIN2	0.583	0.417	0.400	0.183	0.150	0.683	0.250	0.033	0.000
GH	0.517	0.017	0.167	0.200	0.200	0.133	0.067	0.000	0.017
MC4R	0.833	0.283	0.517	0.633	0.817	0.750	0.683	0.316	0.167
RORC	0.250	0.583	0.100	0.333	0.383	0.900	0.817	0.350	0.267
FASN	0.633	0.417	0.333	0.200	0.017	0.083	0.083	0.100	0.017
SREBP-1	0.450	0.417	0.150	0.117	0.033	0.000	0.000	0.000	0.000
SCD	0.633	0.783	0.583	0.633	0.833	0.733	0.717	0.400	0.267
CAPN	0.250	0.433	0.317	0.167	0.383	0.183	0.350	0.000	0.000
乳形質遺伝子									
OLR-1	0.667	0.567	0.833	0.967	0.933	1.000	0.467	0.950	0.883
DGAT-1	0.717	0.117	0.400	0.317	0.383	0.000	0.516	1.000	0.950
Pit-1	0.267	0.367	0.733	0.567	0.617	0.450	0.867	0.883	0.817
GHR	0.950	1.000	1.000	0.950	0.900	0.700	0.750	1.000	1.000
ABCG-2	1.000	1.000	1.000	1.000	1.000	1.000	0.950	1.000	1.000

表中の数値は優良対立遺伝子の頻度を示している.

報は有用である. 〔万年英之〕

参 考 文 献

Benjamin, B.R., Bhat, P.N. (1977): Ind. J. Anim. Sci., **47**: 4-7.
Kaneda, M. et al. (2011): Anim. Sci. J., **82**: 717-721.
Mannen, H. (2011): Identification and utilization of genes associated with beef qualities. Anim. Sci. J., **82**: 1-7.
在来家畜研究会編 (2009): アジアの在来家畜, 名古屋大学出版会.

11. ウシの育種

　現在，ウシはおもに肉用，乳用および乳肉兼用として飼養されており，それぞれの用途に応じた育種方法が開発されてきた．しかし，いずれの育種方法も集団・量的遺伝学の成果に基礎を置いたものであり，背後にある概念や理論には共通したものがある．本章では，肉用牛（以後，肉牛）と乳用牛（以後，乳牛）の育種の基本について解説する．乳肉兼用牛の育種については，わが国ではその重要性は高くないので省略した．

11.1　改良の対象となる形質

　ウシにおいて育種の対象となる形質を表 11.1 に示した．基本能力とは，繁殖性，飼料利用性など，ウシに限らずすべての家畜に求められる能力である．ウシにおいては，体型は肉牛，乳牛ともに重視される形質であり，用途に応じて品種ごとに審査基準が設けられている．和牛の育種においては，これらの基本

表 11.1　ウシの育種の対象となる能力と形質

分類	能力	形質
基本能力	繁殖性，連産性 体型 飼料利用性	初産月齢，分娩間隔，種付け回数，分娩難易度など 体測定値，審査得点など 飼料摂取量など
肉用能力	哺育能力 発育能力 産肉能力	離乳時体重など 1日あたり増体量（DG），肥育終了時体重など 枝肉重量，ロース芯面積，バラの厚さ，皮下脂肪厚，脂肪交雑など
乳用能力	泌乳能力 健全性（乳房炎の罹病性） 耐久性 乳生産効率 管理の難易	乳量，乳脂量，無脂固形量，乳タンパク質量など 体細胞スコア 在群期間 泌乳持続性 気質，搾乳性（搾乳に要した時間）など

能力は種牛能力と呼ばれる．

　肉牛の育種に求められる固有の能力（肉用能力）としては，哺育能力，発育能力および産肉能力があげられる．哺育能力は母牛の泌乳量や子育ての上手さなどで構成される能力である．この能力の指標として，離乳時の子牛の体重が用いられることが多い．発育能力に関する形質としては，肥育終了時の体重，肥育期間中の1日あたりの増体量（daily gain：DG）などがある．産肉能力は，枝肉重量，ロース芯面積，バラの厚さなどの肉量に関する形質と脂肪交雑，肉色，肉の光沢など肉質に関する形質で構成される．近年は，肉のうまさや風味の指標として，和牛の育種では肉のオレイン酸含量も重視されている．

　乳牛の育種で求められる固有の能力（乳用能力）としては，泌乳能力，健全性，耐久性，乳生産効率，管理の難易があげられる．泌乳能力は，乳量，乳脂量，無脂固形量，乳タンパク質量などで構成される．健全性としては，乳房炎の罹病性（罹りやすさ）が重要であり，その指標として乳汁中の体細胞数（1 mL中の細胞数）をスコア化した体細胞スコアが利用される．乳用能力としては，これらに加えて，耐久性の指標として在群期間，乳生産効率の指標として泌乳持続性，管理の難易の指標としてスコア化された気質および搾乳性（搾乳に要した時間）などが利用される．

🔖 11.2　量的形質の遺伝

🔖 11.2.1　量 的 形 質

　表11.1に示した形質は，いずれも表現型が数値で表される量的形質（本書10.5節参照）である．量的形質の遺伝解析では，表現型を具体的な数値で表し，それらを収集したデータ（記録）が分析の対象となる．個体の体重や乳量などのように表現型を数値として示したものを，表現型値と呼ぶ．表現型値は，形質によって程度に違いはあるものの，その個体がもつ遺伝子の作用を受け，表現型値のうち，遺伝の作用による構成部分を遺伝子型値という．一般に，量的形質の遺伝子型値は，多数の遺伝子（ポリジーン polygene）の働きの複合産物と考えられる．このような遺伝子の作用に加えて，量的形質の表現型値は環境の影響も受ける．このことは，われわれの体重が食生活などの環境要因によって影響を受けることからも直感的に理解できる．表現型値のうちの環境（非遺

伝的）要因による構成部分は，環境偏差あるいは環境効果と呼ばれる．したがって，表現型値（P）は，遺伝子型値（G）と環境偏差（E）を用いて

$$P = G + E$$

と表される．この簡単な式は，量的形質の遺伝学において大前提となるモデルである．

　量的形質の遺伝解析の意味をもう少し掘り下げて考えてみよう．ある個体で，量的形質に関与する1つの遺伝子座AにA_1とA_2の2つの対立遺伝子が存在するものとしよう．これらの遺伝子の遺伝子型値への寄与を，それぞれα_1およびα_2で表そう．またA_1遺伝子とA_2遺伝子の働き合い，すなわち相互作用による表現型値への寄与をδ_Aで表せば，この遺伝子座の遺伝子型値への寄与は，$\alpha_1 + \alpha_2 + \delta_A$である．さらに，もう1つの遺伝子座Bに$B_1$と$B_2$の対立遺伝子が存在するものとすれば，この遺伝子座の遺伝子型値への寄与も，B_1およびB_2遺伝子の効果（それぞれ，β_1およびβ_2）による寄与と2つの遺伝子の相互作用による寄与（δ_B）の和（$\beta_1 + \beta_2 + \delta_B$）となる．

　これらの寄与に加えて，2つの遺伝子座を同時に考えた場合には，異なる遺伝子座の遺伝子あるいは遺伝子型の間で相互作用が生じる．その相互作用を$\delta_{A \times B}$で表せば，2つの遺伝子座AとBの遺伝子型値（G）への寄与は

$$\alpha_1 + \alpha_2 + \beta_1 + \beta_2 + \delta_A + \delta_B + \delta_{A \times B}$$

となる．このうち，α_1やβ_2は他の遺伝子の存在の有無にかかわらず個々の遺伝子が示す固有の効果であり，相加的遺伝子効果と呼ばれる．また，δ_Aやδ_Bは同一の遺伝子座内での遺伝子間の相互作用による効果で優性効果といい，$\delta_{A \times B}$は異なる遺伝子座の遺伝子あるいは遺伝子型間で生じる相互作用による効果でエピスタシス効果と呼ぶ．

　ここまでの話は，2つの遺伝子座に関するものであったが，このような3つの効果への分割は，多数の遺伝子座が遺伝子型値に関与する場合にも拡張できる．相加的遺伝子効果の全遺伝子座に関する和は，育種価（A）と呼ばれる．また，優性効果の全遺伝子座に関する和を優性偏差（D），エピスタシス効果の総和をエピスタシス偏差（I）と呼ぶ．遺伝子型値（G）は

$$G = A + D + I$$

に分割される．

　以上をまとめると，表現型値は次のように分割できる．

$$P = A + D + I + E$$

一般には，相互作用による遺伝子型値（$D+I$）を非相加的遺伝子型値と呼び，これを環境偏差（E）とひとまとめにし，$e = D + I + E$ として

$$P = A + e$$

として分析することが多い．

　優性（D）およびエピスタシス効果（I）は，いずれも複数の遺伝子（あるいは遺伝子型）の特定の組合せによって生じる効果である．したがって，減数分裂によって形成された配偶子にこれらの効果が伝えられるチャンスは一般にきわめて低い．これに対して，個々の遺伝子効果に起因した育種価（A）はその一部が配偶子に伝えられる．たとえば，育種価 A をもつ個体から形成される配偶子は，期待値として $A/2$ の遺伝子型値をもつ．ウシの育種においては，親として望ましい個体を選ぶこと（選抜）が重要な改良の手段である．選抜においては，遺伝子型値（G）についてすぐれた個体を選ぶのではなく，育種価についてすぐれた個体を選ぶことが重要である．

11.2.2　遺伝率と遺伝的改良量

　図 11.1 には，表現型値（P）は等しいが，その構成に大きな違いがある2個体（a と b）を示した．個体 a は育種価（A）がすぐれているが，育種価以外の構成要素（e）は表現型値に対して負の寄与をしている．一方，個体 b については，育種価は表現型値に対して負の寄与をしているが，育種価以外の構成要素がそれをカバーしている．表現型値からは，これら2個体の違いを識別するこ

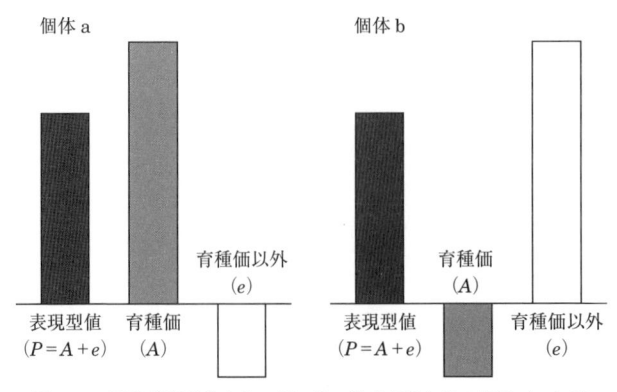

図 11.1　同じ表現型値をもつが，その構成が異なる2個体（a と b）

とはできない．したがって，表現型値に基づく選抜では，育種価がすぐれた個体のみが選抜されるとは限らない．

選抜の強さは，選抜前の個体群の平均値（$\bar{P}_0$）と選抜後の個体群の平均値（$\bar{P}_S$）の差

$$\Delta P = \bar{P}_S - \bar{P}_0$$

によって表される．この差は，選抜差と呼ばれる．上で述べた理由により，通常，親世代での選抜差がそのまま子世代に遺伝的改良量として現れることはない．子世代の平均値を $\bar{P}_1$ とすれば，遺伝的改良量（ΔG）は，

$$\Delta G = \bar{P}_1 - \bar{P}_0 = h^2 \times \Delta P$$

となる．ここで，h^2 は遺伝率と呼ばれ，0 から 1 の間の値をとる統計量である．

遺伝率は，個体間の表現型値の違いが，どの程度，育種価間の違いを反映したものであるかを示している．同じ選抜差の選抜を行っても，遺伝率が高いときほど大きな遺伝的改良量が期待できる．

選抜による遺伝的改良を行う際には，事前に改良しようとする形質の遺伝率を推定しておく必要がある．遺伝率の推定の手がかりとなる情報は，血縁個体間の表現型値の類似度である．同じ血縁関係（たとえば親と子）であっても，遺伝率が低い形質では表現型値間の類似度は低くなり，逆に遺伝率が高い形質では類似度は高くなる．現在，ウシの各形質の遺伝率推定には，線形代数の理論を応用した方法（REML 法など）が用いられているが，これらの方法も基本的には血縁個体間の表現型値の類似度を利用したものである（遺伝率の推定法の詳細は野村，2012 を参照のこと）．

表 11.2 は，これまでに報告されてきたウシの主要な形質の遺伝率の推定値をまとめたものである．遺伝率は，品種はもちろん，同一品種であっても系統や地域集団が異なると違った値を示す．しかしながら，一般には，表 11.2 に見られるように，繁殖性にかかわる形質の遺伝率は低く，発育能力，産肉能力，泌乳能力などの経済形質の遺伝率は中程度から高めの値を示すことが多い．表 11.3 には，和牛のいくつかの形質の遺伝率の推定値を示したものである．和牛における遺伝率の推定値にも上で述べた傾向が認められる．

表 11.2 ウシの主要な形質の遺伝率の推定値

能　力	形　質	遺伝率
繁殖能力	初産月齢	0.06　（7）
	分娩難易度	0.13　（72）
	分娩間隔	0.01　（3）
	受胎率	0.17　（21）
発育能力・飼料利用性	生時体重	0.31（167）
	離乳時体重	0.24（234）
	離乳後増体量	0.31（177）
	飼料利用効率	0.37　（9）
	飼料摂取量	0.34　（21）
産肉能力	枝肉重量	0.23　（19）
	枝肉歩留	0.39　（13）
	脂肪交雑	0.38　（12）
	ロース芯面積	0.42　（16）
泌乳能力	乳　量	0.25～0.36
	乳脂量	0.25～0.35
	乳脂率	0.40～0.50
	乳タンパク質量	0.25～0.35
	乳タンパク質率	0.25～0.60

（　）内の数値は，遺伝率の平均値の計算に用いられた報告数を示す．繁殖能力，発育能力，飼料利用性，産肉能力：Koots et al., 1994 より引用．泌乳能力：Goddard & Wiggans, 1999 より引用．

表 11.3 黒毛和種の主要な形質の遺伝率の推定値（Oyama, 2011）

能　力	形　質	遺伝率
繁殖能力	初産月齢	0.17　（3）
	空胎日数	0.07　（3）
	分娩間隔	0.05　（5）
	妊娠期間	0.16　（5）
発育能力	生時体重	0.28　（8）
	3ヶ月齢体重	0.53　（1）
	子牛市場体重	0.29　（10）
	枝肉重量	0.46　（18）
産肉能力	ロース芯面積	0.49　（18）
	バラの厚さ	0.39　（17）
	背脂肪厚	0.32　（18）
	枝肉歩留	0.54　（12）
	脂肪交雑（5段階評価）	0.21　（11）
	脂肪交雑（12段階評価）	0.61　（87）

（　）内の数値は，遺伝率の平均値の計算に用いられた報告数を示す．

11.2.3 遺伝相関

これまでは1つの形質の遺伝的改良に注目してきたが，実際の育種では複数の形質が改良の対象となる．また，改良の対象となっている形質の選抜によって，改良の対象にはなっていない形質に生じる変化を知りたいこともある．たとえば，黒毛和種の育種では，これまでに肉質，特に脂肪交雑の改良が最優先されてきたが，その改良が他の形質に及ぼす影響を評価する必要がある．

ある形質を改良したとき，他の形質がどのような変化をするかは，2つの形質の育種価間の相関係数に依存する．このような相関係数を遺伝相関という．遺伝相関が正の値をとるとき，一方の形質の改良方向ともう一方の形質に認められる変化の方向は一致する．逆に，遺伝相関が負の値をとるときには，一方の形質の改良方向とは逆方向にもう一方の形質は変化する．たとえば，乳牛においては，一般に乳量と乳脂率の間には負の遺伝相関が認められる．したがって乳量を増加させる方向に選抜すると，乳脂率の低下を招く．また，肉牛においては，一般に生時体重と離乳時体重には正の遺伝相関が認められるので，離乳時体重を増加させる選抜は生時体重も増加させる．生時体重の増加は難産の原因となるので注意を要する．

表 11.4 には，黒毛和種における枝肉形質間の遺伝相関の推定値を示した．枝肉重量，ロース芯面積，バラの厚さの間には中程度から高い正の遺伝相関があり，またこれらの形質は脂肪交雑と正の遺伝相関を示すことから，脂肪交雑に対する選抜によって，これらの形質にも改良が期待できる．さらに，脂肪蓄積にかかわる2つの形質，すなわち皮下脂肪厚と脂肪交雑の間の遺伝相関はゼロに近い（−0.06）．この性質は，他の品種にはみられないもので，黒毛和種のすぐれた特徴の1つといえる．したがって，黒毛和種においては，これら2形質の独立な改良が可能であると考えられる．

表 11.4 黒毛和種の枝肉形質間の遺伝相関の推定値の平均値（対角より上）と平均値の計算に用いられた報告数（対角より下）（Oyama, 2011）

	枝肉重量	ロース芯面積	バラの厚さ	皮下脂肪厚	枝肉歩留	脂肪交雑
枝肉重量		0.44	0.70	0.31	0.04	0.15
ロース芯面積	5		0.43	0.02	0.84	0.43
バラの厚さ	5	5		0.29	0.33	0.36
皮下脂肪厚	5	5	5		−0.24	−0.06
枝肉歩留	3	3	3	3		0.45
脂肪交雑	6	6	6	6	3	

11.3 種牛の評価と選抜

すでに,選抜差（ΔP）を選抜前の個体群の平均値と選抜後の個体群の平均値の差として定義したが,一般に,雄の選抜における選抜差を ΔP_m,雌の選抜における選抜差を ΔP_f とすると,全体の選抜差は

$$\Delta P = \frac{\Delta P_\mathrm{m} + \Delta P_\mathrm{f}}{2}$$

となる.ここで,雄の選抜差と雌の選抜差を足して2で割る理由は,個体数の多少にかかわらず,雄親群と雌親群はそれぞれ半分ずつ子集団へ寄与するからである.

凍結精液を用いた人工授精が普及しているウシ集団では,雄（種雄牛）は少数のエリート個体のみを選抜できるが,集団の規模を維持するためには雌には強度の選抜をかけることはできない.したがって,雄の選抜差は雌の選抜差よりもはるかに大きくなる.このことは,雄牛の遺伝的能力（育種価）の評価と選抜が,ウシ集団の遺伝的改良の成果を左右することを示している.

表11.1で示したウシの育種において改良の対象となる能力には,発育能力,飼料利用性,体型のように個体自身について記録（表現型値）を測定できる形質と,産肉能力のように生体から記録を得ることができない形質や,泌乳能力のように選抜の対象となる雄牛について記録が得られない形質がある.個体自身の記録が測定できれば,それに基づく選抜（個体選抜）が可能であるが,個体自身の記録が得られない能力については,一般に血縁個体の記録に基づく能力評価が必要である.ウシにおける血縁個体の記録を利用した雄牛の遺伝的評価として代表的なものが,後代検定である.後代検定は,その検定方式により検定場方式（ステーション検定）とフィールド方式（現場後代検定）の2つの方式に大別される.検定場方式の後代検定においては,候補雄牛から得られた複数頭（通常,8頭程度以上）の後代牛（肉牛においては肥育牛,乳牛においては娘牛）の記録の平均値を当該候補雄牛の遺伝的評価値とする.環境要因の影響をできるだけ小さくするために,一定の飼養管理の下で定められた基準をクリアした検定場で実施される.しかしながら,複数の検定場を利用する場合,検定場間での環境の補正が困難なため検定場間での評価値の比較が正確に行え

ないこと，費用や労力の制約上，検定できる雄牛の数が限定されることなどから，現在わが国では肉牛および乳牛ともに次に述べるフィールド方式に移行している．

　フィールド方式の後代検定では，候補雄牛の後代の記録が実際の生産現場（肉牛では枝肉市場，乳牛では搾乳農家）から得られるので，この検定の成否はさまざまな飼養管理のもとで得られた記録から，いかに正確に候補雄牛の遺伝的能力（育種価）を推定するかに依存する．現在，先進国において最も広く普及している解析手法は，アニマルモデル BLUP 法である．この手法は以下のような特徴をもつ．

① 解析に取り入れた環境効果（年次，季節，農家など）の違いを高い精度で補正して，育種価が推定できる．

② 後代牛に加えて候補雄牛とさまざまな血縁関係をもつ個体の記録も分析に含めることができ，正確度の高い育種価が推定できる．

③ 血縁関係を利用して，記録をもたない個体の育種価も推定できる．たとえば，両親が育種価の推定値をもつなら，すでに述べた育種価の性質から子どもの育種価は両親の育種価の推定値の平均値として推定できる（このようにして推定された育種価を期待育種価という）．期待育種価を用いて，将来の種雄牛候補となる若雄牛の早期の評価や肉用牛における雌牛の産肉能力の評価も同時に行うことができる．

④ 過去のデータも分析に加えることができるので，生年ごとにグループ化した育種価の平均値を求めることで，改良の進み具合（集団の遺伝的趨勢）を評価できる．

アニマルモデル BLUP 法の理論については，佐々木（2007）を参照されたい．

　以下では，肉用雄牛の評価事業として和牛における検定事業，乳用雄牛の評価事業として国内および国際評価事業を概説する．

11.3.1　和牛における雄牛評価事業

　全国和牛登録協会は雄牛の産肉能力検定として，現在，直接検定，間接検定，現場後代検定の 3 種類の検定事業を実施している．これらのうち，直接検定は候補雄牛について検定期間中の増体量，飼料摂取量および飼料効率を調査し，その成績により個体選抜を行うことを目的として，1968 年より実施されてきた

事業である．実施以来，検定の実施方法について適宜改正されてきたが，2002年に検定期間中の給与法が飽食から体重比による制限給餌に変更されたことに伴って，1日あたり増体量（DG）や飼料要求率にかわる新たな飼料利用性に関する指標として，余剰飼料摂取量（RFI）が導入されている．余剰飼料摂取量は，実際に摂取した飼料量から維持や生産に必要な飼料量を差し引いた量，すなわち余分に（むだに）摂取した飼料量を推定したもので（この値が，小さいほど飼料の利用効率が高い），濃厚飼料，粗飼料，可消化養分総量（TDN），粗タンパク質（CP）に関する摂取量について算出される．直接検定における余剰飼料摂取量の遺伝率の推定値は，TDN摂取量について0.17と若干低いが，他の摂取量については0.22〜0.41の範囲にあり，選抜に必要な遺伝的変異が存在することが示されている（向井，2012）．飼料費が高騰するなかで飼料の有効利用による生産効率の向上のメリットは大きく，余剰飼料摂取量が今後，重要な選抜指標となるものと考えられる．

　間接検定は，候補雄牛の後代牛である去勢子牛8〜10頭を1セットとして肥育し，その間の増体量，飼料効率を調査するとともに，と畜後の肉量や肉質を調査し，1セットとして去勢子牛の成績の平均値によって候補雄牛の産肉能力を評価する検定場方式の後代検定である．最盛期には年間100頭を超える雄牛が検定され，選抜された種雄牛が各道府県の基幹種雄牛として活躍してきたが，近年では受験頭数が年々減少する傾向にある．その原因としては，飼養頭数の減少に伴い調査牛（去勢子牛）を生産するための雌牛の確保が困難になってきていること，検定場での肥育成績を一般肥育牛の成績と比較することが困難なこと，検定コストの増大などがあげられる．技術的にも，肥育牛の成績の平均値を評価値（育種価の推定値）とする評価方法では，調査牛の母親の遺伝的能力や血縁関係を考慮できないため，評価の正確度の面で問題があることが指摘されてきた．

　これらの問題を解決するために，全国和牛登録協会は1992年よりフィールド方式の現場後代検定を実施している．現場後代検定は，枝肉市場から得られた後代牛の記録を利用して，広範な種雄牛の産肉能力を評価し，種雄牛の選抜を効率的に実施することを意図した検定である．遺伝的評価法としては，先に述べたアニマルモデルBLUP法が採用されており，種雄牛については供用された全頭について育種価が推定されている．また，前述のアニマルモデルBLUP

法の利点がフルに活用され，後代検定事業としての枠を超えて改良に貢献している．たとえば，現在，直接検定の受験する雄牛のほとんどすべては，受験時に産肉能力に関する期待育種価が判明している．また，雌牛についてもほとんどの産地で育種価判明率が 70% を超えている．この事業が実施されて以降の脂肪交雑と枝肉重量の遺伝的趨勢は，すべての産地で着実に改良が進んでいることを示している（向井，2012 年）．

以上で概説した全国和牛登録協会が実施する検定事業は，道府県を実施単位としたものであるが，国は 1999 年より肉用牛の全国規模での改良を目的とした事業として，肉用牛広域後代検定を実施している．この事業では，各道府県の種雄牛を一元化された評価値で比較し，全国で共同に利用可能な種雄牛（共同利用種雄牛）が選抜される．評価には，アニマルモデル BLUP 法が採用されている．当初は，検定場方式でスタートしたが，その後フィールド方式との併用期を経て，2010 年よりフィールド方式のみの検定に移行した．後述するように，現在，和牛の育種では品種内の遺伝的多様性の低下が問題となっている．この点を考慮して，本事業では希少系統の遺伝子保有確率も配慮した共同利用種雄牛の選抜が行われている．

● 11.3.2　乳牛における雄牛評価事業

わが国では，検定場方式の後代検定事業として 1964 年から国の施設を利用した種畜牧場の乳用種雄牛後代検定が発足し，1966 年からは道県の施設を利用した優良乳用種雄牛選抜事業が実施された．1974 年からは農家レベルでのデータ収集を目指した乳用牛群改良推進事業（牛群検定）がスタートし，検定成績の農家へのフィードバックが行われるようになったが，種雄牛の評価は依然として検定場方式で行われていた．その後，1983 年には輸入精液の利用が認められるようになり，国内の育種システムに大きな見直しが必要となった．これを受けて，1984 年より牛群検定の参加農家にも後代検定への参加を求めた検定場方式とフィールド方式を併用した後代検定が行われるようになった．さらに 1990 年からは，牛群検定の成績のみを用いた完全なフィールド方式の後代検定が実施され，今日に至っている．遺伝的評価法としては，1993 年よりアニマルモデル BLUP 法が採用されている．乳量，乳脂量，無脂固形分量および乳タンパク質量の 4 つの泌乳形質に加えて，体型形質（得点形質），体細胞スコア，在

群期間，気質，搾乳性について評価が行われている．また，日本ホルスタイン登録協会が開発した泌乳形質とともに生涯生産性の改良をはかるための総合指数（NTP）も算出されている．

このような後代検定事業の成果は，近年の乳量の急速な遺伝的改良に現れている．しかしながら，一方で，泌乳ピーク時のエネルギーバランスの崩れに起因する繁殖性の低下が問題となっている．そこで新たに考案された選抜指標が，泌乳持続性である．これは，乳期全体の乳量の改良を続けながら，強いストレスがかかる泌乳前期の乳量を抑制し，ストレスが少ない泌乳中後期の乳量を高めることを目指した選抜指標である．泌乳持続性は，種雄牛については2008年から，雌牛については2010年から評価形質に加えられ，評価値が公表されている．

1970年前後から世界中の種雄牛が各国で利用可能になったなかで，世界各国で国内の改良に真に有効な種雄牛を見きわめる必要が生じてきた．そこで，国際組織インターブルによって1994年から，種雄牛評価成績の国際比較（国際評価）が実施されるようになった．国際評価では，参加国からインターブルに提供される各国の国内評価成績に統計処理を加えることで，それぞれの国の環境に適した各国の評価基準に沿った評価成績が算出される．わが国は2003年8月の評価から，インターブルの国際評価に参加し，精液輸入牛の国際評価値を公開している．

11.4 近親交配と交雑育種

11.4.1 近親交配

近親交配は，個体がもつ遺伝子のホモ接合化を促進する働きがあるため，系統造成における有用遺伝子の集積と固定に際して重要な役割を果たす．たとえば，コーリング兄弟（1749-1826, 1750-1828）は，近親交配と不良個体の淘汰を併用することで優良遺伝子の固定を促進し，今日のショートホーン種の始祖となる個体群を築くことに成功した．また，わが国において明治以前に中国地方で行われていた「蔓牛」の造成も，コーリング兄弟と同様の発想に基づくものであり，和牛の改良に多大な貢献を果たしてきた．ウシにおけるこれらの育種成果が，メンデルの遺伝法則が発見される以前のものである点は注目に値す

る．

　一方，ウシをはじめとする多くの動物では，近親交配によって生まれた子どものさまざまな能力が低下する現象が知られている．この現象は，動物育種では，近交退化と呼ばれる．表 11.5 に，ウシにおける近交退化の推定値を示した．この表では，近交退化は近交係数が 1% 上昇したときの相対的な低下量として示されている．ほとんどの形質に近交退化（望ましくない方向への変化）が認められるが，特に空胎期間，妊娠率など繁殖性に係る形質や生存率などに大きな近交退化が生じる傾向がある．

　きょうだい（兄弟姉妹の総称として動物育種の分野ではしばしばひらがなで表記される）など近親個体間の交配による近交退化は当該産子のみに現われるため，集団全体への影響は小さい．これに対し，集団内の血縁が高まることで生じる近交度の上昇に伴う近交退化は，集団の平均値の低下を招く．ウシの育

表 11.5　ウシにおける近交退化の推定値（近交係数が 1% 上昇したときの相対的低下量（%））（Pirchner, 1985）

形　質	低下量（%）
乳　量	-0.5
空胎期間*	$+2.0$
受胎率（D）	-1.26
受胎率（O）	-0.95
生存力	-0.45
生時体重	-0.40
3ヶ月齢体重	-0.70
6ヶ月齢体重	-0.44
12ヶ月齢体重	-0.16
3歳齢体重	-0.17
体型得点	-0.36
離乳時体重（O）	-0.25
離乳時体重（D）	-0.27
離乳時審査得点（O）	-2.00
離乳時審査得点（D）	-1.70
離乳後増体量	-0.20
離乳後の飼料摂取量	-0.15
離乳後の飼料利用効率	-0.32
肥育終了時体重	-0.15
精子濃度	-0.50

D：母親の近交度の影響，O：子どもの近交度の影響．
*：空胎期間は短かくなる（マイナス方向に変化する）方が望ましい．

種においては集団内の血縁係数の上昇をできるだけ抑えながら遺伝的改良を行うことが重要であり，そのための方法として多くのものが考案されている．

11.4.2 交雑育種

交雑育種のねらいの1つは，異品種間の交雑から得られるヘテロシス（雑種強勢）である．ヘテロシス（H）は，交雑によって生まれた後代の表現型値と両親の表現型値の平均との間の差として求められる．

$$H（\%）=\frac{(F_{1(A\times B)}+F_{1(B\times A)})/2-(A+B)/2}{(A+B)/2}\times 100$$

ここで，$F_{1(A\times B)}$はA品種雄とB品種雌の交雑によって得られた交雑種の表現型値，$F_{1(B\times A)}$はB品種雄とA品種雌の交雑によって得られた交雑種（正逆交雑種という）の表現型値，A, BはそれぞれA，B純粋種の表現型値である．ヘテロシスは，前述の優性効果（D）と強く関係しており，一般に遺伝率の低い繁殖形質や生存に関連する形質，哺育能力などが大きいとされている．

わが国では，ブタやニワトリの生産においては交雑育種が盛んに行われているが，肉牛や乳牛の育種においては，交雑育種の利用は非常に限られている．その理由としては，わが国の乳牛はホルスタイン種が中心で，泌乳能力がきわめて高く，また肉牛においても黒毛和種は肉質がきわめてすぐれているため，あえて他品種と交雑する必要はなかったからである．

しかし，牛肉の輸入自由化以降，低迷する子牛価格の影響を少しでも緩和するために，所有するホルスタイン種の雌牛に黒毛和種の雄牛を交配し，得られた交雑種子牛を高く販売する酪農家が増えている．表11.6は，黒毛和種とホルスタイン種との交雑種の枝肉形質に関するヘテロシス効果を調べたものであ

表11.6 枝肉形質に関する黒毛和種とホルスタイン種の交雑によるヘテロシス効果（Mukai et al., 2004）

形 質	黒毛和種	交雑種 (F_1)	ホルスタイン種	ヘテロシス（%）
ロース芯面積（cm^2）	51.56	47.34	41.37	1.9
バラ厚（cm）	7.28	6.51	5.84	-0.7
皮下脂肪厚（cm）	2.49	2.29	2.01	1.9
歩留基準	73.36	70.43	69.47	-1.4
脂肪交雑基準	5.47	3.25	2.36	-17.1

る．この結果は，正逆交雑種のデータが含まれていないため，厳密な意味でのヘテロシス効果とはいえないが，ロース芯面積や皮下脂肪厚には3％程度の正のヘテロシス効果が認められ，一方脂肪交雑評点に関しては大きな負のヘテロシス効果が示されている．

交雑育種のもう1つの利点として，補完があげられる．補完とは，交雑によって2つ以上の形質が互いに組み合わさった結果，他の交雑種や純粋種よりも当該交雑種が総合的に能力がまさっている状態と定義される．たとえば肉牛では，雌牛には繁殖能力，雄牛には増体能力が要求されるが，このような場合，雌牛に繁殖能力のすぐれた品種を，雄牛に増体能力のすぐれた品種を用いると，補完により繁殖能力と増体能力のいずれもすぐれた交雑種が期待できる．

交雑育種の方法としては，低能力の在来種に，繰り返し能力の高い欧米種を交配する累進交雑や複数品種を交互に交雑し，雌に十分なヘテロ性を持続させることをねらった輪番交雑などがある．また，現存する品種がその地域の飼養環境に適応した形質を有する場合などには，得られた交雑種を数世代，品種内交配して新しい合成品種を造成する方法が有効である．

11.5 遺伝的多様性

国際連合食糧農業機構（FAO）が2007年にまとめた「世界家畜遺伝資源白書」によれば，ウシではこれまでに1311品種が記録されているが，そのうちすでに絶滅したものが209品種，絶滅の危機にあるものが210品種にのぼる．また，情報不足のため状態が不明な品種が393品種あり，これらのなかにはすでに絶滅したもの，あるいはその危機にあるものも相当数含まれるものと考えられる．これらの絶滅あるいはその危機に瀕した品種の多くは，限られた地域で飼養されている在来品種である．乳牛のホルスタイン種に代表される改良品種に比べて，在来品種は一般に生産性が劣るため，在来品種から改良品種への飼養の移行，あるいは改良品種との無計画な交雑による遺伝的浸食が，在来品種の絶滅の最大の原因である．在来品種は，各地の気候風土や文化・生活様式に適するように長い年月をかけて作り上げられてきた品種である．したがって，在来品種は改良品種がもたない遺伝子を保有している可能性がある．すでに野生原種（オーロックス）が絶滅したウシにおいては，在来品種の絶滅は種とし

ての遺伝的多様性の低下を意味する.

一方, 現時点において市場と密接にリンクし, 安定した頭数を維持している先進国の改良品種は絶滅そのものの危険度は低い. しかし, これらの改良品種においても品種内の遺伝的多様性が急激に低下している. その典型的な例が, 黒毛和種である. Taberlet ら (2008) は, "Are cattle, sheep, and goats endangered species?" と題する総説で, 改良品種に生じる遺伝的多様性の低下のシナリオの典型として黒毛和種をあげ, 他の改良品種でも同様の機構によって遺伝的多様性が急激に低下していることを指摘している.

品種内の遺伝的多様性の低下は, 中長期的な遺伝的改良の停滞や社会情勢の変化に伴って生じる需要の変化に品種が対応できる能力の低下を招き, 品種の存続にもかかわる問題である.

集団内に維持される遺伝的多様性の大きさは, 集団の有効な大きさと呼ばれる統計量によって決定される. 現実の集団では個体間にさまざまな血縁関係がある. また, ウシ集団では繁殖に関与する種雄牛と繁殖雌牛の数には大きな違いがあり, さらに種雄牛の繁殖供用頻度には個体間で大きな差異がある. 集団の有効な大きさは, このような現実の個体数を, 集団の遺伝的多様性への影響を基準として, 同数の雌雄がランダムに交配する集団の個体数に換算したものである.

集団の有効な大きさが N_e の集団における連続した 2 世代 ($t-1$ および t) の遺伝的多様性 (GD_{t-1} および GD_t) には

$$GD_t = \left(1 - \frac{1}{2N_e}\right)GD_{t-1}$$

という関係が成り立つ. 図 11.2 は, さまざまな N_e についてこの関係を図示したものである. 集団の有効な大きさが小さい集団ほど, 遺伝的多様性が急速に低下することがわかる.

表 11.7 は, 黒毛和種の集団の有効な大きさの推定値を諸外国のウシ品種の有効な大きさの推定値と比較したものである. 黒毛和種は各県の育種方針に基づいて県単位で育種が進められてきた歴史的背景があり, 1960 年までは世界的にみても例外的に大きな集団の有効な大きさを維持していた. しかし, 1959 年頃から凍結精液を用いた人工授精技術が普及し, 種雄牛数が減少したことに伴い, 集団の有効な大きさは急激に縮小し, 1993 年以降は 50 頭以下にまで激減した.

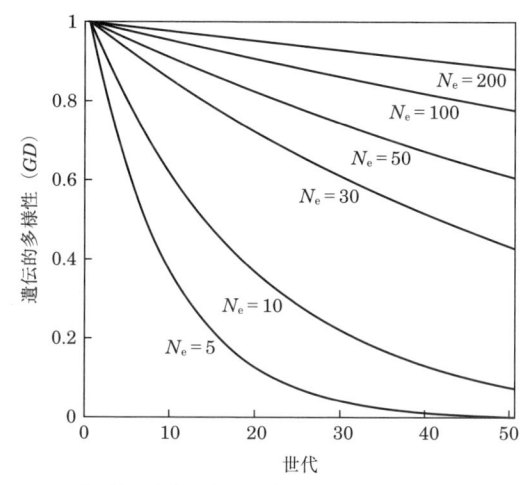

図 11.2 さまざまな有効な大きさ (N_e) をもつ集団における，遺伝的多様性 (GD) の世代の経過に伴う変化 (最初の世代の遺伝的多様性を 1 とした相対値)

表 11.7　ウシ品種の集団の有効な大きさの推定値 (向井，2012)

品種 (国)	集団の有効な大きさ	年あたりの登録雌牛数
黒毛和種　1960 年頃	1724	約 50000 頭
1980 年頃	125	約 70000 頭
1989 年頃	82	約 60000 頭
1993 年頃	48	約 60000 頭
1998 年頃	24	約 70000 頭
アボンダンス (フランス)	106	約 2500 頭
ノルマンディ (フランス)	47	約 75000 頭
シンメンタール (フランス)	258	約 50000 頭
ブラウンフィー (オーストリア)	109	約 15000 頭
ピンツガウアー (オーストリア)	232	約 3000 頭
グラウフィー (オーストリア)	73	約 800 頭
エアシャー (アメリカ)	161	—
ブラウンスイス (アメリカ)	61	—
ガンジー (アメリカ)	63	—
ホルスタイン (アメリカ)	39	—
ジャージー (アメリカ)	30	—

他のウシ品種でも集団の有効な大きさは縮小される傾向にあり，多くの品種では数十のオーダーまで低下している．しかしながら，黒毛和種の 24 頭という集団の有効な大きさは，諸外国の推定値のなかで最低レベルである．この数値は，毎世代，雌雄各 12 個体がランダム交配する集団と同じ速度で，品種全体

の遺伝的多様性の低下が進んでいることを示している．

また，黒毛和種の場合，特定の種雄牛の集中的利用も大きな問題である．理論上，N_m 頭の種雄牛が多数の雌牛に交配されるウシ集団の有効な大きさは，近似的に

$$N_e = \frac{4N_m}{1+CV_m^2}$$

と書ける（Nomura, 2002）．ここで，CV_m は各種雄牛が残す後代の数の変動係数である．この式から，種雄牛の個体数が少なく，各種雄牛の間で後代の数に格差が大きい集団ほど有効な大きさが小さくなることがわかる．

図 11.3 には，1978 年から 2004 年の間の種雄牛数（N_m）と種雄牛あたりの後代数の変動係数（CV_m）を示した．黒毛和種においては，アニマルモデルBLUP 法による育種価の評価が実施され，種雄牛の産肉能力に関する育種価が公表されたことにより，肉質（特に脂肪交雑）にすぐれた種雄牛に繁殖供用が集中し，逆に肉質に劣ると思われる種雄牛の淘汰が進み，種雄牛数の減少と種雄牛あたりの後代数の変動係数の増加をもたらした．これらの変化は，いずれも集団の有効な大きさを縮小させる方向に働くが，変化の相対的な大きさからみて，後者が集団の有効な大きさの縮小の主因となったものと考えられる（CV_m の 2 乗が N_e に関与することに注意）．特にアニマルモデル BLUP 法による育種価評価が開始されて以降，後代数の変動係数が急激に増大し，種雄牛の間で繁

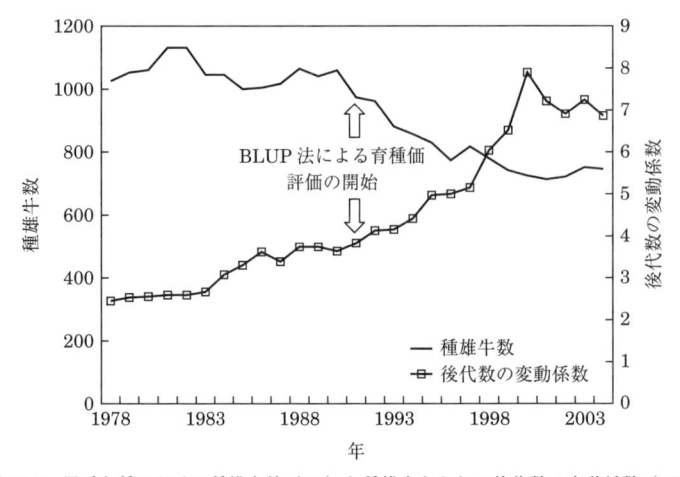

図 11.3 黒毛和種における種雄牛数（N_m）と種雄牛あたりの後代数の変動係数（CV_m）

殖供用の格差が拡大したことが明瞭に示されている．

ここでは黒毛和種を例にしたが，先進国の多くのウシ品種でも少数のエリート種雄牛に繁殖供用が集中し，集団の有効な大きさの縮小さらには遺伝的多様性の低下が問題となっている (Taberlet et al., 2008)．遺伝的改良を進めながら，いかにして遺伝的多様性を維持するかは，先進国のウシ品種に共通した課題である． 〔野村哲郎〕

参 考 文 献

Goddard, M.E., Wiggans, G.R. (1999)：*The Genetics of Cattle* (Fries, R., Ruvinsky, A. eds.), p.511-537, CAB international.
Koots, K.R. *et al.* (1994)：*Anim. Breed. Abst.*, **62**：309-338.
向井文雄 (2012)：和牛の育種経過，現状と方向．最新農業技術 畜産 vol. 4（農山漁村文化協会編），p.109-125，農山漁村文化協会．
Mukai, F., Sadahira, M., Yoshimura, T. (2004)：*Anim. Sci. J.*, **75**：393-399.
Nomura, T. (2002)：*J. Anim. Breed. Genet.*, *118*：297-310.
野村哲郎 (2011)：量的形質の遺伝．生物統計学（向井文雄編著），p.172-189，化学同人．
Oyama, K. (2011)：*Anim. Sci. J.*, **82**：367-373.
Pircher, F. (1985)：*World Animal Science, A4. General and Quantitative Genetics* (Chapman, A.B. ed.), p.227-250, Elsevier Science Publishers.
佐々木義之 (2007)：変量効果の推定と BLUP 法，京都大学学術出版会．
Taberlet, P. *et al.* (2008)：*Mol. Ecol.*, **17**：275-284.

12. ウシの生産と環境問題

12.1 個体レベルの環境問題

12.1.1 環境負荷の現状

　世界の人口は 1999 年に 60 億人に達し 2012 年には 70 億を超えたにもかかわらず、畜産物の消費は旺盛であり、現在では世界の 1 人 1 年間あたりの牛肉、牛乳供給量はそれぞれ 19.20 kg、50.70 kg に及んでいる（FAO, 2009）。人口が著しく増加しているにもかかわらず、これらの値は 10 年前の値に比べて、牛肉はほぼ同程度、牛乳は 12％増加している。このような畜産物生産量の増大に伴い、畜産業の環境に対する各種の影響も無視しえないものとなってきている。
　環境負荷の低減に向けた検討の視点として、時間的な推移を踏まえて検討すべきものと地理的な広がりを考慮すべきものとがある。時間的な観点からみると、温室効果ガスによる地球温暖化問題は数十年後を想定して現在から対策を実施するものであり、その成果は次世代、次々世代に至って明確となるものである。地理的な観点から検討すべきものとしては、過放牧による砂漠化の進行が下流域の水需給に影響を及ぼしたり、家畜糞尿に由来する窒素、リンによる河川の水質汚染など、複数地域にまたがる広域的な影響が問題となる事例がある。さらに悪臭問題は経営立地の近傍に限られるものの、経営の持続性の観点からは周辺住民の理解を得るために非常に重要な課題となる。一方、世界レベルでの食料の安定的供給は人類の生存にかかわる重要事項であり、それを達成するための経営としての効率性と地球あるいは地域に対する環境負荷低減の両立が求められているといえる。畜産業が抱えるマイナス面を最小化しつつ生産を最大化する試みとして、家畜消化管由来の温室効果ガスであるメタンガス発生量抑制の取り組みと、家畜排泄物および排泄物に由来する窒素、リンの低減

化の試みを取り上げる.

12.1.2 メタン

　世界の温室効果ガス発生量（二酸化炭素換算）に占める二酸化炭素の割合はおよそ77％であり，次いでメタンが14％，一酸化二窒素が8％と推定されており，農業生態系からはおもな温室効果ガスとしてメタンと一酸化二窒素が発生している．これらは二酸化炭素に比べて発生量そのものは少ないものの，温暖化への影響度は非常に大きく，温暖化に及ぼす効果（global warming potential）はそれぞれ二酸化炭素の25倍，298倍とされている（IPCC, 2007）．特にメタン発生量に占める家畜由来ガスの割合は，世界的には水田と並んで大きいものがあり，そのかなりの部分が反芻家畜の消化管内発酵に由来するものとされている．わが国においても農業生態系からのメタン発生は家畜と水田がおもな発生源となっている（図12.1）.

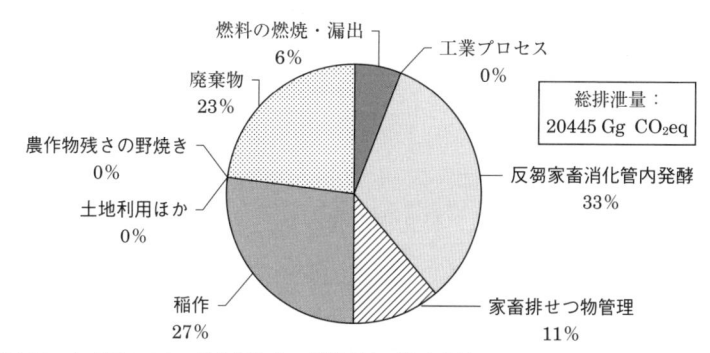

図12.1　わが国のメタン発生源とその排泄割合（温室効果ガスインベントリオフィス編：環境省地球環境局 日本国温室効果ガスインベントリ報告書，2012より作成）
太字は農業生態系からの発生を示す．

　反芻家畜では反芻胃に生息する多数の微生物によって飼料成分が分解され，反芻家畜のエネルギー源となる低級脂肪酸を供給するとともに，増殖する微生物のタンパク質そのものが良質なアミノ酸供給源として下部消化管において吸収され，利用されることになる．この反芻胃での微生物発酵過程において発生する代謝性水素がもととなって，メタン菌によりメタンが生成される．さらに生成されたメタンは，あい気（げっぷ）として大気中に放出される．

　図12.2はわが国における各種家畜からのメタン発生量の測定成績（Shibata

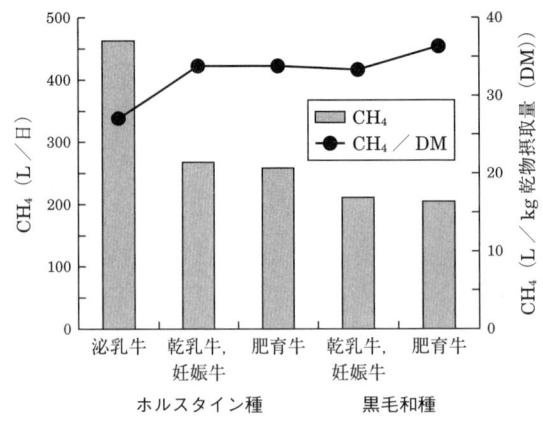

図 12.2　わが国で飼養されている家畜からのメタン発生量(Shibata et al., 1993 から作成)

et al., 1993) であるが,乾物摂取量が圧倒的に多い泌乳牛からの発生量が際立っている.すなわち,メタン発生量は飼料摂取量と飼料構成によって影響されることが明らかである.気候変動に関する国際連合枠組条約では,各国の温室効果ガス発生量を報告することが義務づけられており,わが国ではウシからのメタン発生量を次式によって推定している.

$$\text{メタン発生量 (L/日/頭)} = -17.766 + 42.793\text{DMI} - 0.849\text{DMI}^2$$

DMI：乾物摂取量 (kg/日/頭)

ウシからのメタン発生を抑制するため,①給与飼料や添加剤により反芻胃内発酵を制御し,低減を図る,②生産性の改善を図り,生産物あたりの発生量を削減する,という2つの方向で検討が進められている.濃厚飼料を多給すると,反芻胃内発酵は酢酸優勢型からプロピオン酸優勢型となることで,代謝性水素の処理系がメタンからプロピオン酸へとシフトする.さらに,メタン発生につながる繊維成分の摂取量が減少するとともに,反芻胃内pHの低下によりプロトゾア数や繊維分解菌の減少や活性の抑制などの影響が生じるものと考えられる.また,添加剤によって積極的に反芻胃微生物相を制御することも試みられており,抗菌性飼料添加物であるモネンシンやサリノマイシンの添加によりメタン発生が抑制されることや,カシューナッツ殻オイル (CNSL) による抑制効果などが知られている.そのほか,天然物ではタンニンを活用して抑制することも検討されている.CNSLやタンニンは添加量によっては消化性にも悪影

響が生じることから，最適な添加水準を明らかにし，適正な利用方法を確立することが重要である．また，フマル酸の添加や不飽和脂肪酸カルシウムの添加によるメタンの抑制は，メタン生成にかわる新しい代謝性水素の処理系を反芻胃内に導入することによってメタンの削減を図るものであり，生産性の向上も期待できるが，その前提として効果と生産コストとの関連を明らかにする必要がある．

以上のように，給与飼料制御や添加剤により，直接メタン発生を抑制することも可能であるが，実用的なメタン発生抑制技術として普及を考えた場合，食料生産効率（およびコスト）とメタン発生量のバランスを考慮すべきであり，生産物あたりのメタン発生量を抑制する方途を検討することが有効である．図12.3 には，乳脂補正乳（FCM）量の増加がFCM 量あたりのメタン発生量の抑制につながることが示されており，同様に肥育牛における日増体量の改善もメタン発生量の抑制につながる．したがって，生産システム全体としてメタン低減技術を組み立てることが重要だといえる．

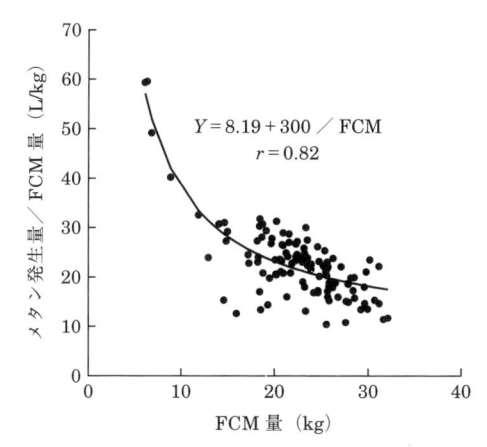

図 12.3 4% 乳脂補正乳（FCM）量と FCM あたりのメタン発生量との関係（Kurihara et al., 1997）

$Y = 8.19 + 300 / FCM$
$r = 0.82$

12.1.3 排泄物からの環境負荷

a. 糞尿排泄量

乳牛からの糞尿排泄量を図12.4 に示す．平均乳量34 kg の乳牛であれば1日あたり 67 kg の糞尿を排泄しており，この大量の糞尿を適正に処理しなければ，

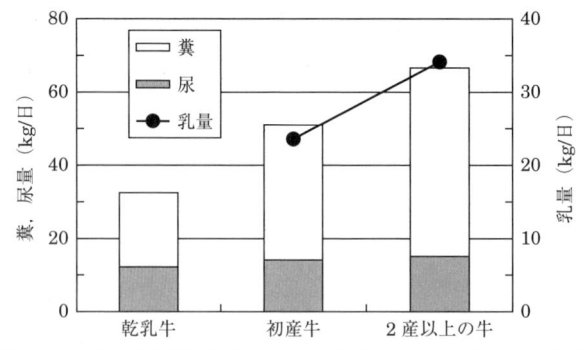

図12.4 乳牛の糞尿排泄量（日本飼養標準 乳牛（2006年版）から作成）

水質汚染等の環境問題が発生するのみならず，悪臭等のクレーム問題にも発展する可能性があることは容易に理解できる．

1999年に施行された「家畜排せつ物の管理の適正化及び利用の推進に関する法律」により，畜産農家は糞尿の適正な管理・処理を義務づけられており，一般には固液分離を行った後，固分は堆肥化，液分はスラリーとして，あるいは浄化して処理されるケースが多い．また，群飼で敷料が潤沢に用いることができる経営では，そのまま堆肥化される場合もある．

堆肥化は，その過程で有機物を減量するとともに窒素を揮散させることとなることから，悪臭発生が問題となるケースもあり，そのため，窒素を低コストで捕集して再利用することも試みられている．また，堆肥成分の調整やペレット化等により利用性を高めたり，耕種農家と畜産農家との連携（耕畜連携）を進めることで，その利用を促進することも重要である．

b. 窒　素

糞尿由来の窒素は膨大な量にのぼり，わが国の耕地にそのすべてを散布すると仮定した場合その偏在により地域によっては適正量を超える可能性も生じる．その場合，地下水，流去水の水質汚染の原因となることも考えられる．わが国では，水道水中の硝酸態および亜硝酸態窒素濃度は 10 mg/L 以下と規制されており，適正な糞尿管理で水質汚染を防がなくてはならない．また，土壌への過剰な堆肥の施用は水質汚染の原因となるだけでなく，植物体の硝酸態窒素濃度の上昇につながり，それを飼料として家畜に給与した場合に家畜の健康に悪影響を及ぼすおそれがあることから，施肥基準を遵守し飼料生産に支障をき

たすことのないように留意する必要がある．さらに，畑に施用された堆肥からは温室効果ガスである一酸化二窒素の発生があり，温暖化防止の観点からも適正な処置が必要である．

窒素排泄量を低減するためには高度な家畜の栄養管理が求められる．そのためには，精密な栄養要求量の把握とそれに対応した飼料成分データベースの整備が必須である．家畜のタンパク質要求量はアミノ酸ベースで表示することが目標ではあるが，ウシなどの反芻家畜の場合，摂取した窒素成分は反芻胃内において分解あるいは微生物体タンパク質に合成されることから，実用的ではない．そのため，反芻胃内における分解性を考慮したうえで，下部消化管から吸収利用されるタンパク質（代謝タンパク質）を評価単位として用いられることが多くなっている（5章図5.3参照）．なお，最新の飼養標準ではさらに代謝タンパク質の概念を精緻化し，消化管における飼料の通過速度を考慮した有効代謝タンパク質システムが採用されている．

糞尿中への窒素排泄を抑制する具体的方法は，反芻胃内における窒素成分の質的な変化を想定したうえで，下部消化管において必要最小限のアミノ酸が吸収されるように飼料を給与することが基本であり，特に，分解性のタンパク質の過剰給与を抑制すること，分解性タンパク質の微生物体タンパク質への合成

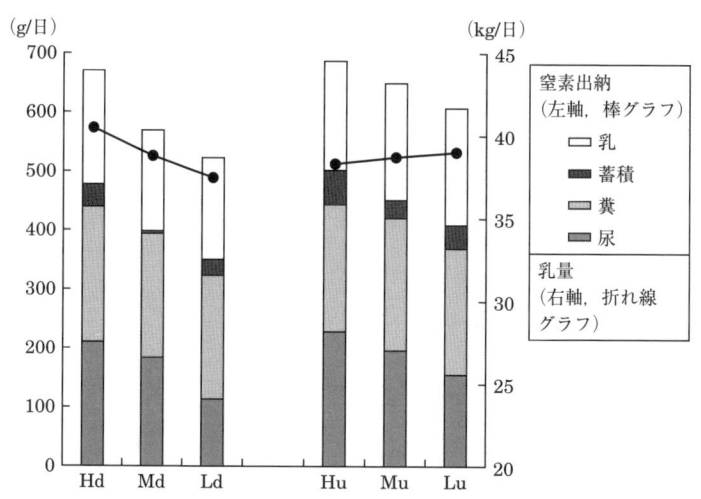

図 **12.5** 乳量および窒素出納成績に及ぼす分解性タンパク質（CPd）および非分解性タンパク質（CPu）含量の影響（関東東海北陸協定研究成績（2002, 2003）から作成）
Hd, Md, Ld 区：CPu 6.0%，CPd は順に 11.5, 10.0, 8.7%．NFC 37.6〜38.5%．
Hu, Mu, Lu 区：CPd 9.4〜9.7%，CPu は順に 7.8, 6.4, 5.2%．NFC は 36.0〜37.5%．

効率を高めるため分解性に富む炭水化物給源の供給を適正に行うことが有効である．図12.5にその実例を示す．この例では，平均日乳量40 kgレベルの牛群において，①非分解性タンパク質（CPu）を6.0％とし，分解性タンパク質（CPd）を8.7～11.5％の範囲で調整した場合，CPd含量の増加に伴い（分解性タンパク質の過剰給与に伴い）尿中窒素排泄量が増加すること，②分解性タンパク質（CPd）を9.5％程度とし，非分解性タンパク質（CPu）を5.2～7.8％の範囲で調整した場合，CPuの増加に伴って（必要以上のタンパク質の給与によって）尿中窒素排泄量が増加することが示されている．

c. リン

排泄物由来のリンは湖沼や河川の富栄養化の原因となることが懸念されている．ウシの糞尿中に排泄されるリンは，そのほとんどが糞中に排泄される．また，牛糞中のリン酸含量は約1.8％であり，ブタ，家禽の含有量の1/3程度と少ない特徴を有している．

家畜が摂取する無機態のリンの利用率は一般に高い．また，植物体に多く含まれるフィチン態リンは単胃動物ではほとんど利用されないが，反芻家畜では反芻胃においてフィチン態リンが分解されるので利用が可能である．一方，リンの欠乏は家畜にとって大きな悪影響を及ぼすことから，飼料中含有量を正確に把握し，必要最小量を給与することが重要である．また，運動等によりリンの利用効率を高めることも，飼養上留意すべき事項である．　　〔寺田文典〕

12.2　農家・地域レベルの環境問題

12.2.1　生産システムと環境負荷

図12.6は，人口の増加や経済成長に伴うウシの生産システムの歴史的展開を示したものである．図の左から右へ方向は1つの時間軸でみることができるが，異なる視点からみれば，1時点における開発途上国から先進国までのウシの飼育法の発展の軸ともみなすことができる．時代の流れとともに，伝統的な草地飼養（遊牧型）から，農家内複合生産（ウシ・作物混合型），さらには加工業的生産への移行がある（2章参照）．伝統的な草地飼養は，主として遊牧民によって営まれていることが多いが，作物生産が可能な地域では，社会構造の変化，すなわち地域経済が現金経済になるに伴って，人々は定住するようになり，農

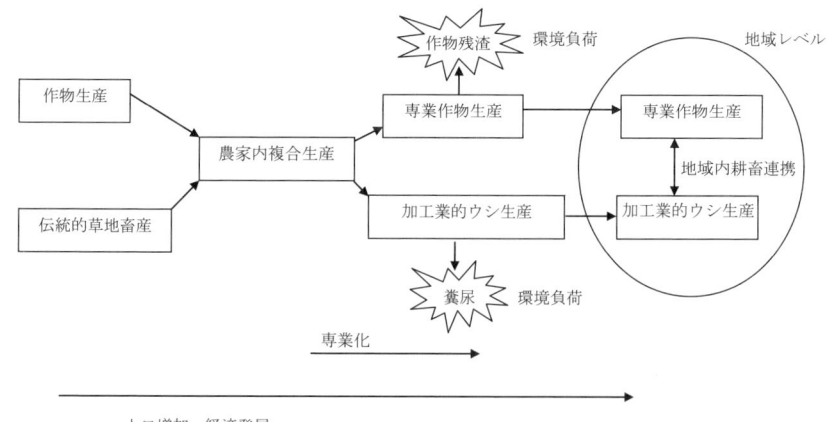

図12.6 人口増加と経済発展に伴うウシ生産システムの展開

家内で作物生産と家畜生産の両方を営む複合生産へと移行する．

　他方，農家内複合生産から加工業的生産への移行は，世界規模で確実に進んでいる．人口増加や経済発展に伴って，畜産物に対する人々にニーズが高まるにつれて，小規模な複合生産農家は，生産の中心を食用作物生産から収益性の高い家畜の生産に移行し，さらに規模の拡大と専業化を進めながら，加工業的生産に向かう．

　現在の畜産環境問題を引き起こしているのは，主としてフィードロットや大規模酪農などの加工業的ウシ生産である．また，同じことが，作物生産においても起こっている．加工業的なウシと耕種作物の生産は，異なる専業農家によってそれぞれ独立に営まれ，家畜生産からの糞尿や作物生産からの作物余剰残渣は農家外に搬出され，このような搬出物が廃棄物となって環境汚染源になっている．一方で，専業化したウシ生産や作物生産では，大量の原料や化石エネルギーが外部から購入されている．要するに，農家を1つのシステムとみなせば，これらの生産システムではシステム内の生物循環はほとんど存在せず，廃棄物や汚染物はそのままシステム外に排出され，多くの化石エネルギーや原料が外部から大量に投入されている．

12.2.2　複合生産システムの評価

　畜産環境問題を緩和する方法としては，複合生産システムを再評価すること

である.複合生産システムは,本来,系内の資源循環を重視したシステムである.このような複合生産システムの評価には,システム内の栄養素のフローを定量的に把握する必要がある.図 12.7 は,複合生産システムにおける栄養素のフローを図示したものである.一般に,対象生産システムの環境負荷を定量化する指標として,余剰量(S)と栄養素利用効率(E)がある.

$$S = I - O$$
$$E = O/I$$

ここで,I は搬入量,O は搬出(生産)量である.図で示されているように,搬入量には購入飼料,購入堆肥,化学肥料,種子,素牛などがあり,搬出量には牛乳,肥育牛,老廃牛,食用作物,販売用堆肥などがある.

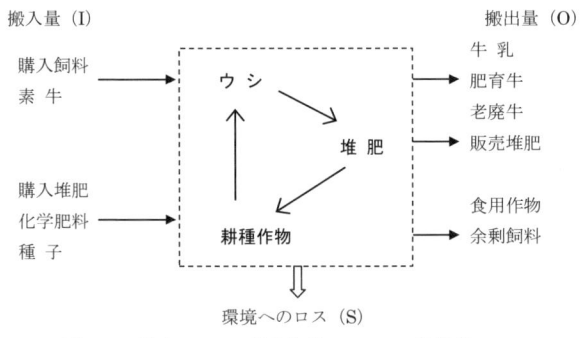

図 12.7 農家レベルの複合生産システムの栄養素フロー

本項では,肉用繁殖農家が飼料イネを生産し稲発酵粗飼料として給与している例をもとに,複合生産システムの環境評価を試みてみることにする.わが国における食用としての米の消費量は年々低下しており,生産調整が続いている.そのようななか,洪水防止,国土保全,水源涵養などの水田の機能を維持したままウシの飼料として利用できる飼料イネが国産自給飼料として大いに期待され,ここ数年で作付面積を急速に伸ばしている.さらに,最近の世界的な穀物不足による輸入飼料の価格の高騰により,自給飼料生産の切り札として飼料イネ生産に対する期待が高まっている.

飼料イネは,一般的に稲発酵粗飼料(whole crop rice silage:WCRS)として利用されている.この飼料は,イネの子実が完熟前に子実と茎葉を同時に収穫し,ホールクロップサイレージとして調節したもので,収穫期は黄熟期が最適と考えられている.飼料イネと家畜生産,特に肉用牛や酪農生産と組み合わ

せることにより，WCRS としての飼料利用に加えて，家畜生産から排泄された糞尿を堆肥として飼料イネ圃場に還元することで，資源循環型耕畜複合生産の促進が可能になると考えられる．

評価の対象とする農家の概要は表12.1に示すとおりである．この農家は繁殖雌牛を42頭飼育し，共同利用牧野と個人利用牧野で放牧も行っている．耕種作物としては，15 ha の食用イネと 7 ha の飼料イネを栽培し，裏作にそれぞれオオムギとイタリアンライグラスが栽培されている．この農家を調査し，収集したサンプルを化学分析して窒素とリン，カリウムのフローを示したものが図12.8 である．窒素を例に余剰量と窒素利用効率を計算すると，搬入される量の合計は 2890 kg（＝1191＋118＋27＋1554 kg）となり，また，生産物として搬出される量は 1266 kg（＝218＋24＋1024 kg）となる．この農家の耕作地面積の合計は 26.5 ha なので，1 ha あたりの窒素余剰量は 61 kg（＝(2890－1266)/26.5）と計算される．同様に，リンとカリウムはそれぞれ 26 kg，46 kg となる．一方，窒素の利用効率は搬出量と搬入量の比で求められるので，0.44（＝1266/2890）と算出される．同様に，リンとカリウムの利用効率はそれぞれ 0.31，0.34 と求められる．

もし，この農家が繁殖雌牛の生産のみを営んでいたらどうなるであろうか．

表 12.1　調査農家の概要（竹内ほか，2008）

肉用牛飼養	
繁殖用雌牛	42 頭
出荷子牛	35 頭/年
飼養方法	繁殖牛：放牧[a] と舎飼[b] 子牛：舎飼
放牧期間（共同利用牧野）	8 ヶ月
放牧期間（個人利用牧野）	周 年
濃厚飼料購入量	48.3 t/年
粗飼料購入量	1.2 t/年
敷料（もみ殻）搬入量	26.4 t/年
耕　作	
総耕地面積	26.5 ha
土地利用	
食用イネ用水田	15 ha
飼料イネ用水田	7 ha
牧草地	4.5 ha

a：共同利用牧野と個人利用牧野において放牧．
b：繁殖雌牛の舎飼期間は分娩前後2ヶ月間．

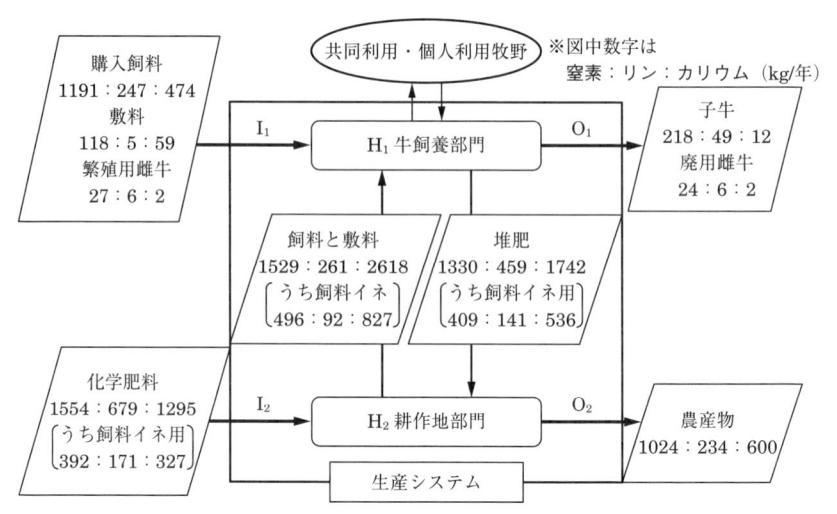

図 12.8 飼料イネ生産と繁殖雌牛の複合生産における窒素，リン，カリウムのフロー（竹内ほか，2008）

窒素に関して計算してみると，ウシ単独の飼育では耕種作物のほうから供給される窒素 1529 kg はシステム外から購入しなければならないので，余剰量は 2623 kg（= 1191 + 118 + 27 + 1529 − 218 − 24 kg）となり，複合生産システムの場合よりもかなり多くの窒素が農家内で余剰となり，大量の窒素が利用されずにロスされ，窒素の利用効率も 0.44 から 0.08 に大幅に低下することになる．

12.2.3 地域レベルの耕畜連携

すでに述べたように，一般に経済発展に伴って，複合生産システムは専業化して加工業的生産に移行し，深刻な環境汚染を引き起こすことになる．したがって，なんとか農家内での循環性を向上させることができればよいわけであるが，現実にはわが国のウシ生産農家の多くはすでに専業化しており，農家内で複合生産を行うことは困難となっている．そのような場合，環境問題の緩和策として地域レベルでのウシ生産農家と作物生産農家の耕畜連携が有効である．地域レベルでの耕畜連携によって，地域内での作物農家と畜産農家の連携が強まり，地域内での栄養素の利用効率と循環性の高まることが期待される（図 15.7 の右端）．

近年，ウシの生産と飼料イネ生産を地域レベルで結びつける耕畜連携が始ま

っている．飼料イネの生産体系は，その地域の社会的経済的条件によっていくつかに分類される．飼料イネの生産体系として，①稲作農家が全作業を実施する体系，②栽培管理は稲作農家が行い，収穫調整は畜産農家が行う体系，③畜産農家が全作業を実施する体系，および，④②と③の中間タイプの体系をあげている．近年には，稲作農家や畜産農家の集団が，コントラクター（飼料イネの収穫，調整，運搬や堆肥の運搬，散布などを請け負う組織の総称）を組織化し，栽培管理と収穫調整を行うケースも多くなっている．コントラクターに飼料生産を委託すれば，生産農家は少なくとも飼料生産のための労働時間は削減でき，高齢化の進んだ耕種農家であっても耕畜連携が可能となる．

　耕畜連携の最も重要な点は，堆肥の利用である．堆肥の販売は，収益性の低い畜産農家にとっては重要な収入源となっており，いかに地域内で堆肥の流通をスムーズにするかは，地域全体の農業にとっても重要な課題といえる．堆肥を還元するに十分な農地をもたない畜産農家においては，堆肥を高値で引き取ってくれる作物農家が近隣にあれば，経営の助けにもなる．耕畜連携が進むにつれて，作物農家とウシ生産農家の間の信頼関係が構築され，このような状況は糞尿処理の問題解決にもプラスに働くはずである．　　　　　〔広岡博之〕

12.3　ライフサイクルアセスメントによる環境影響評価

12.3.1　問題の所在

　前節まで，個体レベルの環境問題，農家・地域レベルの環境問題を取り上げた．しかし，多くの酪農および肉用牛経営において輸入飼料が利用されているように，ウシ生産に関する物質フローは地域や国を超える地球レベルのものとなっており，環境影響の低減をめざすにはそれを考慮して環境影響を総合的に評価することが必要とされる場合は多い．たとえば，ある物質・飼料原料の給与によりウシからのメタン排出量を削減できたとしても，それらを生産して日本の農家まで運んでくるために削減分以上の二酸化炭素を排出する場合，全体として温室効果ガスの削減にはならない．ライフサイクルアセスメント（LCA）はこの目的に合致した評価手法として有望であると期待されており，畜産分野においてもLCAを用いた家畜生産システムの評価およびLCAの概念に基づいた評価手法開発について研究が進められつつある．

12.3.2　LCA の概要

LCA は，原料取得から部品製造・組立・使用・廃棄まで生産物・サービスの一生すなわちライフサイクルを通して，使用される資源および排出される環境負荷物質を調べて環境への影響を評価する手法である．その実施については ISO 14040 シリーズとして国際規格化されており，目的および調査範囲の設定・インベントリ分析・環境影響評価・解釈の 4 つの段階から構成されている．図 12.9 に LCA の概略図を示す．

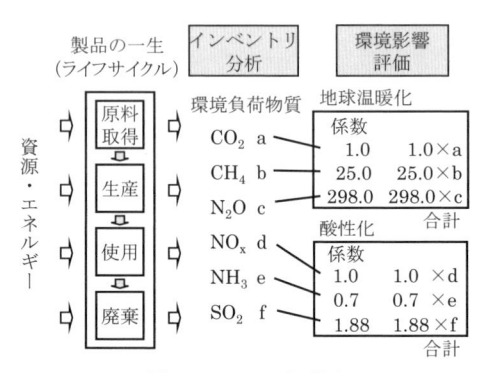

図 12.9　LCA の概略図

目的および調査範囲の設定では，どの単位プロセスが LCA 調査に含まれるかを決定するシステム境界および生産物システムが提供する機能を示す性能の定量的尺度である機能単位等を設定する．LCA の核となるインベントリ分析では，データ収集を行い，各単位プロセスにおいて投入される資源量および排出される環境負荷物質量，すなわち原単位を調べる．そして，あらかじめ設定された機能単位に関連づけられた産物量（プロセス量）を求め，原単位を掛けて各単位プロセスにおける資源消費量，負荷物質排出量を算定し，すべてのプロセスの総和を取る（積み上げ方式）．こうして得られた環境負荷物質の排出量は，環境影響評価の段階において，地球温暖化，酸性化，資源の消費等のインパクトカテゴリ（環境影響項目）ごとに分類され，重みづけ係数を掛けてそれぞれの基準物質に積算し，影響が定量化される．

1960 年代に異なる種類の飲料容器の環境負荷を比較したものが LCA を製品の評価に用いた最初の例であるといわれているが，現在では多様な製品に広がり，LCA による環境評価結果の Web サイト・環境報告書等への掲載，カーボ

ンフットプリントとして商品への表示等の例が出てきている.

12.3.3 肉牛生産の環境影響評価例

LCA を畜産に適用した例として，まず肉用牛肥育の LCA ケーススタディについて説明する（Ogino et al., 2004）．機能単位はウシ 1 頭としたので，評価結果はすべてウシ 1 頭あたりで表される．子牛を市場から購入し肥育して出荷するまでの期間，家畜管理，畜体，糞尿処理から発生する環境負荷に加え，摂取する飼料を生産・輸送する際に発生する負荷を文献等から調べ，積算する（図12.10）.

環境負荷物質
CO_2, CH_4, N_2O, NH_3, NO_x, SO_2

子牛（8ヶ月齢）

輸入 濃厚飼料生産
輸送
牛舎 肥育牛
輸入＋国産 粗飼料生産
輸送

出荷（28ヶ月齢）
牛肉

ふん尿
堆肥化
堆肥

システム境界

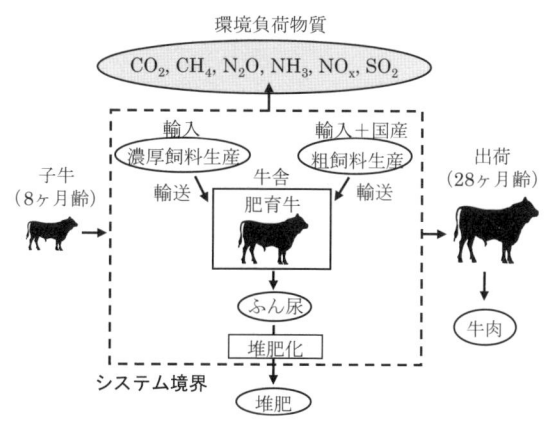

図12.10 評価した肉牛肥育システムの概要

図 12.11 は肉用牛肥育の各プロセスにおける地球温暖化への影響を示したものである．温暖化に最も大きな寄与を及ぼしていたのは畜体であり，これはウシの消化管から発生するメタンにすべて由来している．続いて飼料生産および輸送のプロセスからの発生が大きく，これらのプロセスでは化石燃料由来の二酸化炭素（CO_2）が大きな割合を占めている．糞尿処理も温暖化にある程度寄与しており，ここでは一酸化二窒素（N_2O）が主要な温室効果ガスである．また，各プロセスにおける酸性化への影響やエネルギー消費を調べた結果，酸性化では飼料生産，家畜管理，糞尿処理の各プロセスから発生するアンモニア（NH_3）が大きく寄与しており，エネルギー消費では飼料生産および輸送の2つのプロセスで全消費量のほぼすべてを消費しているなど，環境負荷の大きいプロセスが環境影響項目ごとに異なっていた．同システムにおいて屠殺月齢を28

（CO_2換算 kg）

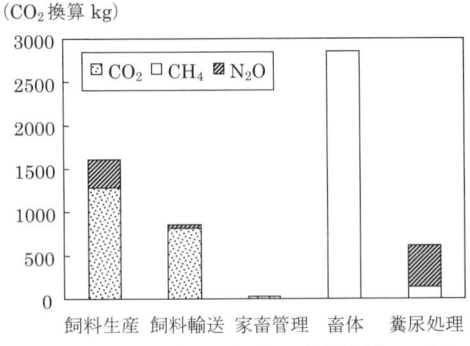

図 12.11 肉用牛肥育 1 頭あたりの地球温暖化への寄与

凡例：CO_2　CH_4　N_2O

横軸：飼料生産　飼料輸送　家畜管理　畜体　糞尿処理

ヶ月から 26 ヶ月に早め，肥育期間を短縮した場合の環境負荷低減効果を調べた結果，肥育期間を 1 ヶ月短縮することで環境影響を 4.0〜4.5％低減することがうかがえる．

次に，肉用牛生産のなかでも繁殖部門について LCA を用いて環境影響評価を行った例を示す（Ogino et al., 2007）．ここでは，機能単位を子牛 1 頭とし，市場から雌子牛を購入して育成して 14 ヶ月間隔で 7 産させ，産まれた子牛は 8 ヶ月齢まで育てて子牛市場に出荷する，という条件を基本システムとする．前の肉用牛肥育の場合と同様に，各プロセスからの環境負荷を調べ積算したところ，地球温暖化への影響については，肉用牛繁殖は肥育と比較して粗飼料が多く給与されているため畜体の占める割合が大きくなり，逆に飼料生産のそれは小さくなることが示された．他の影響項目については，飼料生産の寄与が小さくなっていたものの，全般的には肥育と同様の傾向であった．母牛の分娩間隔を短縮した場合の環境負荷低減効果を調べた結果，1 ヶ月の短縮で環境影響を約 6％低減できることが明らかとなった．

12.3.4 酪農の環境影響評価例

12.2 節でも取り上げた飼料イネを，酪農において使用するシステム（以下「飼料イネ」とする），および慣行酪農システム（以下「慣行」とする）について LCA ケーススタディを行った例について説明する（Ogino et al., 2008）．ここでは機能単位は生乳（脂肪補正乳）1 kg としたので，評価結果はすべて生乳 1 kg あたりで表される．システム境界には，泌乳牛・乾乳牛・育成牛を飼養し

ている酪農を想定し，家畜管理，畜体，糞尿処理の各プロセスおよび摂取する飼料の生産・輸送の各プロセスが含まれている．飼料については，「慣行」では泌乳牛には自給サイレージを主体とした飼料を給与し，「飼料イネ」では飼料イネを稲発酵粗飼料のかたちで乾草のかわりに給与するものとする．

結果を図 12.12 に示す．地球温暖化については「飼料イネ」の方が 1.5 %程度環境影響が大きくなっている．これは，飼料輸送等において消費される化石燃料に由来する CO_2 の発生量および飼料生産時に耕地から発生する N_2O 量は減少していたものの，飼料イネ栽培時に水田から発生するメタン（CH_4）の寄与がそれ以上に大きいためである．一方，酸性化，富栄養化，エネルギー消費の各項目においては，「慣行」の方がそれぞれ 3.7 %，3.7 %，4.8 %環境影響が大きい．これらは主として，飼料輸送距離の違いによるものと考えられる．すなわち，「飼料イネ」においては飼料輸送距離が短くなることにより，化石燃料消費量とそれに由来する SO_2・NO_X 等の発生量が減少したためと考えられる．これらから，「飼料イネ」は「慣行」と比べて，一部の項目において環境影響が大きいが，全体としては環境影響が小さくなる項目が多いことがわかる．実際，環境影響だけに限っても，すべての面で改善がみられるいわゆる「Win-Win」の方策というのは，それほど多くない．LIME（伊坪・稲葉，2005）と呼ばれる手法を用いて 4 項目の環境影響を統合化し経済価値で表すと，「飼料イネ」が 3.73 円，「慣行」が 3.77 円と，わずかに「飼料イネ」の方が環境影響が小さく算定される．また，飼料イネの利点としては休耕田・生産調整田をそのまま使用できること，また飼料イネ栽培田は情勢の変化に応じて随時食用イネ栽培に

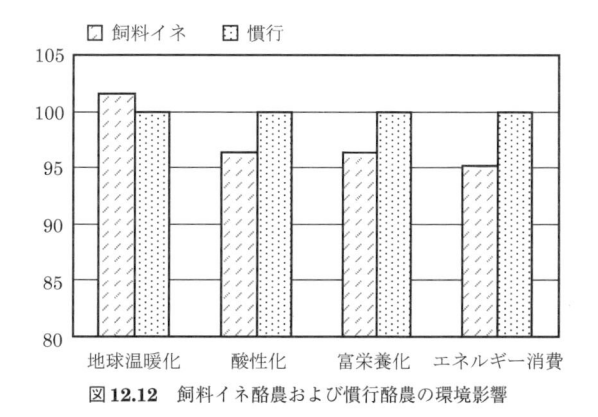

図 12.12 飼料イネ酪農および慣行酪農の環境影響

切り替えられること等も考えられるが,これらの点に関しては環境影響ではなく別の評価軸が必要となろう.

12.3.5 養牛における環境影響の低減

　肉牛生産・酪農における環境影響を低減するには,ライフサイクルを通して全体的に環境影響を低減する方策と,ホットスポットと呼ばれる環境影響の大きいプロセスを削減する方策の2種類が考えられる.LCAは前者についてはもちろん,後者についてもライフサイクル全体を対象とすることで環境負荷が単に他のプロセスに移動しただけにすぎないかどうかをチェックすることが可能であり,環境影響低減方策を正確に評価することができる.また前者においては,生産性の向上により生産物あたりの環境影響を下げる以外に,生産性の低下を最小限に抑えつつインプットを減らし低投入型の生産を行うというアプローチもある.北海道における低投入型酪農の一種であるマイペース酪農が,慣行酪農と比べて地球温暖化をはじめとする多くの環境影響が小さいという報告は,その一例である(増田ほか,2005).

　後者においては,まずホットスポットは,地球温暖化では畜体(消化管から発生するCH_4),飼料生産,飼料輸送,糞尿処理である.酸性化および富栄養化では糞尿処理,飼料生産,畜舎であり,エネルギー消費では飼料生産および飼料輸送である.酪農における地球温暖化では糞尿処理法により糞尿処理の温暖化への影響が畜体に次いで大きくなりうるなど,多少順位の変動はあるが,ホットスポットは肉牛生産と酪農でおおむね一致している.消化管からのCH_4は肉牛生産および酪農に共通して地球温暖化への寄与が最も大きく,これを対象とした削減方策としては,たとえば肉用牛肥育において脂肪酸カルシウム給与により消化管メタン発生量削減と増体改善を行うことで環境影響を低減するというものがある(加藤ほか,2011).また,飼料生産および飼料輸送は畜産全般において大きな環境影響をもつため,放牧や自給飼料の利用は環境影響を低減する(千田・荻野,2012).また,農業・食品副産物および残さ(エコフィード)の利用も削減方策の1つである.ブタではエコフィードをリキッドフィーディングで利用することにより環境影響を大きく低減することが示されており,ウシでも乾燥せずTMR(完全混合飼料)で利用することにより環境影響を低減することが可能と考えられる.糞尿処理は特に酪農において環境影響

が大きく，堆肥化原料の含水率低減あるいはメタン発酵の利用により，環境影響を低減することが可能と考えられる． 〔荻野暁史〕

参 考 文 献

IPCC (2007)：*Climate Change 2007: Mitigation. Contribution of Working Group III to the Fourth Assessment Report of the Intergovernmental Panel on Climate Change* (Mets, B. *et al.* eds.), Cambridge University Press.
伊坪徳宏・稲葉 敦 (2005)：ライフサイクル環境影響評価手法，産業環境管理協会．
加藤陽平ほか (2011)：システム農学，**27**：35-46.
増田清敬ほか (2005)：システム農学，**21**：99-112.
農業・食品産業技術総合研究機構編 (2008)：日本飼養標準 乳牛 (2006年版)，中央畜産会.
農業・食品産業技術総合研究機構編 (2009)：日本飼養標準 肉用牛 (2008年版)，中央畜産会.
Ogino, A. *et al.* (2004)：*J. Anim. Sci.*, **82**：2115-2122.
Ogino, A. *et al.* (2007)：*Anim. Sci. J.*, **78**：424-432.
Ogino, A. *et al.* (2008)：*Anim. Sci. J.*, **79**：727-736.
小野 洋 (2002)：農政調査時報，N546：62-79.
押田敏雄・柿市徳英・羽賀清典編 (2012)：新編 畜産環境保全論，養賢堂.
千田雅之・荻野暁史 (2012)：2012年度日本農業経済学会論文集，267-274.
Shibata, M., Terada, F. (2010)：*Animal Science Journal*, **81**：2-10.
竹内佳代ほか (2008)：肉用牛研究会報，**86**：14-21.

13. ウシをめぐる最近の研究と課題

13.1 ゲノム情報を利用した育種

13.1.1 遺伝的改良量

11章でも述べられているように（11.2.2参照），高い遺伝的能力をもつ個体を親として選抜し，その後代を生産することによって遺伝的改良が進められてきた．その遺伝的改良量は，次の式によって予測されてきた（Falconer, 1989；佐々木，1994）．

$$\Delta G = \frac{ir\sigma_A}{L} \tag{1}$$

ここで，ΔG は年あたりの遺伝的改良量，i は選抜強度，r は選抜の正確度，σ_A は対象とする形質の遺伝的標準偏差，L は世代間隔である．式(1)で，選抜強度は人為的に決められるもの，遺伝的標準偏差は集団に依存するものなので，選抜のための方法に依存しているものは選抜の正確度と世代間隔の2つで，これら2つのパラメータの向上が家畜育種において重要である．

13.1.2 後代検定

ウシ，特に乳牛におけるこの50年間のすばらしい遺伝的改良の歴史は，人工授精を活用した後代検定システムの構築とBLUP法の開発による正確な育種価予測によって実現されたといっても過言ではない（11.3参照）．1950年代に入り，多くの先進国で人工授精と精液の凍結保存技術が実用化され，従前のまき牛方式の自然交配から人工授精による交配に移行した．人工授精を利用すれば，精液を凍結してストローに入れて容易に持ち運ぶことが可能となり，さらに半永久的に保存できるようになったので，地域や時間を超えて1頭の種雄

牛が数千頭，場合によっては数万頭に及ぶ後代が残せるようになった．

一般に，ウシにおいて重要な形質は，乳牛では雌でしか発現しない泌乳関連形質，肉牛では屠殺してみなければわからない枝肉形質で，このような形質に関して種雄牛そのものを直接選抜することはできない．そこで考え出されたのが，後代検定である．後代検定とは，後代（息牛や娘牛）の能力を測定することで種雄牛候補牛を検定するものである．

図 13.1 は，乳牛の後代検定の方法と検定スケジュールを示したものである．まず，遺伝的能力の高い雌牛群を構成し，そのような雌牛に遺伝的能力の高い種雄牛を交配して，次世代の種雄牛候補の若雄牛を生産する．次に，その若雄牛が 1 歳齢になった頃に農家の雌牛に検定交配し，生まれた娘牛の泌乳形質を測定して，それによって得られた推定育種価をもとに候補若雄牛を選抜する．後代検定は，乳牛の検定法として先進国では世界的に普及しているが，候補若雄牛の娘牛の検定が終了までに 5〜6 年を要し，必然的に世代間隔が長くなるという短所があった．また，肉牛に関しても後代が屠殺されるまでに長期間を要することになる．そのような問題点はあるものの，今日に至るまで後代検定が用いられてきたのは，選抜の正確度が非常に高かったことによる．

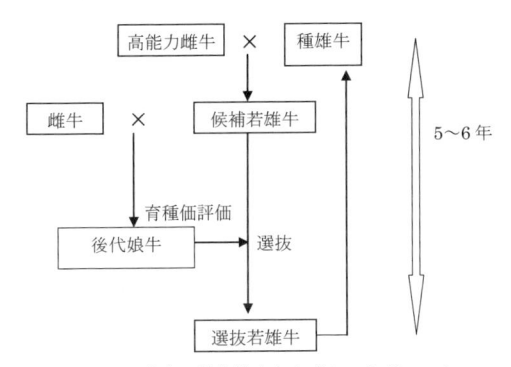

図13.1 乳牛の後代検定とタイムスケジュール

13.1.3 マーカーアシスト選抜

遺伝子マーカー情報が得られるようになる以前の家畜育種は，家畜の遺伝的能力はポリジーンと呼ばれる効果の小さい無数の遺伝子によって決定されていると仮定し，個体の表現型値（測定値）と血統情報を用いて，統計理論に基づいて相加的遺伝子の総和である育種価を推定し，それによって対象個体を選抜

するという方法がとられていた(本書11.2節参照)．その方法が成功したのは，われわれが改良の対象としている形質のほとんどが連続的な変異をもつ量的形質であったからである．

その一方で，家畜の選抜に直接的に遺伝子マーカー情報を用いようとする発想と試みは1960年代からあり，その時代には遺伝子マーカーは得られなかったが，血液型と泌乳形質の関係を調べ，血液型で乳量の選抜を試みた研究が報告されている（Neiman-Sorensen & Robertson, 1961）．その後，1980年代になって分子遺伝学が急速に進み，1990年代には制限酵素断片長多型（RFLP）やマイクロサテライトマーカーなどのDNAマーカーが利用できるようになった．それゆえ，経済形質に関与する量的形質遺伝子座（QTL）と密接に連鎖したDNAマーカーを特定できれば，そのDNAマーカーを選抜対象とすれば，新しい育種が可能になると考えられた．そのような考えに基づく選抜法が，マーカーアシスト選抜である（Lande & Thompson, 1990；Dekkers, 2004）．当時，この方法には大きな期待が寄せられたが，これらのDNAマーカーは，ゲノム全体でせいぜい数百の数でしか存在せず，そのような少数のDNAマーカーでとらえられるQTLの数はわずかで，家畜育種の現場で実用化された例はほとんどなかった．

13.1.4 ゲノミック選抜とその原理

21世紀に入ってまもなくして，オランダ人のMeuwissenら（2001）が，ゲノム全体に分布する何万ものDNAマーカーを用いて，表現型値を用いることなく個体の遺伝的能力を予測する方法を提唱した．この方法は，発表当時は，突拍子もない机上の空論というイメージをもたれていたが，その後すぐに，ゲノム全体で数万個のSNPマーカーがウシをはじめとする家畜において安価に利用できるようになり，Meuwissenらのアイディアは，机上の空論から現実の有効な手法として家畜育種学の主役になることとなった．特に，乳牛の育種においては，ゲノミック選抜の理論と実用化の方法が研究の中心となっており，実際にフランスのように後代検定からこのゲノミック選抜を用いる検定システムへの移行を開始した国もでてきている．

ゲノミック選抜とは，すべてのQTLが少なくとも1つ以上のDNAマーカー（通常，SNPマーカー）と連鎖不平衡の状態にあると仮定して成り立つ方法で

ある.たとえば,あるSNPマーカーの遺伝子型がAAの個体がその近傍にあるQTLがQQをもつ傾向が強く,他方SNPマーカーがaaの個体がqqの遺伝子型のQTLをもつ傾向が強いとき,そのSNPマーカーとQTLの間には強い関連性のあることが示唆される.そのような状態のことを連鎖不平衡と呼ぶ.このような仮定が成り立つためには,ゲノム全体で数万個以上のSNPマーカーの情報が利用でき,少なくとも1cM内に1個以上のマーカーのあることが必要である.じつは,前に述べたマーカーアシスト選抜法は,原理的にはゲノミック選抜と同じであるが,SNPマーカー以外のDNAマーカーでは数が限られていたため,連鎖不平衡の仮定が成立せず,そのために,十分な選抜の正確度が期待できず,実用化にいたることはなかったのである.

ゲノミック選抜は,ゲノム全体に分布する高密度SNPマーカーを使用することを前提とした選抜方法である.従前の選抜法では,表現型値と血統情報のみに基づいて育種価を求め,選抜を行うのに対して,ゲノミック選抜では,SNPマーカー情報を用いて選抜個体のゲノミック育種価を求め,それをもとに選抜する方法である.ゲノミック育種価の推定法としては,大きく2つの方法が提唱されている.その第一は,対象とする形質に対する個々のSNPマーカーの効果を推定し,それをすべて足し合わせてゲノミック育種価を求める方法である.このことを架空の簡単な例で示したものが表13.1である.この例では,6頭のウシが4つのSNPマーカーをもつと想定されている.ここでは4つのSNPマーカーの効果はそれぞれ+8,+4,+2,-6と仮定しているが,ゲノミック育種価を計算するとウシ2が最も大きく,ウシ6が最も小さいことになる.ゲノミック選抜では,このゲノミック育種価をもとに個体が選抜されるわけであ

表13.1 各効果が+8,+4,+2,-6の4種のSNPを用いた場合のゲノミック育種価の計算例（Eggen, 2012）

ウシNo	SNP 1		SNP 2		SNP 3		SNP 4		ゲノミック育種価
	遺伝子型	値	遺伝子型	値	遺伝子型	値	遺伝子型	値	
1	AA	8	BB	-4	AA	2	AA	-6	0
2	AA	8	AA	4	BB	-2	AB	0	10
3	AB	0	AB	0	AB	0	BB	6	6
4	AB	0	AB	0	AB	0	AA	-6	-6
5	BB	-8	AA	4	AA	2	AA	-6	-8
6	BB	-8	BB	-4	BB	-2	AB	0	-14

る．

　この方法は，非常にわかりやすいが，個々のSNPの効果を統計的に求めるためには，表現型とSNPマーカー情報を両方もつ個体が数多く存在し，しかも個体数がSNPマーカーの数よりも多くなければならない．しかし，現実の分析例ではSNPマーカーの数は数万以上あるので，個体数がSNPマーカーより少ないケースが一般的である．実際には，この問題に対処するために，ベイズ法とマルコフチェーンモンテカルロ法が用いられる．

　もう1つの方法は，ゲノミックBLUP法と呼ばれる方法で，従来のBLUP法と比べて，相加的血縁行列のかわりにゲノム関係行列を用いる点で異なっている（VanRaden, 2008；Aguilar et al., 2010）．このゲノム関係行列の求め方としては，いろいろな方法が提唱されているが，2個体間のSNPマーカーの似通いから，IBS（identity by state）を計算し，全SNPマーカーについてすべての個体について積算する方法がよく採用されている．この方法は，これまでの育種学の理論の延長線上にあるので，育種学の専門家には理解しやすいが，個々のSNPマーカーの効果が小さく，しかもその効果が正規分布に従うという仮定のうえでのみ，適用可能である．もしこの条件が満たされているならば，前のベイズ法を用いる方法とこのゲノミックBLUP法は，同値の結果を得られることが理論的に証明されている（VanRaden, 2008）．

◆ 13.1.5　乳牛におけるゲノミック選抜

　現段階でゲノミック選抜が応用されているのは，乳牛においてのみである．乳牛におけるゲノミック選抜に基づく検定法はいくつか考えられるが，現段階で最も期待されているのが，後代検定と組み合わせた検定法である．まず，後代検定と同様に，遺伝的能力の高いと予測された種雄牛と雌牛を交配し，出生した候補若雄牛のSNPマーカー情報を収集し，その情報をもとにゲノミック育種価を推定し，候補若雄牛を選抜する（図13.2）．選抜された若雄牛は，1歳齢になれば，種雄牛として供用することができる．この方法で選抜を行えば，世代間隔は，妊娠期間の9ヶ月と1年を加えて1.75年（21ヶ月）となり，後代検定と比べて大幅な世代間隔の短縮が可能となる．しかし，この方法を実施するには，コマーシャル集団（実際に生産を行っている集団）において表現型値とSNP情報の両方をもつ個体を数多く集め（トレーニング集団と呼ばれる），

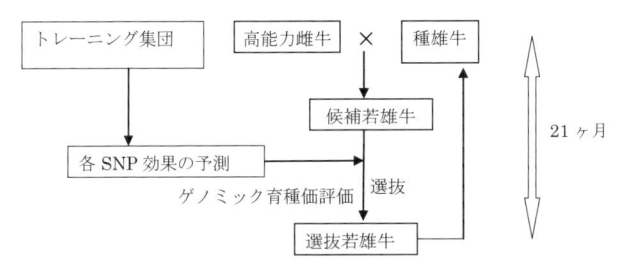

13.1 ゲノム情報を利用した育種

図 13.2 乳牛のゲノミック選抜とタイムスケジュール

表 13.2 後代検定とゲノミック選抜における 4 経路の選抜計画の結果 (Schaeffer, 2006)

経路	選抜率(%)	後代検定				ゲノミック選抜			
		i	r	世代間隔	$i \times r$	i	r	世代間隔	$i \times r$
父→息牛	5	2.06	0.99	6.5	2.04	2.06	0.75	1.75	1.54
父→娘牛	20	1.40	0.75	6.0	1.05	1.40	0.75	1.75	1.05
母→息牛	2	2.42	0.60	5.0	1.45	2.42	0.75	2.00	1.82
母→娘牛	85	0.27	0.50	4.25	0.14	0.27	0.50	4.25	0.14
合 計				21.75	4.68			9.75	4.55

i は選抜強度,r は選抜の正確度.

その集団に関して,個々の SNP 効果を予測しておく必要がある.

現実的な育種の場を想定して後代検定とゲノミック選抜を利用した検定法の比較を行ったものが表 13.2 である.この試算においては,4 つの選抜経路(父から息子,父から娘,母から息子,母から娘),各経路の選抜圧(選抜割合)が等しく,後代検定の若雄牛 1 頭あたりの娘牛の数は 100 頭,ゲノミック選抜の正確度は 0.75 と仮定されている.

後代検定においては,遺伝的改良量は各経路の選抜圧の選抜の正確度の積を足し合わせ,世代間隔の和で除することで,年あたりの遺伝的改良量が以下のごとく計算される.

$$\frac{\Delta G}{y} = \frac{2.04+1.05+1.45+0.14}{6.5+6.0+5.0+4.25}\sigma_A = 0.215\sigma_A \tag{2}$$

他方,ゲノミック選抜では,

$$\frac{\Delta G}{y} = \frac{1.54+1.05+1.82+0.14}{1.75+1.75+2+4.25}\sigma_A = 0.467\sigma_A \tag{3}$$

となり,ゲノミック選抜における年あたりの遺伝的改良量は,後代検定の約 2.17 倍となる.

実際のカナダの乳牛育種を想定して必要な費用を比較した研究（Schaeffer, 2006）では，後代検定で1頭の若雄牛を検定し選抜するためには，その若雄牛の飼養管理，精液の保存，検定料としての検定交配用の娘牛を使用している農家への補助金などで約5.5万ドルを要し，全国500頭の若雄牛の検定には総計2500万ドルが必要となる．それに対して，ゲノミック選抜では，初期投資としてSNPマーカーの効果を調べるための表現型値とSNPマーカーの両方をもつ集団（トレーニング集団）2500頭のSNPマーカー検査料を1頭あたり500ドル，さらに2000頭の交配母牛と500頭の若雄牛の検査料，さらには供用までの1年間の選抜された若雄牛の維持費用を加えても，総額195万ドルで，後代検定のわずか7.8％と試算される．この試算が行われた時期と比べて，現在ではSNPマーカー検査料は約1/3になっており，さらに検査料は安価になることが予想されるため，今後はさらにゲノミック選抜の有用性は高まると期待できる． 〔広岡博之〕

参 考 文 献

Aguilar, I. *et al.* (2010)：*J. Dairy Sci.*, **93**：743-752.
Dekkers, J. (2004)：*J. Anim. Sci.* (E suppl), E313-E328.
Eggen, A. (2012)：*Animal Frontiers*, **2**：10-21.
Falconer, D.S. (1989)：*Introduction to Quantitative Genetics (3rd eds)*, Longman.
Lande, R., Thompson, R. (1990)：*Genetics*, **124**：743-756.
Meuwissen, T.H.E., Hayes, B.J., Goddard, M.E. (2001)：*Genetics*, **157**：1819-1829.
Neiman-Sorensen, A., Robertson, A. (1961)：*Acta Agric. Acand.*, **11**：163-196.
佐々木義之 (1994)：動物の遺伝と育種，朝倉書店．
Schaeffer, L.R. (2006)：*J. Anim. Breed. Genet.*, **123**：218-223.
VanRaden, P.M. (2008)：*J. Dairy Sci.*, **91**：4414-4423.

13.2 アニマルウェルフェアと行動学

13.2.1 アニマルウェルフェアと愛護の違い

　日本人は，仏教伝来以来1400年の不殺生の歴史を背景に，動物愛護を義務あるいは共通善としてもち続けてきている．したがって，アニマルウェルフェア（以下AW）を西洋流の愛護とイメージしやすい．しかし，愛護もAWも，同じ動物に対する配慮倫理ではあるが，まったく異なることをまず理解する必要がある．

　表13.3に，愛護とAWの特徴的な違いを示した．「動物の愛護及び管理に関する法律」は第一条で，「動物を愛し護ろうとする気風やそれに伴う情操涵養が目的である」と謳っている．第二条では，「命あるものであることにかんがみ」とされ，「命」の重視を謳っている．すなわち，愛護では人の動物への「愛」という気風が重視され，動物への配慮は「命」に集中し，配慮することにより動物の生活がどう変わったのかの評価は問われない．

　一方，AWとは，語源的には動物（アニマル）が，望みに沿って（ウェル），生活する（フェア）ことである．したがってAWでは，われわれの配慮が，動物の望みに沿った生活に貢献できたかの評価を必要としている．そして「望み」の本体とは，動物の主観（苦痛や喜びといった情動），適応（生理的ストレス状態のレベル），そして正常行動（各動物の行動的特徴の発現）とされている．より具体的には，①空腹・渇きからの自由（健康と活力を維持させるため，新鮮

表13.3　動物愛護とアニマルウェルフェア（AW）の違い

	愛　護	AW
配慮の対象	命	感受性
目　的	気風の招来，情操涵養	動物の良い状態
主　体	人　間	動　物
倫理の根拠	義務論，共通善	功利主義
配慮の方法	センチメンタリズム 観念的	科学的 5つの自由* 3つのR**

*：①飢え・渇き，②不快，③苦痛・損傷・病気，④正常行動，⑤恐怖・苦悩，からの自由
**：動物実験の原則．①使用頭羽数の削減，②手技の苦痛性の排除，③苦痛性の低いものの利用．

な水および餌の提供），②不快からの自由（庇陰場所や快適な休息場所などの提供も含む適切な飼育環境の提供），③痛み，損傷，病気からの自由（予防および的確な診断と迅速な処置），④正常行動発現への自由（十分な空間，適切な刺激，そして仲間との同居），⑤恐怖・苦悩からの自由（心理的苦悩を避ける状況および取扱いの確保）が重要とされ，それらは「5つの自由」として国際的な共通認識となっている．AWの進展には，育種学，栄養学，獣医学を背景に，動物心理学を含めた動物行動学の駆使が不可欠である．

13.2.2 動物行動の枠組み

行動とは，環境と適応するための手段の1つで，単なる生理的変化の表象ではなく，環境に対して働きかける適応的意味をもつ一連の動作をいう．環境に対する働きかけは，行動を向ける環境を探索する欲求行動，環境に働きかける完了行動，そして行動の停止を表現する後行動からなる．欲求行動，完了行動，そして後行動も，それぞれ一連の動作からなるが，パターン認識として類別できる．表13.4のように，完了行動を中心に，行動のレパートリーが『動物行動図説』（佐藤ほか，2011）としてまとめられている．

表13.4 ウシの行動型の類型と行動単位（佐藤ほか，2011）

	行動型	行動単位
個体維持行動	摂取行動	摂食，飲水，舐塩，食土
	休息行動	休息，睡眠，反芻
	排泄行動	排糞，排尿
	護身行動	パンティング，向き換え，庇陰，群がり，水浴，日光浴
	身繕い行動	身震い，舐める，噛む，掻く，擦り付け，伸び
	探査行動	聴く・視る，嗅ぐ，触れる，舐める，噛む
	個体遊戯行動（運動）	跳ね回る，ものを動かす
社会行動	社会空間行動	個体距離保持，社会距離保持，先導，追従，発声
	社会的探査行動	聴く・視る，嗅ぐ，触れる，舐める，噛む
	敵対行動	にらみ，前掻き，土掘り，頭振り，頭突き押し，闘争，追撃，逃避，回避，蹴り
	親和行動	接触，擦り付け，舐める
	社会的遊戯行動	模擬闘争，模擬乗駕，追いかけあい
生殖行動	性行動	動き回り，陰部嗅ぎ，尿嗅ぎ・舐め，フレーメン，陰部舐め・揉み，ガーディング，軽く突く，並列並び，リビドー，顎乗せ，不動姿勢，乗駕，交尾，背丸め
	母子行動	分娩場選択，娩出，舐める，発声，胎盤摂取，授乳・吸乳，軽く突く，母性的攻撃，不動姿勢，子畜群がり

行動は，機能的には，維持と生殖に分類され，構造的には，行為者単独で完了する個体行動と仲間とのかかわりを伴う社会行動に分類される．したがって，その組合せから，行動は，個体維持行動，社会行動，および生殖行動に大分類される．各大分類行動は，具体的な適応目的に沿って，表13.4 の通り中分類される．そして，それぞれの中分類に沿って，行動単位が分類される．

行動とは，内部・外部環境と適応し，生理的恒常性を保つための手段であるが，後行動の発現には，生理的恒常性の確保とともに，欲求行動ならびに完了行動の様式上ならびに時間配分上の適正な発現が必要である．

13.2.3 ウシにおける AW 問題
a. 「飢えと渇きからの自由」にかかわる課題

ウシの養分要求量は，各国で飼養標準として整備されている．したがって，AW視点からは，それらの要求量が適正に充足できたかが問題となる．それらは①飼料の濃厚化ならびに生産力と栄養摂取のアンバランス，②嗜好畜産物生産における栄養不足，③単純で濃厚な餌による摂食行動実行の不充足，④餌の競合，の各問題である．

乳牛，肉牛ともに，代謝病といわれるダウナー症候群，第四胃変位，急性鼓脹症，乳熱，脂肪肝，ケトーシス，ルーメンアシドーシス，脂肪壊死症，尿石症，肝膿瘍，蹄葉炎は，死廃事故の11％にも達している．乳牛では，さらに，乳量と乳房炎，肢蹄病，および乳熱は正に有意に遺伝相関することが報告され，生産力増強に伴う疾病リスクの増大が起こっている．また，種雄牛では飽食させると繁殖性を阻害するまでに増体することから，制限給餌が必要であり，それによる慢性的な飢餓状態もAW問題となっている．

欧州大陸での白い子牛肉（ホワイトヴィール）やわが国での霜降り牛肉嗜好は，多くのAW問題を発生させている．ヴィール子牛では鉄分を，肥育牛ではビタミンAを，それぞれ最低限にして飼育する．その結果，ときには欠乏症が発生し，AW問題となる．

集約畜産で指向されてきた餌のコンプリート飼料化や濃厚化は，探査および咀嚼の方法と時間を単純かつ短縮させた．その葛藤が，ウシでは舌遊び行動（図13.3）として発現する．長尺物の粗飼料給与は，摂食時の葛藤を改善する．摂食行動の後行動発現は，興奮相から安寧相への移行をもたらし，親和的社会行

図 13.3　ウシの典型的な異常行動である舌遊び行動

動，休息，反芻等への行動に連鎖し，親和関係の形成，安寧，体力の回復，そして脳の修復という効果をもたらす．

ウシでは，社会的順位関係は必ず作られるので，劣位個体の「飢えと渇きからの自由」の保証には，顕在化させない方策が必要である．それらは，①攻撃手段である角の除去，②親和関係の形成，③柵等による物理的保護，ならびに④スペースの拡充による敵対行動の希釈，の 4 方策がある（佐藤，1988）．

b.「不快からの自由」にかかわる課題

熱，大気，光，および音環境に関しては，環境生理学により許容範囲（中性域）が明らかになっている．その充足がまず重要である．さらに重要な物理環境として畜舎・施設環境があり，特にその不快性が AW 上問題となる．

畜舎・施設環境の不備は，けがの原因となるばかりでなく，ウシにけがへの恐怖を与え，ストレスとなる．この種の問題は，アロメトリー式（$y = ax^b$；a と b はパラメータ）からの検討が推奨されている．あらゆる家畜に共通して使える式として，体幅は 0.064 $W^{0.33}$，体長は 0.300 $W^{0.33}$，体高は 0.156 $W^{0.33}$（W は体重 kg，長さの単位は m）が提案され，それぞれの姿勢における占有面積（m^2）として，立位と伏臥位では 0.019 $W^{0.66}$，横臥位では 0.047 $W^{0.66}$，伏臥だが少し斜めに姿勢を変えた姿勢では 0.025 $W^{0.66}$ が導き出されている（Petherick & Phillips, 2008）．ストールのサイズは，このような視点からデザインされるべきで，動きに困難が生じるストールサイズは，乳房炎や乳頭損傷の原因となる．

床構造は，蹄の磨耗，感染，そして滑落の AW 問題を生じる可能性がある．コンクリート床は，蹄を過度に，あるいは不均衡に磨耗することから，AW 問題となる．近年問題になっているウシの蹄皮膚炎も，土，放牧地，あるいは溝

切りのないコンクリート床よりも溝切りコンクリート床で多く発生し，それは蹄の摩擦度が影響するといわれている．過度の磨耗は，真皮の損傷につながり，感染の危険が増大する．蹄が糞尿等に浸かり，膨潤化すれば，蹄の硬さは急激に弱まり，感染の危険はさらに高まる．蹄球糜爛，蹄皮膚炎，蹄底潰瘍の発生と繋留ストール後部の糞尿除去との関係も報告されている．

　コンクリート床では滑落の危険が生じる．繋留されている乳牛の摂食中のスリップを調査した結果によると，すべり抵抗係数が 0.4 より小さくなると，急激にその回数は増える．すべり抵抗係数 0.4 とは，濡れている硬質ゴムマット程度である．しかし，コンクリートでも糞尿で覆われている場合は，50 cm をこえるスリップが普通にみられる．すべり抵抗性は，土が最も高く，土は弾力もあるため蹄からの左右分圧にも対応でき，歩行にとって最適な床材である．溝切りコンクリートでは滑りやすさは土より 70 % 増加し，そこに糞尿がたまればさらに 50 % 増加する．そこでは，歩行速度は有意に遅くなる．歩行姿勢，歩行速度，歩幅は，通路状態を判断する重要な視点である．

　立位から伏臥位への移行では，ウシは種特異的な動きを示す．まず頭部を低くし，左右に振りながら地面の匂いを嗅ぎ，脚の踏み換えを行う（伏臥行動の意向行動あるいは前行動という）．この時，地面を掘るような動作である「前掻き」を行う場合もある．意向行動（前行動）は，伏臥したいと望む動機のもとでの，完了行動を開始すべきか否か，すなわち伏臥に適正な場所であるか否か，の確認行動であり，牛側からの床評価を表す行動として重要である．

c.　「痛み，損傷，病気からの自由」にかかわる課題

　獣医学の範疇であるが，AW では特に予防を重視する．平成 12（2000）年から 21 年（2009）度の平均死廃率は，乳用牛等で 7.2 %，肉用牛等で 2.8 %であった．特に，肥育牛の死亡率の高さは問題で，7 % 程度ともいわれている．欧米でも離乳前死亡率は 6.3 % と高いが，米国フィードロットでの子牛と成牛を含めた死亡率は 1.3 % と報告されており，わが国の肉用牛の死亡率は高い．死亡の兆候として，摂食量の減少や活動性の低下等は顕著であることから，1 頭 1 頭の毎日のきめ細かな観察が AW 保証の第一歩となる．

　また，疾病は摂食量および乳生産量へ強く影響する．影響期間は，52～145 日，乾物摂食量への影響は，2～72 kg，乳生産量への影響は，6～160 kg の報告もある．乳房炎は発生率も高く，影響期間も長く，乳量や摂食量への影響も

大きいことから，特に問題である．疾病からの解放は，AW 改善と同時に生産力の最大限の発揮という点できわめて重要である．

d. 「正常行動発現への自由」にかかわる課題

家畜にも内的に湧き上がる行動要求があり，それらが適正な刺激のもとに発現できない場合，ストレス状態となる．AW 視点からは，舎飼・放牧を問わず，飼育環境の中に適切な刺激を配し，行動要求を実行させることが要請される．

行動が抑制されると，葛藤か欲求不満状態となる．一般的には，低レベルの葛藤・欲求不満状態においては休息や反芻などの行動が，中レベルの葛藤状態では内向的な身繕い行動や歯ぎしりが，高レベルの葛藤状態では外向的な発声，噛み付き，頭突き，などが出現する（佐藤，1997）．

それらは，転位行動，転嫁行動，真空行動と総称される．転位行動とは，やりたい行動とは関係なく，気を紛らすべく取る別の行動をいう．葛藤に伴う交感神経系の活性化は，皮膚のむずがゆさを引き起こすため，掻く，噛む，舐める，身震いなど身繕い行動となるのが一般的である．転嫁行動とは，やりたい行動を向ける対象を換えて発現させることをいう．人工哺乳子牛の場合の，乳頭吸引の転嫁としての「他牛の臍帯吸い行動」が典型的である．真空行動とは，やりたい行動を，向ける対象なしに実行することをいう．葛藤行動の出現により生理的・行動的沈静化がもたらされるという適応的意義が示唆されている．ブタや子牛でも知られ，葛藤・欲求不満時に鎖を噛ませたり，哺乳行動不足時に柵を噛ませると，ストレスの生理的指標が低下する．

長期間，葛藤・欲求不満状態にすると，動物は行動することがその状況の改善に何の意味ももたないことを学習（学習性無気力症 learned helplessness）したり，あるいは不動化することが適応的であると学習（learned inacting）する．ケージとか繋留ストール等の単調な環境やスノコ床などのような元来もつ行動様式に合致しにくい施設・設備での長期飼育では，飼育環境の不自然さゆえの葛藤・欲求不満状態が持続し，それに伴って特殊化した異常行動が出現する．無意味な動作を繰り返す異常行動を常同行動といい，ウシでは舌遊び行動が典型的である．常同行動を発達させる飼育環境はストレッサーとなっているが，常同行動によって動物がストレスを解消している可能性も指摘されている．

正常行動発現の優先順位として，「生死にかかわる項目」，「肉体的健康にかかわる項目」そして「快適さにかかわる項目」が提案されている．その発想から

すれば，最優先は摂食行動である．また，内的動機づけの強い行動こそ優先させるべき，という意見も強い．その場合も，維持行動では摂食行動（幼畜では吸乳行動），生殖行動では性行動ということになる．摂食行動に関しては，実際に食べるという完了行動の持続時間のみならず，探索という欲求行動も含めて促進させる必要がある．その他の行動に関しては，発現を誘発できる刺激の提示が必要である．

e.「恐怖と苦悩からの自由」にかかわる課題

家畜は，管理者や仲間を顔や姿でもって識別できるし，識別する脳細胞ももっている．しかも，いくつかの脳細胞は，顔見知りの管理者と顔見知りの家畜の顔写真の双方に反応するものであり，それは気を許せる顔，気を許せない顔というような識別をしている可能性が指摘されている．管理者は，「恐怖」を引き起こす存在ではなく，気を許せる存在になることがきわめて重要である．

ウシがヒトに慣れやすい感受期として，生後2～3日，離乳期，そして分娩直後1時間以内が特定されている．そして，その時期のやさしい扱い（やさしく声をかける，軽く叩く，撫でる，掻く，背・肢・腹に手を置く，など）が，その後のウシの恐怖反応性に影響する．

Hemsworthら（2000）は，乳量と管理者の行動や乳牛の行動との関係の実態調査をし，乳牛がじっと座っている人間に近づく割合が少ない酪農場では，威圧的で粗暴な管理が多く，牛乳中のコルチゾル含量は高く，個体あたりの乳量は低くなったと報告している．農家ごとの乳量に対する乳牛のヒトへの近寄りやすさの寄与率は，13～19％との報告もある． 〔佐藤衆介〕

参 考 文 献

Hemsworth, P.H. *et al*, (2000)：*J. Anim. Sci.*, **78**：2821-2831.
Petherick, J.C., Phillips, C.J.C. (2009)：*Appl. Anim. Behav. Sci.*, **117**：1-12.
佐藤衆介ほか編（2011）：動物行動図説，朝倉書店．
佐藤衆介（1988）：乳牛のストレスと産乳，デーリー・ジャパン．
佐藤衆介（1997）：失宜行動と家畜の福祉．家畜行動学（三村　耕編著），p.98-121，養賢堂．

13.3 牛肉のおいしさ

牛肉の「おいしさ」は，舌で感じられる味，舌と口腔内壁と歯茎で感じられる食感，鼻で感じられる香りという，食品としての3つの属性の総合評価に，食す人の好みや心身の状態の影響が加味されたものである．そのため，おいしさは各人によって受け止め方が異なる．しかし，少なくとも過半の人が「おいしい」とする牛肉は存在する．

そのおいしさを説明するために，味・食感・香りの構成成分あるいは関連構造・物性が調べられている．

13.3.1 味

牛肉の味で最も重要なのは，5つの基本味（甘味，酸味，塩味，苦味，うま味）のうち，うま味である．これが中心となり，その他の基本味やコクが合わさって，食肉共通の「肉様の味」になると考えられる．

うま味をもたらす成分はグルタミン酸を中心にした遊離アミノ酸類と核酸関連物質のイノシン酸である．グルタミン酸とイノシン酸はそれぞれ単独でうま味を有し，かつ，両者の混合の相乗作用でうま味を何倍にも強く発現する．したがって，牛肉中の0.5〜5 μmol/g 肉という低濃度でも，両者で充分うま味を呈していると考えられる．他のアミノ酸はこれらのうま味をさらに強める働きをしている．

遊離アミノ酸はと畜後の熟成で増加していく（Watanabe *et al*., 2004）．イノシン酸はと畜後2〜3日間は増加し，その後にゆっくりと減少していく．したがって，この両者で牛肉の熟成による味の向上に貢献する．他方，品種や飼養期間の違うものではそれらの量の差は大きくないことから，味の違いはあまりないと考えられる．

ペプチドは肉様のうま味の増強にかかわるとされている．また，牛肉を長時間加熱したときに生じる *N*-(4-メチル-5-オキソ-1-イミダゾリン-2-イル)サルコシンという物質などがコクをもたらすと考えられている．

13.3.2 食　感

牛肉のおいしさに重要な食感は軟らかさ，多汁性と口ざわりのなめらかさである．

軟らかさは，筋肉を構成する筋原線維のアクチン，ミオシン，Z線などの構造体による硬さと，筋原線維を中に抱えた筋線維（筋細胞）を束ねて支える結合組織のコラーゲンの膜（筋上膜，筋周膜，筋内膜）による硬さによって決まる（図13.4，図13.5）．と畜後，太い線維（おもにミオシン）と細い線維（おもにアクチン）が結合してすべり合い，それにより筋原線維が収縮する．このままの状態になる死後硬直により，前者の硬さはと畜後48時間まで増大する．

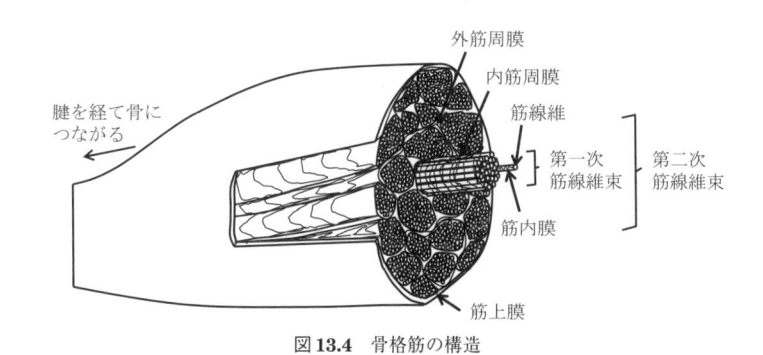

図13.4 骨格筋の構造

図13.5 骨格筋筋原線維の構造

その後，熟成中の解硬によって軟らかくなる．その原因は，プロテアーゼによる筋原線維タンパク質分解とする説と，カルシウムの直接的作用とする説の2つがある（沖谷，1996）．後者の説によると結合組織は30日間程度の熟成によっても弱化するため，長期熟成される牛肉では，それによる軟らかさも加わる．結合組織による硬さは，飼育月齢が高くなったウシの肉ほど大きい．コラーゲン分子間の架橋が増えて組織が丈夫になるためである．したがって，若齢牛の肉ほど軟らかいことになる．

他方，黒毛和種牛の肉（以下，和牛肉とする）では結合組織の筋周膜内と筋内膜間に交雑脂肪が蓄積する．脂肪そのものはコラーゲンからなる組織より軟らかい．また，脂肪蓄積により膜構造が弱化するために軟らかいと考えられる（Nishimura et al., 1999）．

牛肉の多汁性（ジューシーさ）は加熱した牛肉を口中で噛むにつれて，肉汁（うま味物質を含んだ水分）が徐々にしみ出し，広がる感覚を示したものである．これは牛肉の保水性（おもに筋肉タンパク質が水分を保持する能力）に関係している．交雑脂肪の多い牛肉では，加熱肉を噛んだときに流れ出る溶融脂肪も寄与するかもしれないが，詳細は不明である．

口ざわりのなめらかさは，保水性を決める筋肉タンパク質の変性程度によって決まる．加熱前には未変性で，加熱時に一定の水を抱えて変性することでなめらかさを与えるのであろう．また，交雑脂肪も口ざわりのなめらかさに寄与すると考えられる（沖谷，1996）．

13.3.3 香　　り

食品の香りには，食品を鼻先で嗅いでわかる鼻先香と，食品を口に入れてから喉を伝って鼻へ抜けてくる口中香がある．口中香は食品を口に入れてから舌で感じる味とほぼ同時に感じられるため，味と混同されていることが多い．「牛肉の味」，「トマトの味」などというが，鼻孔を閉じるとこれらの特徴的な「味」は消えて，うま味や酸味などの基本味しか感じられなくなる．つまり，特徴的な「味」と思っていたものは，じつは口中香であり，鼻孔を閉じたことで口から喉を通って鼻腔への気流が行かないために，口中香が感じられなくなっていたのである（図13.6）．

鼻先香は焼肉の香りのように，肉を食す前に食欲をそそるものだが，実際に

13.3 牛肉のおいしさ

(a)

牛肉

脳

嗅細胞
牛肉の口中香の信号
嗅神経
うま味の信号

鼻先香
(鼻先で感ずる香り)
口中香
口蓋
口腔
味神経
舌
味細胞
咽頭
口頭蓋

鼻孔を開けたとき

(b)

?

脳

嗅細胞
嗅神経
うま味の信号

鼻先香
口蓋
口腔
味神経
舌
味細胞

口中香は鼻腔内にとどまる空気の圧力で嗅細胞に達しない

鼻孔を閉じたとき

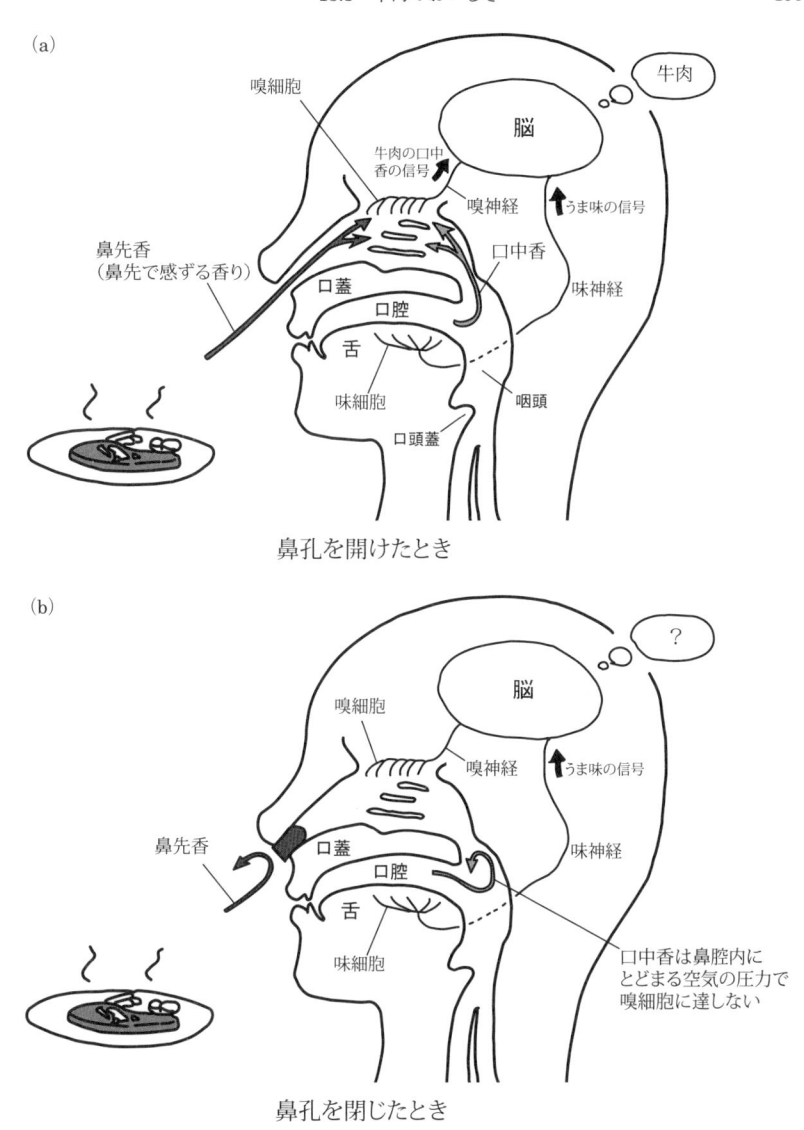

図 **13.6** 鼻孔を開けたとき（上）と閉じたとき（下）の鼻先香，口中香，味

牛肉を食べ始めてからのおいしさには口中香の方が重要である．

　牛肉の香り（鼻先香と口中香の両方を含む）は，輸入牛肉のような赤身がおもな牛肉と，和牛肉のような赤身の中に交雑脂肪が多い牛肉とではその様相が異なる．

赤身の肉は，牛肉としての基本的な香りを呈する．これには，「肉様の香り」をもつ 2-メチル-3-フランチオールなどの硫黄を含んだ複素環式化合物が重要である（沖谷・松石，2000）．また，12-メチルトリデカナールも牛肉に特異的に多く，脂っぽい，牛肉様の香りをもつとされている．この化合物の含量はウシの月齢が上がるにつれて増えるため，月齢が高いウシの肉の「牛臭さ」に関係があるかもしれない．一方，硫黄を含む複素環式化合物が，月齢，品種，飼養条件でどう変化するかは明らかではない．

他方，和牛肉は「甘い味がする」といわれてきたが，輸入牛肉との比較により，その甘さは味ではなく口中香であることが判明した．それは甘い，脂っぽい，コクのある香りであり，「和牛香（わぎゅうこう）」という名称をもつ．これは，脂肪交雑した和牛肉を薄切りして 0〜4℃の空気下に数日間置き，80℃で加熱することでよく生成する．この香りを構成する成分では，ラクトン類が甘さに，アルデヒド類やケトン類が脂っぽさに寄与すると推定されている（松石ほか，2004）．

13.3.4 牛肉のおいしさと脂肪酸組成

ここ数年，牛肉のおいしさ評価技術として期待されてきたのが，脂肪のオレイン酸割合を近赤外分析装置で簡易に測定するという技術である（本書 8.4.2 項参照）．

この技術でおいしさを評価できると期待された理由の 1 つは，アメリカの報告で，ローストした牛肉のフレーバー（風味；味と口中香を一緒に評価したもの）がオレイン酸などの一価不飽和脂肪酸（MUFA）割合と有意に相関する（$r=0.6〜0.7$）とされたことである．

このような背景のもと，和牛肉についても，オレイン酸割合がおいしさ，特に香りと関係があるのかを調べる官能評価が行われた．

まず，ロインを煮たものが調べられた結果，和牛香の強さがオレイン酸割合よりも BMS ナンバーに有意に相関した（$r=0.52$）（神田ほか，2009）．他方，ロインを焼いたものが調べられた結果，甘い香りがオレイン酸割合と MUFA 割合に低い相関（$r=0.20〜0.21$）しか示さない一方で，粗脂肪含量には高い相関（$r=0.65$）を示した（佐久間ほか，2012）．さらに，それらの中で MUFA 割合の高い（平均 59.9％）群と低い（平均 51.2％）群の間では，甘い香りの評価点が前者に有意に高いことが示された．

したがって，オレイン酸割合あるいはMUFA割合は，香りを中心とした和牛肉のおいしさに小さな影響を与えるが，それら単独でおいしさを評価しようとするのは難しいと考えられる．BMSナンバーや粗脂肪含量との組合せ，つまり，従来の格付けによる脂肪交雑度等と組み合わせての評価であれば，一定の有用性をもつであろう．　　　　　　　　　　　　　　　　〔松石昌典〕

参 考 文 献

神田　章ほか（2009）：近赤外分光分析装置による牛肉筋間脂肪中のオレイン酸含有率の測定と牛肉の脂肪交雑とオレイン酸含有率が食味に及ぼす影響について．http://www.pref.nagano.jp/nousei/tikusan/kairyou/olein/olein.pdf.
佐久間弘典ほか（2012）：日本畜産学会報，**83**：291-299.
松石昌典ほか（2004）：日本畜産学会報，**75**：409-415.
Nishimura, T. *et al.* (1999)：*Journal of Animal Science*, **77**：93-104.
沖谷明紘（1996）：肉の科学（沖谷明紘編），p.59-87, 朝倉書店.
沖谷明紘・松石昌典（2000）：最新香料の事典（荒井綜一ほか編），p.301-313, 朝倉書店.
Watanabe, A. *et al.* (2004)：*Animal Science Journal*, **75**：361-367.

13.4　エコフィードの利用

13.4.1　エコフィードとは

　わが国の畜産は，濃厚飼料のほとんどを輸入飼料に依存するほか，粗飼料についても少なくない量を輸入に頼っている（図13.7）．この構造は飼料価格がおしなべて安い場合，あるいは代替飼料が容易に手に入る状況では，畜産経営において利潤を生みやすいが，飼料価格が高い場合は経営を極度に圧迫する不安定因子となる．特に近年は，根底にある世界的な畜産物の需要増に加えて，石油価格の乱高下，飼料作物資源をめぐるバイオエタノール・バイオディーゼル仕向けとの競合，オーストラリア東部やアメリカ中西部の穀物生産地帯で頻発する干ばつ等の影響で，飼料価格が不安定であるため，高泌乳牛による乳の高位安定生産や，濃厚飼料多給による高品質な牛肉生産を図る農家は常にリスクを抱えているといえる．

　一方，わが国の畜産のなかで，都市近郊の養豚産業や酪農は，近場の食品製造・加工・販売過程で発生する粕類，規格外品等を飼料として用いることによ

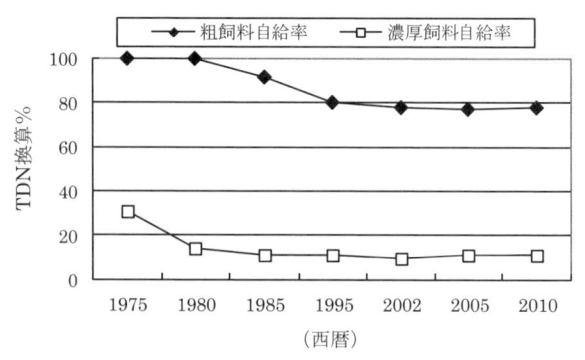

図 13.7 純国内産飼料自給率の年次推移（農林水産省生産局畜産部畜産振興課資料から抜粋）

り発展してきた経緯がある．国内の諸地域で発生する食品製造副産物や農場副産物の利用は経済的（economical）であり，埋却・焼却・水系への投棄による環境負荷の低減に通じる地域資源循環型（ecological）な畜産の発展を促すことから，このような飼料資源を総じてエコフィードと便宜的に名づけて振興する機運がある．本項では乳牛や肉牛を対象としたエコフィードの材料とその特性，収集，調製および給餌方法を概説したうえで，これまでの給与試験の結果を紹介し，今後の展開について述べる．

13.4.2 ウシを対象としたエコフィードの材料と特性

a. 食品製造副産物

食品類の製造過程で排出される副産物で，油粕類（大豆粕，ナタネ粕等），ぬか類（フスマ，生米ぬか，脱脂米ぬか等），デンプン製造副産物（コーングルテンフィード，コーングルテンミール，コーンジャームミール，バレイショデンプン，カンショデンプン等），酒類製造副産物（ビール粕，ウイスキー粕，清酒ぬか・粕等，焼酎粕等），製糖副産物（ビートパルプ，糖蜜，バガス等），大豆加工品副産物（豆腐粕，醤油粕等），果実・野菜加工副産物（ミカンジュース粕，リンゴジュース粕，トマト粕，果実・野菜缶詰残渣等），菓子類製造副産物（ビスケット屑，パン屑等）等に大別される．このうち大豆粕，フスマ，脱脂米ぬか，コーングルテンフィード，コーングルテンミール，コーンジャームミール，ビール粕，ウイスキー粕，ビートパルプ，糖蜜，豆腐粕，ミカンジュース粕等は，すでに飼料への仕向け率が高く，濃厚飼料の配合原料として用いられ

ている材料も多い（阿部，2000）．

b．農場副産物

畑や田などの圃場での収穫時に排出される副産物で，農産製造副産物（稲わら，小麦わら，もみがら等），作物規格外品（屑米，屑麦，ニンジン等野菜）がある．すでに稲わらや屑米は飼料に仕向けられている場合が多い．

すでに飼料への仕向け率が高いエコフィードは，エネルギー，タンパク，繊維等，ウシに必要な栄養素のいずれかを多く含み，腐敗・変質せず，長期保存に耐え，利用時期が限定されない，といった条件を満たしている．逆にウシに必要な栄養素を有していながら，飼料への仕向け率が低い材料については，収集，調製および給餌方法に関する技術が必要となる．特に高水分の食品製造副産物は，輸送の際の漏水，ハンドリングの手間，腐敗・変質の速さは飼料化の際に問題となる．また，食品製造副産物の化学組成は，材料の種類，製造過程の相違などで粗タンパク質，繊維，TDN（可消化養分総量）が大きく変動すること，また豆腐粕，ビール粕，生米ぬか，醤油粕，菓子屑等は脂肪含量が10〜20％と高く，第一胃微生物の活性に影響を及ぼすことに留意し，飼料として利用する際には分析を定期的に行う必要がある（阿部，2000）．パン屑，菓子屑等は製造・廃棄過程で動物性タンパク質の混入がのないことを確認のうえで，牛用飼料（A飼料）として認められる．

c．ウシを対象としたエコフィードの収集，調製および給餌方法

小規模畜産農家が独自に飼料への仕向け率が低い材料の収集，調製を行うのは，労力や時間が多大で現実的ではない．したがって，各地域で完全混合飼料（total mixed rations：TMR；濃厚飼料と粗飼料を混合し，家畜が必要とする栄養素を過不足なく充足させる飼料）センターを設立し，地域内の飼料資源を活用した混合飼料を常時供給できる体制を構築することは効果的である．特に乳牛をフリーストール牛舎（ウシを繋留せずに収容する牛舎）で多頭飼育する際，飼養管理にTMRを導入することにより，牛群の能力を発揮させ，飼料調製や給与等に要する作業時間が大幅に軽減された例が知られている．わが国のTMRセンターには地域畜産農家の共同組合組織によって経営されるもの，全国組織の農業団体や飼料会社を基盤として運営されるもののほか，大規模畜産農家の場合は独自にTMR調製を行っているケースもある．

材料は，上述のエコフィードのほか，乾草やヘイキューブ（扱いやすいよう，

小塊状に固めた乾草細片）などの粗飼料原料，トウモロコシや大麦などの穀類，自給あるいはコントラクタ（農作業を請け負う組織体）から購入する牧草，トウモロコシ，飼料イネなどである．水分含量が多く腐敗・変敗しやすいエコフィードは，乾燥処理によって保存性を賦与することが可能であるが，処理にコストがかかるほか，タンパク質等の熱変性に注意を要する．このような飼料の中には，必要であれば脱水し，トランスバッグなどに密閉してサイレージ化することで，コストを低減し長期保存に耐えうるものもあるが，粕類を多用する場合にはエタノールの大量生成に留意する必要がある．

材料の混合，調製，給餌には以下の方法がある．1つは酪農家を対象とした飼料として多く用いられる方法で，材料をTMR化した後，トランスバッグに封入あるいはロールベールラッピングしてサイレージ化し，各農家に搬入する方法で，保存性が問題となることは少ないが，コストがかかる．いま1つは材料をTMR化した後にサイレージ化せず，そのまま各農家に搬入する方法で，安価であるが毎日あるいは数日おきに搬入する必要がある．

13.4.3 これまでのエコフィード給与試験の結果と今後のエコフィードの展開について

a. 乳　牛

豆腐粕，ビール粕，ウイスキー粕などの給与試験が多く，ミカンジュース粕，リンゴジュース粕，麦茶粕，生米ぬか，農場残渣のニンジンを用いた試験が散見される．食品製造副産物に含まれるNDF（中性デタージェント繊維）とNFC（非繊維性炭水化物）の第一胃における挙動や消化性が，従来の飼料とは異なることが指摘されている．今後デンプン粕，ポテト加工残渣，麺類規格外品等の食品製造副産物などを用いて飼料設計を行う際に注意すべき事項である．

b. 肉　牛

豆腐粕，生米ぬか，ビール粕などの給与試験が多く，ビートパルプ，麦ぬか，砕米，大豆稈・さや，パン屑を用いた試験が散見される．濃厚飼料の80％以上を占める圧ぺんトウモロコシと圧ぺん大麦，一般フスマの部分を挽砕大麦，生米ぬか，麦ぬか，砕米で置き換えて，黒毛和種を対象に肥育前期から終了時まで給与した試験では，発育と枝肉格付は同等であったが，筋肉内脂肪の総不飽和脂肪酸およびモノ不飽和脂肪酸割合が高くなり，これが官能試験におけるパ

ネルによる食味特性の高評価につながったと報告されている（青木ほか，2009）．この試験のほかにも，生米ぬかや砕米を給与した場合，これらに多く含まれるオレイン酸をはじめとした不飽和脂肪酸が食味性を改善していることを示す報告が数多くある．

c. 今後のエコフィードの展開について

肥育期間が長く，最終的に枝肉成績を得るまで期間がかかる肉牛用飼料に関する知見は，乳牛に関する知見に比較して少ない．したがって，今後は特に肉牛において，枝肉格付のみならず肉の脂肪酸組成や食味性に対するエコフィードの効果を確認する作業が必要である．また，天然物由来の機能性成分を含む食品製造副産物や農場副産物を探索して飼料の構成要素とすることにより，家畜の生産性や健康状態にとどまらず，生産物の食味性や生産物に含まれる機能性成分を向上させる試みが，畜産物の付加価値を高めるうえで重要と考えられる． 〔熊谷　元〕

参　考　文　献

青木義和ほか（2009）：肉用牛研究会報，**87**：19-28.
阿部　亮（2000）：未利用有機物資源の飼料利用ハンドブック（阿部　亮ほか編），p.41-45，サイエンスフォーラム．

13.5　脂肪交雑の光と影

13.5.1　脂肪交雑神話

牛肉における脂肪交雑は，風味，多汁性（ジューシーさ）および軟らかさに大きく影響することはよく知られている．牛肉の格付は，欧州では赤身肉であるほど高いが，日本やアメリカ合衆国では脂肪交雑度が高い方が高い．特に日本の牛肉における脂肪交雑度のレベルは，世界でも類を見ないほど，高いレベルである（図 13.8）．日本では，古くから脂肪交雑が注目され，市場で高く取り引きされてきた．かなり以前から市場の業者たちは肉質のことを「肉しょう」と呼び，脂肪交雑が一様に細かく，点状といってよいほどに一面に散在する肉しょうが市場で好まれていたそうである．1991 年の牛肉輸入自由化前後より，

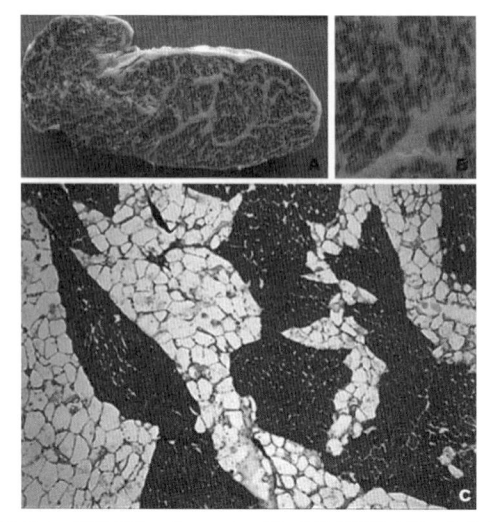

図 13.8 黒毛和牛のサーロイン部における脂肪交雑のようす
A：サーロイン部のロース芯（黒毛和牛去勢雄，27ヶ月齢，BMS No.7），
B：脂肪交雑の形態，C：脂肪交雑部位の組織切片（アザン染色：赤い部分
が筋線維を示し，その他の部位は脂肪細胞の分布状態を示す）．

海外から輸入される牛肉との棲み分け意識が高まり，黒毛和牛肉はいっそうの脂肪交雑重視志向へと加速された．以前であれば，筋内脂肪含有率が30％で最高ランクの格付であったが（1988年），現在では，50％以上，ときには60％以上の脂肪含有割合を示さなければ最高ランクの格付を受けることはできなくなっている（堀井ほか，2009）．世界中の多くの品種のなかでも特に黒毛和種は，筋肉内に脂肪が蓄積する，いわゆる脂肪交雑能力にすぐれた品種である（Gotoh et al., 2009；Gotoh, 2003）．黒毛和種は，海外の食肉関係者からも"Wagyu"として注目されている．その要因は，濃厚飼料を長期に多給する特殊な肥育方法にもあるが，それだけではなく品種として筋内への脂肪蓄積能力のずば抜けた高さにある．しかしながら，その責任遺伝子はいまだ明らかにはされていない．さらに近年の研究で，黒毛和種の生産する牛肉の特徴は，蓄積される脂肪量の多さだけでなく，その質において，風味に大きく影響するオレイン酸など一価不飽和脂肪酸（MUFA）の割合が他の品種よりも多いことが明らかとなり（Zembayashi et al., 1995），それにはSCD（stearoyl-CoA desaturase）遺伝子発現が黒毛和種でより高いことが影響しているなどの報告がなされている（Taniguchi et al, 2004）．

最も高いランクの格付評価を受けると（需要状況にもよるが，）その枝肉 1 kg あたりの平均取引価格は 2000〜2500 円となり，枝肉重量が 480 kg の場合，約 96〜120 万円で取り引きされることになる．著者らのグループが黒毛和種とホルスタイン種去勢雄を同様の和牛式の肥育方法で 26 ヶ月間飼養したところ，枝肉の骨格筋と脂肪割合は変わらなかったが，そのロース芯内における平均の脂肪含有割合は，それぞれ 34％ と 20％ で，1.7 倍の違いを示した（Albrecht et al., 2011）．このような脂肪交雑能力の違いから，ホルスタイン種の肥育では生産コスト削減のために 20 ヶ月齢程度で出荷されている．

13.5.2 ビタミン A と脂肪交雑

基本的に脂肪交雑の高い牛肉を生産するには，およそ育成から肥育期間中（約 30 ヶ月間）に 4〜5 t の濃厚飼料を給与する必要がある．育成期（幼少期）に，牧乾草と濃厚飼料給与の組合せにより，第一胃をできるだけ発達させ，出荷までにより多くの穀物飼料を摂取させることが重要となる．しかしながら，肥育時期に穀物飼料を多給するだけでは，筋内に 40％ 以上の脂肪を蓄積した牛肉を生産することは難しい．

本来，脂肪交雑の評価を受けるロース芯は胸腰最長筋といわれる"骨格筋"である．すなわち運動器官であるため，そのなかに脂肪を蓄積させるにはおのずと生物学的な限界が存在する．しかし，ウシの骨格筋はブタやヒツジの骨格筋とは筋束の構築様式が異なっており，それゆえに肥育することにより豚肉や羊肉では考えられないような脂肪交雑の著しい肉を生産することができる．その差異とは，ブタやヒツジでは骨格筋は第 1 次筋束のみを示すのに対して，ウシの場合はそれ以上の第 2 次，3 次筋束が発達していることである．それに応じて血管分布にも種間差が認められ，ウシでは筋束間の血管は細血管のまま筋束の中央部に進入し，そこで 3〜5 mm 縦走しているが，ブタやヒツジの場合には，このような細血管は存在しない．ウシの発育途上で栄養分の吸収が器官形成に必要な量を超えると，脂肪組織がこの細血管の周囲に形成され，全体として牛体骨格筋の横断面にみられるような脂肪交雑となる（星野ほか，1987；星野，1990）．脂肪交雑の程度をさらに高めるには，筋束間に存在する細胞外マトリックス（extra cellular matrix：ECM）といわれる骨格筋の支持組織のなかに含まれる線維芽細胞や脂肪前駆細胞を，いかに多く脂肪細胞へと分化さ

せ，その中に脂肪を蓄積させるかが重要となる．従来，脂肪細胞の数は，生時に決定されていると信じられていたが，現在では，脂肪細胞の分化は生後でも起こっていることが明らかとなっている．そこで，黒毛和種の肥育方法において見いだされた技術がビタミンA制御技術である．

1980年代以前から，ビタミンA欠乏の飼料を給与して肥育すると脂肪交雑の多い牛肉が生産できる，という噂が生産現場でまことしやかに流れていたが，1986年半ばに，黒毛和種肥育牛におけるビタミンA欠乏症の実態が調査され，初めて肉質等級の高い肥育牛ほど血中と肝臓中のビタミンA濃度が低いことが実証された．ビタミンAは脂溶性ビタミンの一種であり，第一胃では合成されないので，飼料として摂取が必要な栄養素である．ビタミンAは，レチノールとそれに類似の化合物の総称であり，体に吸収後，タンパク質と結合してカイロミクロンとなり，リンパ管を経て大循環血に入り，肝臓に数週間から数ヶ月貯蔵される．本来その機能として，①網膜細胞の光受容体の形成，②骨の発達，③消化器，泌尿器，呼吸器，生殖器などの粘膜上皮機能の維持等に重要な役割をもっている．その他の生理作用として，ビタミンAには，④脂肪前駆細胞の脂肪細胞への分化抑制（Villarroya et al., 1999），成長ホルモンの分泌および甲状腺ホルモンの分泌制御などの作用が知られている．

現在では，ビタミンAの脂肪細胞分化抑制作用などの情報から，より脂肪交雑の高い牛肉を生産するために，ビタミンAを肥育中期に低く維持することが，肥育時の飼料設計上一般的となっている．すなわち，肥育中期に，ビタミンAの血中レベルを低くすることで，脂肪細胞の分化を促進し，逆に成長ホルモンや甲状腺ホルモンの分泌を抑制することで代謝を低くして，筋内脂肪の蓄積を全体として亢進させることができる．

しかし，ビタミンAの血中レベルが過度に低くなると，欠乏症が発生する．ビタミンAが欠乏すると，上皮組織の角質化，免疫機能の低下，肺炎，下痢，食欲不振，摂食量の低下，夜盲症，失明，繁殖障害，関節や胸部の浮腫など，さまざまな負の症状が現れる．また，個体によって，あるいは品種によって，ビタミンAの肝臓における貯蔵能力に差異があり，定期的な血中ビタミンAレベルのモニタリング，あるいは日々の観察による異常の早期発見とビタミンAの注射などによる投与処理が推奨されている．このようなビタミンA給与のコントロールは当初難しく，欠乏症が頻繁にみられた時期があったが，現在では

おもに肥育中期に血中ビタミンAレベルを低くするものの，25 μg/100 mL 以上のレベルで維持することが推奨され，通常この血中レベルでウシの健康状態を維持できるとされる．

13.5.3　新しい生産システム開発の可能性

今後，黒毛和種の飼養においては，従来の脂肪交雑一辺倒の生産から離れ，反芻動物としての機能を最大に発揮させる新しい環境保全型飼養システムの構築が求められるだろう．そこで，基盤として粗飼料によるウシ本来の肥育を再考し，そのような飼養システムで，消費者に受け入れられるように肉質と肉量を向上させるためにはどうすればよいのかを検討してみることにする．

近年，胎児期や生後の初期成長期に受けた栄養刺激が，その後の動物体の代謝システム，体質および形態，種々の器官の代謝に多大な影響を及ぼすことが明らかになりつつある（Gluckman et al., 2007）．実験動物を用いた医学分野の研究では，このような現象はDOHaD（developmental origins of health and disease；成長過程の栄養状態や環境因子の作用に起因する疾患の発生）という概念でとらえられ，エピジェネティクス研究分野と関連して代謝プログラミングあるいは代謝インプリンティングとも呼ばれる（図 13.9）．

黒毛和種に対して哺乳期に高タンパクおよび高脂肪の代用乳を多給し，さら

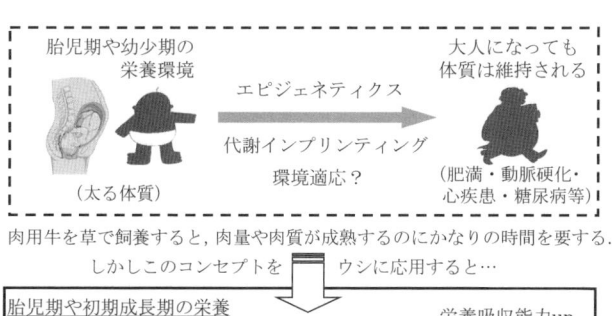

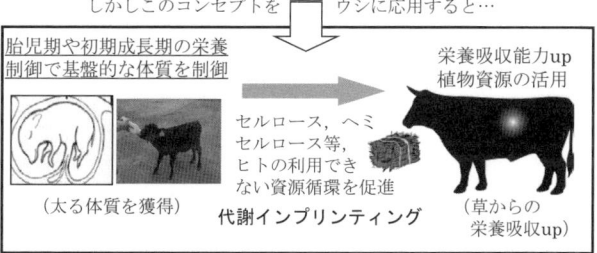

図 13.9　代謝インプリンティング機構の牛肉生産への応用

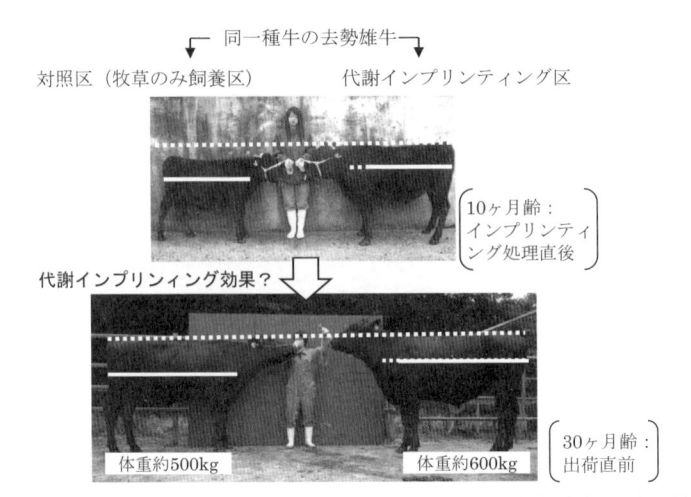

図 13.10　代謝インプリンティング処理直後（上）および出荷直前（下）の対照区と処理区のウシの比較

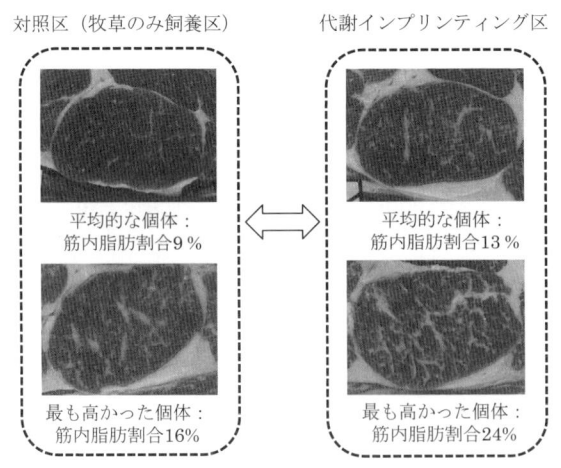

図 13.11　代謝インプリンティング処理直後および出荷直前の対照区と処理区の肉質の比較

に育成期にも高栄養飼料を多給して，その後 31 ヶ月齢程度まで粗飼料のみで肥育すると，通常哺乳後，4 ヶ月齢から 31 ヶ月齢程度まで，一貫して粗飼料のみで肥育した牛群と比較して，生産される牛肉の質と量が向上すると報告されている（Gotoh et al., 2010）．特にこの研究で興味深いのは，代謝インプリンティングを利用したウシは無駄な脂肪蓄積は少なく，それでも脂肪交雑は高くなっている点である．

近年，ラット等の実験動物において，初期成長期だけでなく胎児期においても栄養環境とエピジェネティクスに関係があるという多くの報告がなされている．それらは，胎児期の栄養環境と栄養の質が，生産された子畜の体質に著しい影響を与えることを示している．畜産分野でこのメカニズムをポジティブに活用することができれば，さらに粗飼料を活用した革新的な家畜飼養システムの構築が可能となるだろう． 〔後藤貴文〕

参 考 文 献

Albrecht, E. *et al.* (2011)：*Meet Science*, **89**：13-20.
Gluckman, P.D., Hanson, M.A., Beedle, A.S. (2007)：*Amer. J. Human Bio.*, **19**：1-19.
Gotoh, T. *et al.* (2009)：*Meet Science*, **82**：300-308.
Gotoh, T. (2003)：*Anim. Sci. J.*, **74**：339-354.
Gotoh, T. *et al.* (2010)：*The proceeding of the 3rd EAAP (European Federation of Animal Science) International Syposium on Energy and Protein Metabolism and Nutrition*, 6-10th Septemberin Parma, Italy.
堀井美那ほか (2009)：日本畜産学会報, **80**：55-61.
星野忠彦 (1990)：畜産のための形態学, p.46-66, 川島書店.
星野忠彦・新妻澤夫・玉手英夫 (1987)：日本畜産学会報, **58**：817-826.
Taniguchi, M. *et al.* (2004)：*Livest. Prod. Sci.*, **87**：215-220.
Villarroya, F., Giralt, M., Iglesias, R. (1999)：*Int. J. Obesty*, **23**：1-6.
Zembayashi, M. *et al.* (1995)：*J. Anim. Sci.*, **73**：3325-3332.

14. ウシの病気

14.1 わが国のウシの病気の現状

　近年の畜産においては，飼養規模の拡大と飼養方法の省力化，家畜の高能力化などを背景とした慢性疾病の顕在化や，個体の生産機能に密接な関連を有する疾病の発生の増加が，生産性の向上を図るうえでの大きな阻害要因となっている．家畜共済事業統計（図14.1, 14.2）によると，成乳牛の病傷率は95%（596,575件），被害額は87億円にのぼり，病気の内訳は乳房炎（260,299件：44%），繁殖障害（125,701件：21%），周産期病（71,994件：12%），運動器（56,417件：10%）の順に多くなっている．また，死廃率は6.4%（40,339件），被害額は102億円であり，病気の内訳は運動器病（9,643件：24%），循環器病（7,803件：19%），乳房炎（4,249件：11%），乳熱・ダウナー症候群（DC）

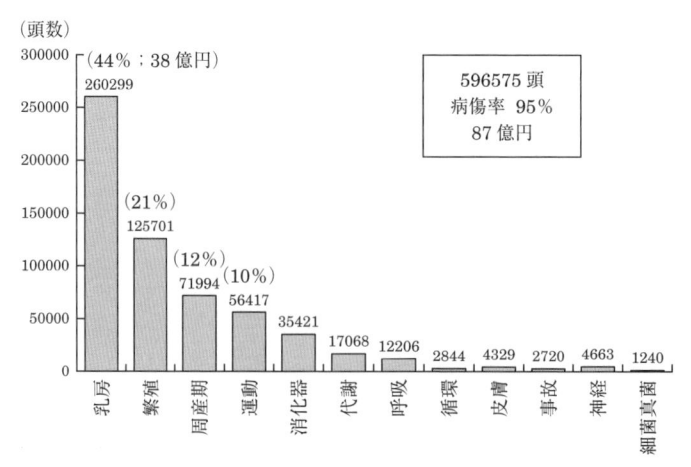

図14.1　成乳牛の病傷頭数（2011年度：北海道NOSAI）

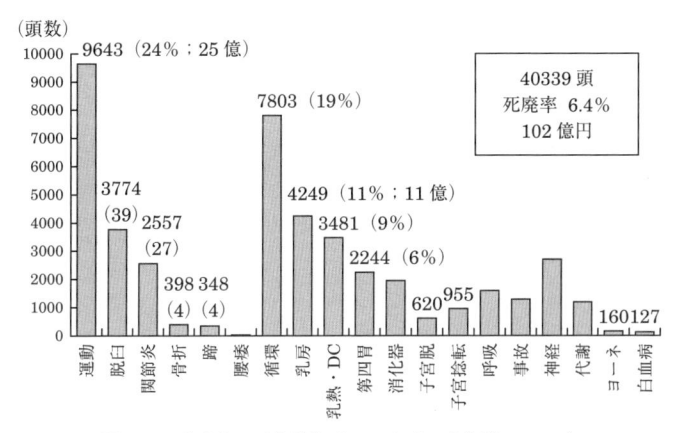

図 14.2 成乳牛の死廃頭数（2011 年度：北海道 NOSAI）

（3,481 件：9%）の順に多い．

　一方，国民の健康意識の高まりなどを背景として，食品の安全性に対する関心が大きくなっており，品質面，安全面，価格面ですぐれた畜産物の安定供給のため，いっそうの産業動物医療の総合的な向上が必要になっている．また，家畜・畜産物の貿易の拡大によって，海外からの悪性伝染病が侵入するリスクが高まっており，緊急時を想定した組織的な家畜防疫体制の確立が求められている．実際近年，口蹄疫やヨーネ病などの悪性伝染病や牛海綿状脳症（BSE）などがわが国においても確認されており，産業動物医療の社会的な使命がますます大きくなっている．さらに，生産性向上の観点から，バイオテクノロジー等の新技術の開発やプロダクションメディスンへの期待も高まり，疾病の発生病態の解析をはじめ，発生予防，慢性疾病の防除や家畜飼養管理技術指導などの幅広い産業動物医療が求められている．

14.2　牛海綿状脳症（BSE）

　牛海綿状脳症（bovine spongiform encephalopathy：BSE，あるいは伝達性海綿状脳症 transmissible spongiform encephalopathy：TSE）は，BSE プリオン（病原体）の感染によるウシの遅発性の神経変性疾患であり，その感染原因は BSE プリオンに汚染された肉骨粉の給与といわれている（わが国のケースでは，代用乳が原因とする説もある）．BSE プリオンはパイエル板などの消

化管リンパ装置から侵入した後に，末梢神経，内臓神経を経て延髄に侵入する．

BSE は 1986 年にイギリスで初めて報告され，1992〜1993 年に年間 3 万頭以上が発生している．日本では 2001 年 9 月に初発生があり，2001 年 10 月からウシの全頭検査が開始され，2003 年 4 月から 24 ヶ月齢以上の死亡・殺処分のウシに対する検査が開始された．

BSE の潜伏期間は 4〜6 年とされており，初期症状は行動異常（神経質，警戒，流涎，呻吟，鼻を舐める），過敏反応（触診，音，光）および歩様異常（後躯蹌跟，ハイステップ歩行）である．この時点では肉眼的な脳病変はないが，延髄における組織学的な神経病変が確認される．

一般に，初期の臨床症状から本病を診断することは困難であり，確定診断は延髄閂部を材料とした組織検査によってなされる．2003 年以降，BSE とは病型の異なる非定型的 BSE も報告されている．現在のところ，ワクチンや治療法はなく，BSE 汚染地域からの動物性飼料の輸入制限と動物由来飼料の給与制限によって予防がはかられている．プリオンは熱や化学処理に対して抵抗性があるが，焼却や 136℃ オートクレーブ 30 分処理，苛性ソーダ 1 時間処理によって減弱できるとされる．

14.3 口　蹄　疫

口蹄疫（foot-and-mouth disease）は，ウイルス感染による偶蹄類の口周囲と蹄部に水疱形成を発生する急性伝染病であり，家畜（法定）伝染病に指定されている．口蹄疫ウイルスは直径 20 数 nm の小型球形ウイルスで，7 種の血清型（O, A, C, Asia1, SAT1〜3）があり，接触や空気によって急速に感染拡大する．日本では 2000 年と 2010 年に O タイプの口蹄疫が発生し，2010 年には豚を含めて約 29 万頭が殺処分された．

ウシは口蹄疫ウイルスに対する感受性が高く，潜伏期間は約 6 日である．おもな症状は流涎，口腔や鼻腔の粘膜，乳房，蹄部における水疱形成，びらん，潰瘍の形成が特徴である．しかし，血清型によって病原性が異なり，水疱の形成を伴わない非定型的な症状を示す例がある．臨床病理としては，水疱部において水腫と壊死の組織病変が認められる．

病原診断は国際標準法に基づいた間接サンドイッチ ELISA 法により，キャ

リア(carrier)ウシからのウイルス分離には咽頭拭い液を用いる．口蹄疫の病性鑑定は口蹄疫防疫指針に基づいて行われる．口蹄疫が陽性と診断された際には，家畜伝染病予防法に基づいて罹患牛と同居牛を殺処分する．

本病は死亡率は低いものの感染力が強く，早期発見と初動防疫が重要である．本病の常在国では不活化ワクチンが使用されているが，ワクチン接種されたウシはキャリアになってその後の感染源となる可能性がある．

14.4 乳　　熱

乳熱は，分娩直後の泌乳開始に伴う乳房内への急激なカルシウムの流出量に，消化管（十二指腸）からのカルシウム吸収量が対応できずに生じる低カルシウム血症が原因である．本症の発生は乳牛の年齢が高くなるのに伴って増加するが，これは年齢の増加に伴う消化管からのカルシウム吸収能力の低下が主因である．乳熱のほとんどは輸液療法によって治癒するが，代謝病や運動器疾患，感染症を継発したものはダウナー症候群（downer cow syndrome）に陥り，約70％以上が廃用になる．

乳熱を発症した分娩牛は，食欲減退，第一胃動低下，体温低下，皮温低下，開口動作の発現を伴った起立不能の症状を示す（図 14.3）．分娩時に低カルシウム血症になると，陣痛微弱，乳房の張りの低下，胎盤停滞，子宮脱が増加する．重度の低カルシウム血症に起因する産褥性心筋症に陥った症例は，発熱，発汗，泡沫性流涎，心拍数と呼吸数の増数，遊泳運動を示し，心筋壊死を呈し

図 14.3　起立不能に陥った乳熱牛

て死亡する．また，分娩後に低カルシウム血症の状態が持続（潜在性低カルシウム血症）すると，第四胃の運動低下と膵臓からのインシュリン分泌低下，乳頭括約筋の収縮低下を二次的に誘発して，第四胃変位やケトーシス，脂肪肝，乳漏と乳房炎の感受性が増加する．

乳熱の病態は以下のとおりである．血中カルシウム濃度は，おもにカルシウム濃度を増加させる上皮小体ホルモン（PTH）と，減少させるカルシトニン（CT）の2種のホルモンによってコントロールされている．PTHは血中カルシウム濃度が低下すると骨，腎，腸管に作用して血中カルシウム濃度を増加させるホルモンであり，乾乳期に最適以上のカルシウムが給与されて高カルシウム血症が持続すると，PTHの分泌反応が鈍化して乳熱の発生率が増加する．また，分娩時の血中アミノ酸濃度が低下している例ではPTH濃度も低下していることから，乾乳期におけるタンパク飼料の適正給与の重要性が報じられている．乾乳期におけるカルシウム給与の絶対的不足（60 g/日以下）の場合にも，乾乳期から潜在的低カルシウム血症が生じているので乳熱が増加する．

臨床症状は食欲減退，第一胃動低下，体温低下，皮温低下および開口動作を伴った起立不能が特徴であり，血液変化は低カルシウム血症（7.5 mg/100 mL以下）と低リン血症（3.0 mg/100 mL以下），高血糖である．乾乳期に絶対的なカルシウム不足とエネルギー不足が要因で乳熱が発症する場合には，乾乳期に血中カルシウム濃度の低下（9 mg/100 mL以下）と総コレステロール量の低下（80 mg/100 mL以下），インシュリン量の低下（10 mU/mL以下）が認められる．

治療は25％グルコン酸カルシウム剤（100 mL/BW100 kg）あるいはグリセロリン酸カルシウム（100 mL/BW100 kg）を10分以上かけて静脈内投与する．カルシウムサプリメントを経口投与すると治療効果が増加する．乳熱の発生予防の目標は5％以下であり，予防対策としては分娩直後における生理的な低カルシウム血症の軽減の目的で，カルシウムサプリメントを経口投与するのが有益である．サプリメントの経口投与と同時に，注射用カルシウム剤を皮下あるいは静脈内注射すると，乳熱の予防効果がより確実になる．また，カルシウム吸収量の増加の目的で，分娩予定日の3〜8日目にビタミンD_3 1000万単位を筋肉投与すると，低カルシウム血症の予防効果があることが確認されている．近年，$1\alpha,25(OH)_2D_3$（活性型ビタミンD_3）製剤の経口投与による低カルシウ

ム血症の予防効果が報告されている．

14.5 ケトーシス

ケトーシスは，泌乳最盛期に乳量の急激な増加に伴ってエネルギー不足（negative energy balance：NEB）が生じて血糖値が低下し，生体内にケトン体（アセト酢酸，β-ヒドロキシ酪酸，アセトン）が増量して臨床症状を発現した状態であり，軽度の肝脂肪化の組織像を呈する．本症の発生率は4～5％，好発時期は分娩後5週以内であり，主原因は飼料中の炭水化物不足である．また，ケトン血症とケトン尿（乳）症を呈し臨床症状を発現していないケトーシスの前段階の病態である潜在性ケトーシス（subclinical ketosis：SCK）は，泌乳初期の10～30％に存在し，乳量損失や繁殖成績低下，非特異性免疫能減少，周産期疾病の発生を招来する．臨床症状は削痩，食欲減退，乳量減少および異嗜がおもな特徴であるが，神経症状を示す例もある．

ケトーシスはⅠ型，Ⅱ型および食餌性の3つに分類される．Ⅰ型は，ヒトのⅠ型糖尿病に類似しており，低血糖と持続的な低血糖に起因する低インシュリン血症が特徴である．Ⅱ型は，ヒトのⅡ型糖尿病に類似しており，脂肪肝に起因する高血糖と高インシュリン血症（初期：低血糖）が特徴であり，分娩後1～2週間目の肥満牛症候群（fat cow syndrome）に多発する．食餌性は，酪酸発酵のサイレージの給与が要因であり，血中β-ヒドロキシ酪酸（BHBA）の増加に伴う血中ケトン体の増加が特徴である（及川，2012）．

ケトーシスは臨床症状と血中と乳汁のBHBA濃度，血糖値，血清遊離脂肪酸濃度（NEFA）で診断する．ケトーシスの前段階の病態であるSCKの判定基準は血中BHBA濃度800 μmol/L以上，乳汁中BHBA濃度100 μmol/L以上である．また，ケトーシスでは乳成分における乳脂肪率の増加（5％以上）と乳タンパク率と乳脂肪率の比（P／F）が0.7以下の異常を示す．

治療は高張ブドウ糖液や糖酢酸化リンゲル液の輸液，副腎皮質ホルモン（デキサメサゾン）の筋肉内投与が有効である．予防には，糖質としてのグリセロールや肝臓の脂肪化の軽減を目的としたルーメンバイパスコリンの飼料添加が行われており，一定の予防効果が確認されている．また，SCKに継発する肝機能障害と繁殖成績低下による経済的損失を軽減するためには，分娩後のエネ

ギー不足に起因するSCKを早期に検出して予防対策を施すことが重要である．

14.6 第四胃変位

　本症は第四胃内にガスが貯留して第四胃が腹腔の左方や右方に移動して胃内容液が停滞する消化器病である．本症の原因は妊娠末期の妊娠子宮による機械的要因，濃厚飼料の多給と繊維不足に起因するルーメンアシドーシスによる飼料要因，第四胃運動の減退による第四胃アトニー要因，産褥期疾病（乳熱，ケトーシス，子宮炎など）の併発による合併疾病要因，育種改良に伴う腹腔容積の拡大による遺伝要因の複合による多因性疾患である（田口，2005）．
　本症の症状は食欲減退と第5肋間以降における金属性のピング音の聴取が特徴的であり，右方変位の多くは第四胃捻転に移行するために，心拍数の増数と脱水が著しく重篤である．血液変化は低クロール血症と代謝性アルカローシスが特徴的であり，右方変位から移行した第四胃捻転で顕著である．本症は臨床症状から診断可能であり，血液変化によって病勢を評価できる．
　治療は起立位による大網や第四胃の固定法とびんつり法による外科的手術が一般的であり，重症例に対しては内科療法を併用すべきである．本症の予防には，発病要因の軽減を目的とした飼養管理の改善が重要である．

14.7 マイコトキシン中毒

　マイコトキシン（カビ毒）とは，カビの二次代謝産物として生産されるヒトと動物に有害な化合物の総称であり，今日までに300種類以上の飼料由来のマイコトキシンが確認されている（小岩，2004；宮崎，2004）．代表的なマイコトキシンとしては，肝臓毒のアフラトキシン，腎臓毒のオクラトキシン，神経毒の麦角アルカロイド，神経毒と肝臓毒のフモニシン，腸管・吐血毒のデオキシニバレノール（DON），繁殖毒のゼアラレノンがあり，アスペルギルス属カビが産生するアフラトキシン（肝臓毒）が最も強力である．アフラトキシン中毒は1960年に*Aspergillus flavus*に汚染された落花生粕が原因で10万羽のシチメンチョウが死亡したのが最初の報告である．また，アフラトキシンはヒトの発がん性物質の1つであることが確認されている．わが国ではアフラトキシ

ン B_1, ゼアラレノン, DON の飼料安全規制がある.

貯蔵された飼料を給与されている乳牛においては, アスペルギルス属カビが産生するアフラトキシン（肝臓障害）, フザリウム属カビが産生する DON（採食・乳量減少）とゼアラレノン（エストロゲン反応撹乱）, T-2 トキシン（胃腸炎）, フモニシン（慢性肝障害）が, 最も重要なマイコトキシンである. ウシは第一胃内でマイコトキシンを分解するので, 他の動物に比べてマイコトキシンに耐性があるが, ルーメンアシドーシスによる第一胃の機能の低下や各種のストレス下ではマイコトキシンの感受性が高まることが知られている.

北海道十勝管内における調査では, コーンサイレージの 80％, グサスサイレージの 43％からマイコトキシンが検出されている. アメリカにおける 9 年間の調査ではトウモロコシサイレージの 8％からアフラトキシン, 51％から DON, 17％からゼアラレノン, 5％から T-2 トキシン, 37％からフモニシンが検出されている.

急性例では突発的な下痢と食欲廃絶, 低体温（<38.5℃）, 第一胃運動低下, 腸蠕動亢進, 脱水, 腹囲膨満, 眼瞼・肛門・外陰部の腫脹の症状（図 14.4）を呈し, 重症例は起立不能に陥る. 慢性例では消化障害, 乳房炎, 呼吸器病, および飼料効率, 免疫能と繁殖性の低下, 低体重と虚弱子牛の出生が知られており, 乳生産量の低下, 間欠的な下痢, 流産・胚死滅と発情微弱による繁殖性低下, 代謝病の増加がみられる（小岩, 2004；和田ほか, 2007）.

マイコトキシン中毒に罹患したウシでは, 低カルシウム血症, 高血糖, 低クロール血症, 低クロール性代謝性アルカローシス（HCO_3^- 35 mEq/L 以上）, 血

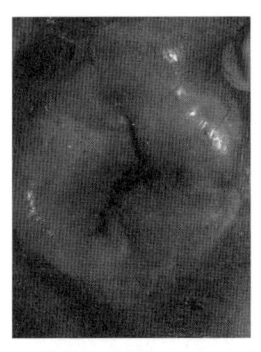

図 14.4 外陰部の腫脹（マイコトキシン中毒）

清 GGT（γ-グルタミルトランスフェラーゼ）活性値の上昇などの病態が特徴的である．重症例では血清 GOT（グルタミン酸オキサロ酢酸トランスアミナーゼ）と GGT 活性値の上昇，ビリルビン量増加，血液尿素窒素（BUN）増加が認められ，重度の肝障害と腎不全に陥り死亡する．マイコトキシン中毒の急性腸炎で認められる麻痺性イレウスは，低カルシウム血症と低カリウム血症，低クロール血症に起因するものである．

これらの中毒は臨床症状と血液性状から推察することが可能であり，飼料中のマイコトキシンを測定によって確定診断できる．飼料中のマイコトキシン汚染の指標としては，他のマイコトキシンとの共存性が高くそれ自体も毒性がある DON 分析が推奨されている．慢性的な泥状便，乳生産量の低下，原因不明の流産や胚死滅による繁殖性低下が認められる牛群に対しては，原因の1つとしてマイコトキシンを疑う必要がある（和田ほか，2007）．

本症に対する治療は，肝機能障害を伴う高度の低カルシウム血症，低ナトリウム血症，低クロール血症の電解質異常と低クロール性代謝性アルカローシスの病態の改善を目的に行う．また，低カルシウム血症の改善と腸炎に対する治療の目的でカルシウムサプリメント 300 g と健胃剤 180 g，整腸剤 150 g，生菌製剤 150 g を混合して経口投与し，重症例に対しては，第一胃液移植（3 L/日）と，整腸剤 150 g と生菌製剤 150 g，塩化カリウム 100～150 g を混合して1日2回経口投与するとよい．予防対策としてはサイレージの調整と貯蔵の基本を厳守することであるが，市販のマイコトキシン吸着剤の飼料添加が有益である．

14.8 マイコプラズマ感染症

マイコプラズマ（*Mycoplasma*；以下 Myco と略記）は乳房炎や子牛の肺炎，中耳炎，関節炎の原因となる．Myco は細胞壁がないために抗菌製剤による治療効果が低く，Myco の罹患例は予後不良になる例が多い．

14.8.1 乳 房 炎

ウシの Myco 性乳房炎は伝染性の高い乳房炎であり，わが国では 1976 年に初めて報告され，近年，増加する傾向にある．現在までに，ウシの乳房内から 11 種の Myco（*Mycoplasma*. spp.）が分離されているが，ウシに関する Myco

性乳房炎のおもな原因はウシの呼吸器病の有意な病原微生物である *Mycoplasma bovis* の感染によるものである．Myco 性乳房炎は，血液やリンパ液を介する下行性と乳頭口からの上行性の Myco 感染によって発病することが知られている．本症の発生要因は，子牛・育成および成乳牛における呼吸器病（Myco 性肺炎）の集団発生と搾乳時の感染であり，呼吸器病の発生農家から新規にウシを導入するとリスクが高くなる．臨床型乳房炎牛の乳汁からの Myco の分離率は欧米の約 10% に対して，わが国は 1% 以下と，現在のところ，わが国における分離率は低いが，Myco 性乳房炎は伝染性が高く，治療効果が低いために廃用率が高い（樋口ほか，2010）．

Myco 性乳房炎の特徴は，複数の乳房の腫脹と硬結，ブツを含む水様性の乳汁，乳量の著減および無乳化であり，発熱や食欲減退の症状の発現は低い．慢性の Myco 性乳房炎では，軽度の貧血，免疫機能低下，進行性炎症および慢性の肝臓機能障害の血液変化が認められる．

一般に診断には，Myco は通常の一般細菌培養では分離されず，5% CO_2 下の培養で 2〜4 週間を要するが，現在，PCR を用いたマイコプラズマ特異 DNA シークエンスの検出や遺伝子解析が可能となり，診断期間が大幅に短縮されている．

マクロライド系とテトラサイクリンの抗生物質が有効とされているが治癒率が低く，有効な治療法が確立されていない．米国では *M. bovis* 乳房炎ワクチンが市販されているが，わが国にはない．

14.8.2 中耳炎

子牛の Myco 中耳炎はおもに *M. bovis* が耳管を介して中耳に感染する耳疾患であり，難治性で予後不良になる例が多い．本症は 1997 年に米国で Myco 性乳房炎の廃棄乳を与えられた子牛での集団発生が報告され，近年，わが国においても増加している．Myco 中耳炎は 3〜6 週齢（平均 45 日齢）で多発し，2 ヶ月齢以後の発病は少ない．アメリカでは本症の 90% 以上は乳用子牛であり，雌（0.23%）に比べて雄（0.45%）の発病率が高いと報じられており，わが国ではホルスタイン雄子牛と肉用子牛の発病が多い（小岩，2012）．

子牛中耳炎の初期（ステージ 1）では発熱，頭部振盪，と神経（顔面神経，内耳神経）の麻痺による耳介下垂 "俗称「耳垂れ」" の症状（図 14.5）が特徴で

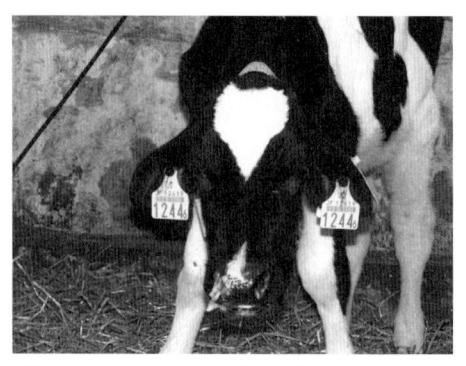

図 14.5 マイコプラズマ性中耳炎による耳介下垂

ある．病勢が進行すると，耳根部熱感，耳漏，舌咽神経と迷走神経の麻痺に起因する斜傾，平衡失調，嘔吐，第一胃鼓脹を呈し，関節炎を継発する．嘔吐や第一胃鼓脹,関節炎を呈するステージ4の例は予後不良になる例が多い．また，ステージ4の頭部のCT画像検査では中耳炎の罹患耳における鼓室の拡大像が観察される．併発症としては肺炎77％，関節炎29％，脳膜炎17％であり，肺炎の合併が多い．病態としては，血液所見では軽度の好中球数の増数に伴う総白血球数の増数と血漿フィブリノーゲン量の増加が認められる．

　本症は臨床症状から推察できるが，内視鏡検査による外耳道と鼓膜の病変を観察することによって，中耳炎の病態や治療法の選択，治療経過および予後を客観的に判定できる．治療法は，諸外国では抗生物質療法が主であり，わが国では羊用経口投薬器やシース管を用いた非可視下での耳道（中耳，耳管）洗浄が行われており，一定の効果が報告されている．しかし，非可視下での耳道洗浄には，罹患子牛に対する疼痛ストレスや中耳炎の憎悪，脳炎の継発のリスクがあり，治療効果と家畜福祉の面からも可視下の内視鏡療法が有益である．*M. bovis*を絶滅させる抗菌製剤はなく，汚染牛群における清浄化はきわめて困難である．*M. bovis*の予防対策としては，抗菌製剤（TMS）の定期的な全身投与や，大気中における病原微生物の軽減を目的とした細霧・煙霧による散布の有効性が確認されている（小岩，2012）．

14.8.3　関 節 炎

　Myco性関節炎は熱感と著しい疼痛を伴う関節の腫脹を示し，腱鞘滑膜炎を伴う線維素性化膿性の壊死性関節炎が特徴的で，血行性に肺病変から関節に移

図14.6 マイコプラズマ性関節炎による跛行

動して感染巣を形成する M. bovis の感染が主であり，子牛で多く発生する．症状は著しい熱感と疼痛を伴う関節の腫脹を呈して，重度の跛行（図14.6）を示すのが特徴であり，Myco 性呼吸器疾患に継発する例が多い．X線検査と超音波画像検査では，関節周囲における結合組織の肥厚を示す像が認められる．

罹患関節の関節液は黄色混濁を呈し，M. bovis が検出される．血液所見では好中球数の増数に伴う総白血球数の増数と血漿フィブリノーゲン量の増加，血清αグロブリン濃度の増加が認められる．病理肉眼所見では罹患関節における黄色混濁化した粘稠性の高い関節液の貯留，関節内における乾酪壊死巣の形成および関節周囲結合組織の増生が確認される．

本症は臨床症状から推察でき，関節液からの M. bovis の検出によって確定される．治療は，初期では関節洗浄と抗菌製剤の関節内注射によって治癒可能であるが，慢性化した例における完治は困難である．予防対策は中耳炎に準じて行うとよい．

14.9 虚弱子牛症候群（WCS）

虚弱子牛症候群（weak calf syndrome：WCS）は虚弱な症状を呈する矮小な子牛（図14.7）の総称であり，新生時からの虚弱子牛を新生子虚弱症候群（neonatal または perinatal weak calf syndrome）と呼ぶ場合もある．WCS の原因は胎子期におけるウイルスや細菌，原虫の感染，ビタミンおよびセレンやマンガン，鉄，亜鉛などの微量ミネラル欠乏が知られているが，全容はまだ解明されていない（芝野ほか，2009；Kakasu et al., 2008；田波ほか，2009）．

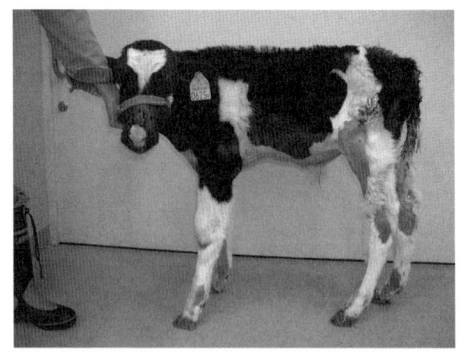

図 14.7　虚弱子牛症候群（WCS）の子牛

　WCS は出生時から矮小体型で活気がなく，胸腺低形成と免疫機能の低下に伴う易感染性を呈し，下痢と肺炎の発病率が高い．虚弱子牛症候群に罹患したウシの血液性状は Ht 値の低下，胸腺由来の免疫担当細胞などの減少に伴う末梢血リンパ球数の低下，好中球数の増加，おもに血清アルブミンと γ グロブリンの低下に伴う血清タンパク量の低下およびウシ IgG 濃度の低下，血糖と総コレステロール量およびアミノ酸濃度の低下である．

　WCS の治療は，併発および継発した際にはアミノ酸製剤を加えた輸液療法が有益である．出生時の予防処置としては，① 10～25％ブドウ糖液の経口投与，②ペプチド鉄の経口投与やデキストラン鉄の筋肉注射，③ビタミン E・セレン合剤の筋肉注射，④下痢予防を目的としたプロバイオティクス（木酢炭素末製剤）と生菌剤の代用乳への添加が推奨される．また，出生後は高タンパク代用乳（CP28％）に総合ビタミン剤を定期的に添加して給与し，栄養状態を改善維持する．WCS の出生を制御するためには，妊娠期間（特に分娩前 60 日間）における飼料中のタンパク充足率の改善による飼養管理が重要であり，"子牛を健康に育てる" のではなく，"健康な子牛として産ませる" ことである．

〔小岩政照〕

参 考 文 献

樋口豪紀ほか（2010）：北獣会誌，**54**：1-3.
小岩政照（2004）：*Mycotoxins*，**54**(2)：107-112.

小岩政照（2012）：臨床獣医，**4**：59-65.
宮崎　茂（2004）：臨床獣医，**22**(4)：10-13.
及川　伸（2012）：臨床獣医，**30**(9)：44-49.
芝野健一ほか（2009）：日獣会誌，**62**：538-541.
田口　清（2005）：獣医内科学（大動物編），p.65-67，文永堂出版．
Takasu, M. *et al.*（2008）：*J. Vet. Med. Sci.*, **70**：1173-1177.
田波絵里香ほか（2009）：日獣会誌，**62**：623-629.
和田賢二ほか（2007）：日獣会誌，**60**：425-429.

巻末付表：おもな家畜ウシの品種と日本在来種一覧

①品種名，用途，②成立と改良の歴史，③外貌と能力の特徴，④日本とのかかわり，⑤分布

和 牛

(雄；写真提供：宮城県畜産試験場)

(雌；写真提供：小堤知行)

①	黒毛（くろげ）和種，Japanese Black，肉用種，原産国：日本
②	在来牛の改良を目的として1900年頃から多種多様な外国品種が導入され，交雑に用いられた．それにより日本の在来牛は大型化と泌乳能力の向上が図られ，1912年に「改良和種」と総称されるに至った．交雑に用いられた外国種は府県によってさまざまであり，体型その他に多少の地域差があるものの，遺伝的に固定した特徴を区別することができないとして，1944年に国内産牛の大部分を占める有角黒毛の和牛が一品種として認定された．1948年に全国和牛登録協会が設立され，1960年代から肉用種として改良され現在に至っている．
③	毛色は黒の単色である．他品種に比較して中型で成雌の体高・体重はそれぞれ130 cm・474 kg前後．温順で飼いやすく肉質，特に脂肪交雑（霜降り）の度合いと肉の柔らかさにすぐれ，高級和牛肉は主としてこの品種から生産されたものである．
④	全国和牛登録協会が登録を行っている．和牛は海外でもWagyuで通用する．日本を代表する肉用品種である．
⑤	現在沖縄から北海道まで全国一円で広く飼養されている和牛の代表的品種である．全国で約71.7万頭の繁殖雌牛（2010年，中央畜産会家畜改良関係資料）が飼われている．これはわが国の繁殖用肉用雌牛の95.6％に相当する．アメリカやオーストラリアなどでも飼養されている．

(熊本系；写真提供：全国肉用牛振興基金協会)

(高知系；写真提供：牛の博物館)

①	褐毛（あかげ）和種，Japanese Brown，肉用種，原産国：日本
②	熊本県と高知県原産がある．熊本県内に飼われていた在来牛は体質強健で放牧適性に富み，性質温順で使役能力もすぐれていた．晩熟で小格であったのでデボン種を交配したが不評のため中止し，シンメンタール種の雄を交配することとした．これによって「熊本系」の在来牛は早熟で体格が大きくなり，使役能力が高まった．一方高知系は1879年ごろに九州から導入された「豊後朝鮮牛」（朝鮮牛と豊後牛の交雑種）から始まったとされている．「高知系」はシンメンタール種の血液も入っているが朝鮮牛（韓牛）の影響が大きい．改良の過程が異なる2系統であるが，毛色を基準に同一品種として1944年に品種認定された．1952年から熊本系は全国和牛登録協会と別組織（日本褐毛和牛登録協会）で登録されるようになった．
③	毛色は褐色である．「熊本系」は体格が大型で早熟である．成雌の体高・体重はそれぞれ134 cm・560 kg前後．「高知系」は黒毛和種とほぼ同程度の中型で目の周囲・鼻・角・蹄が黒い「毛分け」が特徴である．
④	「熊本系」は日本あか牛登録協会が，「高知系」は全国和牛登録協会が登録を行っている．

	⑤	和牛では黒毛和種に次いで多い．主要な飼養県は熊本県と高知県である．全国で約16000頭の繁殖雌牛（2010年，中央畜産会）が飼われている．
 (雄；写真提供：牛の博物館) (雌；写真提供：全国肉用牛振興基金協会)	①	無角（むかく）種，Japanese Polled，肉用種，原産国：日本
	②	山口県阿武郡で在来和牛と完全無角の優性遺伝子をもっているアバディーンアンガス種との交配により1920年から造成が開始された．1924年に「無角長防種」として登録が開始され，1944年に「無角和種」として認定された．
	③	毛色は黒毛和種よりも黒味が強く，鼻鏡や蹄も黒い．完全無角で体の幅が広く，腿は充実し，四肢は短く，全体に丸みを帯びている．体格は中程度で典型的な肉用牛タイプである．粗飼料利用性と泌乳性にすぐれている．肉質は黒毛和種に比べて劣っているが，肉の歩留はよい．成雌の体高・体重はそれぞれ125 cm・450 kg前後．
	④	全国和牛登録協会が登録を行っている．
	⑤	山口県を中心に全国で約190頭の繁殖雌牛（2010年，中央畜産会）が飼われている．
 (写真提供：全国肉用牛振興基金協会) (雌；写真提供：牛の博物館)	①	日本短角（たんかく）種，Japanese Shorthorn，肉用種，原産国：日本
	②	岩手・青森両県にまたがる南部藩の在来牛である南部牛に，1930年代までに輸入されたショートホーン種が主として交配・造成された短角種系のウシ集団をもととしている．東北北部の厳しい自然条件下で特異な夏山冬里の飼養形態に適応したウシとして改良されてきた．1945年に岩手県で「褐毛東北種」として登録事業が開始，1951年には青森県および秋田県で「東北短角種」として登録が開始された．その後これらを1954年に「日本短角種」と呼ぶことになり，1957年には日本短角種登録協会が設立された．
	③	毛色は赤褐色で，外貌は体積に富んだ肉用体型である．成時雌の体高・体重はそれぞれ132 cm・570 kg前後．黒毛和種や褐毛和種に比較して脂肪交雑は劣るが，泌乳能力と繁殖能力がすぐれ，粗飼料利用性が高く放牧適性のすぐれた品種である．
	④	日本短角種登録協会が登録を行っている．
	⑤	岩手，北海道，青森，秋田を中心に全国で現在約4000頭の繁殖雌牛（2010年，中央畜産会）が飼われている．

日本在来牛

見島牛（みしまうし），Mishima Cattle，在来種

(写真提供：牛の博物館)

山口県の萩市から北西45kmの海上にある見島で飼育されている在来牛．隔離されていたために明治期以後の外国種との交雑を免れ，現在も古来の純粋和牛の遺伝子を保持している．肥育牛はサシ（脂肪交雑）がよく入り，この特性が現在の黒毛和種に引き継がれたと考えられている．体格は小さく，体高・体重は雄でそれぞれ122cm・320kg前後，雌でそれぞれ115cm・250kg前後．現在は見島牛保存会によって100頭前後が飼育されており，乳牛のホルスタイン種の雌に見島牛の雄を交雑した牛肉が見蘭牛（けんらんぎゅう）という名称で販売されている．見島は1928年に「見島ウシ産地」として国の史跡名勝天然記念物に指定された．

口之島牛（くちのしまうし），Kuchinoshima Cattle，在来種

(写真提供：牛の博物館)

鹿児島県トカラ列島の北端にある口之島に生息している．1918-1919年にトカラ列島の諏訪之瀬島から導入された数頭のウシを祖先にもち，島内の原生林で野生化した集団である．見島牛と同様に外国種と交雑しないまま在来牛の遺伝子を保持していると考えられている．体格は非常に小さく，雄で体高120cm，体重300-400kg程度．毛色は変異があり，黒，褐色のほか，白斑がある．飼養頭数は100頭前後である．

「但馬牛（たじまうし）」

(写真提供：東京国立博物館)

わが国の在来牛の毛色は大部分が黒色であったが，乳房部などに小白斑，白刺毛，簾毛をもつ個体もあった．これらの形質は現在でも黒毛和種にたまに出現するが，そのような個体は無登録となる場合がある．体格は雌で体高115-118cmあり，地方産業と結びついて改良されていた．鳥取，島根，岡山，広島の中国山脈の鉱山地帯では薪炭・粗鉱の駄載運搬に適した体型に，荷車運搬用の但馬牛は牽引を目的として前駆が発達し長脚で肢蹄が丈夫なものを目標に改良された．

「南部牛（なんぶうし）」

(写真提供：東京国立博物館)

ウマの飼育地帯であった東日本において唯一飼育されていたわが国の在来牛である．南部藩のウシの大半が岩手県下閉郡と九戸郡で飼育されており，北上山地南部の南部駒産地とは明瞭に分かれていた．藩政時代には東北地方だけでなく関東，中部地方まで移出されており，岩手県野田地方の鉄や塩，大槌地方の塩と魚類のほか，秋田県の尾去沢鉱山の銅を運ぶのにも使われていた．南部牛の伝来経路は明らかではないが，当時の西日本のウシ集団とは異なる集団とされている．体高は雄で117-126cm，雌で111-117cm程度．毛色は黒または黒白斑が多く赤斑，簾毛のものもあった．頭頸部の発達がよく中躯は比較的長く，後躯はやや柔軟，関節は堅牢であったとされる．寒暑粗食に耐え，四肢が堅固で性質が温順であったことから，荷駄用に適していた．

和牛の作出に貢献した外国種（日本への導入年代順）

 （雄；写真提供：The Kew Herd of Pedigree Devon Cattle）	①	デボン，Devon，肉用種，原産国：イギリス
	②	イングランド南西部のデボン州北部原産で，ノースデボンとも呼ばれた．1851年に登録が開始され，1884年に協会が設立されている．一方サウスデボンはノースデボンに由来しデボン州南部原産で，1891年に登録協会が設立された．アメリカ大陸には1623年に乳用種として移入された．20世紀半ば頃までは乳肉兼用種であったが，その後肉用種に改良された．
 （雄；写真提供：The Kew Herd of Pedigree Devon Cattle）	③	毛色は赤褐色で「赤いルビー」という別称をもっている．角，鼻鏡，蹄は肉色である．体格は中型で体重は雌で590–680 kg，雄で680–950 kgである．温順で体質強健，耐暑性をもち産肉性が高い．
	④	1869年にアメリカから初めて輸入された．1900年に島根県で黒毛和種のもととなった改良和種の改良に，熊本県では褐毛和種の初期の造成に用いられた．イギリスではおもに肉牛繁殖用雌牛（サックラーハード）の作出用に用いられている．
	⑤	イギリス，アメリカなど7ヶ国に登録協会がある．
 （雄；写真提供：牛の博物館）	①	ショートホーン，Shorthorn，肉用種，乳用種，原産国：イギリス
	②	18世紀末にイングランド東北部ノーザン・バーランド地方で見つけられた2種類のウシをコーリング兄弟がロバート・ベークウェルの手法で改良した．1822年に登録簿発行，1872年に登録協会が設立された．19世紀にはイギリスで最も人気のある品種であった．アメリカでは1846年に登録簿が発行された最古の公認品種である．乳肉兼用種であったが，20世紀初期に乳用種と肉用種に専用種化して改良され，現在はそれぞれの登録協会ができている．世界中の多数のウシ品種の改良に寄与した．
 （雌；写真提供：牛の博物館）	③	毛色は赤褐色，白色および粕毛の3種類がある．乳房の形と付着にすぐれ典型的な乳用タイプの体型をしている．やや晩熟で体格は中〜大型，肉付き良好であるが，赤肉生産能力は低い．体重は雌が700 kg，雄950 kg前後．放牧に適し粗飼料の利用性が高い．牛乳は量より質にすぐれ，脂肪，タンパク質，ビタミン，微量成分に富む．イギリスの305日乳量は6489 kg，乳脂率3.88％，乳タンパク質率3.27％（家畜の能力検定に関する国際委員会（ICAR），2011）である．
	④	1873年にアメリカから初めて輸入された．日本短角種の作出に用いられ，また兵庫，岡山，広島各県の黒毛和種のもととなった改良和種の造成にも貢献している．
	⑤	イギリス，アメリカなど6ヶ国に登録協会がある．

 (雄；写真提供：Viking Genetics)  (雌；写真提供：Viking Genetics)	①	エアシャー，Ayrshire，乳肉兼用種，原産国：イギリス
	②	原産地はスコットランド南西部エアー州．スコットランド原産唯一の乳用種である．1814年に品種が確立し，1877年に登録協会が設立された．イギリスではこれまで肉牛繁殖用雌牛（サックラーハード）作出にも用いられてきた．
	③	毛色は赤色白斑または褐色白斑で前方に屈曲した細長い角をもつ．体格は中型である．放牧適性があり，厳しい環境下で能力を発揮する．牛乳はバター，チーズ，ヨーグルト製造に適している．イギリスの305日乳量 6973 kg，乳脂率 4.10%，乳タンパク質率 3.31%（ICAR, 2011）である．
	④	1878年にわが国に初めて輸入され，その後奨励品種として全国で広く飼養された．広島，島根，山口各県で黒毛和種のもととなった改良和種，および秋田の東北短角種の成立に寄与している．わが国では1918年に登録が開始された．現在日本ホルスタイン登録協会が登録を行っている．わが国の雌牛の飼養頭数は約20頭である（2010年，中央畜産会）．
	⑤	イギリス，フィンランドなど12ヶ国に登録協会がある．
 (雄；写真提供：家畜改良事業団)  (雌；写真提供：小堤知行)	①	ホルスタイン，Holstein，乳用種，原産国：オランダ
	②	オランダ，フリースラント地方原産．紀元前300年頃この地方に移住してきた民族が連れてきた類原牛に由来する古い品種である．19世紀に改良が進められ，アメリカにはドイツのホルスタイン地方から1857年に初めて移入された．アメリカでの登録はオランダより2年早く1872年から開始された．イギリスでは1909年に登録協会が設立され，1918年にホルスタインからフリーシアンに改称された．アメリカとカナダにおいてめざましい泌乳能力の改良が図られ，イギリスではアメリカやカナダの泌乳能力の高いものを「ホルスタイン」あるいは「ブラック＆ホワイト」と呼称して「フリーシアン」と区別している．
	③	毛色は黒白斑または赤白斑で体格は大型である．乳量は乳用種のなかで最も多い．わが国の305日乳量は 9294 kg，乳脂率 3.98%，乳タンパク質率 3.29%（ICAR, 2010）である．
	④	1889年に種畜としてアメリカから初めて輸入された．当初は奨励品種に加えられなかったが，泌乳能力が他の品種より高いことが主因となって主要な乳用品種となった．1911年に社団法人日本蘭牛協会が創設され，ホルスタイン種の登録が開始された．現在登録は日本ホルスタイン登録協会が行っている．わが国の乳用種の99%以上を占め約147万頭の雌牛（2010年，中央畜産会）が飼育されている．ブリティシュフリーシアンは1964年に神奈川県に導入された．現在，ホルスタイン種去勢および本種雌と黒毛和種雄との交雑種はわが国の主要な牛肉資源となっている．
	⑤	世界の主要な酪農国で広く飼養されている．

巻末付表

  （雄；写真提供：牛の博物館） （雌；写真提供：牛の博物館）	①	シンメンタール，Simmenntal，乳肉兼用種，原産国：スイス
	②	原産地はスイス北西部のシンメンタール地方．純粋繁殖が行われ1890年に登録協会が設立された．もともと乳肉役3用途の兼用種である．ブラウンスイスとともに，スイスを代表する品種である．
	③	毛色は淡黄褐色で頭部と四肢が白色である．ヨーロッパでも大型種に属し非常に大きい．発育がよく筋肉質の体型をしており，赤肉生産能力が高いが，サシの入りは中程度である．体重は雌が700 kg前後，雄が1150 kg前後である．イギリスとアメリカで肉種に改良された．305日乳量5667 kg，乳脂率4.04％，タンパク質率3.56％（ICAR, 2011，フランス）である．
	④	1900年に輸入され熊本および高知の褐毛和種の成立に貢献．広島，島根，大分の黒毛和種のもととなった改良和種の成立にも寄与した．
	⑤	スイス，イギリスなど16ヶ国に登録協会がある．
 （雄；写真提供：牛の博物館） （雌；写真提供：牛の博物館）	①	ブラウンスイス，Brown Swiss，乳肉兼用種，原産国：スイス
	②	原産地はスイス北東部の山岳地帯で19世紀前半に成立し，1880年に登録簿が発刊され1887年に登録協会が設立された．高品質なチーズ製造向けに改良された．アメリカには1868年にはじめて導入され，1880年に登録協会ができて乳用種として改良された．現在，アメリカでは乳用タイプと肉用タイプ別に登録されている．
	③	毛色は灰褐色で色調は濃淡さまざまである．体格は乳用種として中〜大型である．乳量はホルスタイン種に次いで多い．抗病性があるので，中南米では乳肉兼用種の交雑用に用いられている．アメリカの305日乳量8347 kg，乳脂率4.10％，乳タンパク質率3.39％（ICAR, 2011）である．
	④	1901年以来輸入され京都，兵庫，広島，鳥取，島根，山口，大分，鹿児島各県の黒毛和種のもととなった改良和種の造成に貢献した．1948年から日本ホルスタイン登録協会が登録を行っている．わが国では乳用種としてホルスタイン種，ジャージー種に次いで多く，約1800頭（2010年，中央畜産会）が飼われている．
	⑤	スイスのほか中東欧，アメリカなど23ヶ国に登録協会がある．
 （雄；写真提供：Liss Aberdeen Angus）	①	アバディーンアンガス，Aberdeen Angus，肉用種，原産国：イギリス
	②	原産地は北スコットランドでアンガス州とアバディーンシャー州の両系統を交配して成立し，1862年に血統登録簿が発行され，1867年に品種として公認された．アメリカには1870年代に導入され，その後オーストラリア，ニュージーランドに移入された．アメリカでは1954年にレッドアンガス協会が設立されている．
	③	毛色は黒色で雌雄ともに無角であるが，赤色のものもありレッドアンガスとして別の品種となっている．早熟で体格は肉用種として中型である．体重は雌550〜900 kg，雄1000〜1300 kg．泌乳能力は肉用種としては中程度．サシの入りがよく，肉質は外国種のなかで最良といわれる．肉付き良好であるが，赤肉生産能力は低い．

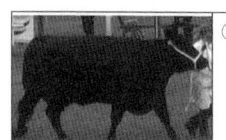 (雌；写真提供：牛の博物館)	④	1916年にイギリスから広島県の畜産試験場中国支場に輸入され、その後無角和種の成立に貢献した。1960年代中頃から1800頭余が種牛として北海道、青森県、岩手県、長野県および熊本県に導入された。わが国には約4300頭（2010年、中央畜産会）が飼育されている。現在登録は北海道酪農畜産協会が行っている。
	⑤	イギリス、アメリカなど21ヶ国に登録協会がある。
 (雄；写真提供：金完泳)	①	韓牛, Hanwoo, Korean Native Cattle, 肉用種, 原産国：韓国
	②	2000年以上の歴史をもつ朝鮮半島の在来牛で、朝鮮牛とも呼ばれていた。1969年に韓牛種畜改良協会が設立され、登録事業の推進が図られた。もともとは役用牛であったが、現在は肉用に改良されている。韓国では主要な肉牛品種である。
	③	毛色は黄褐色であるが濃淡に変異がある。かつて体型は大型と小型の2種類があった。体格は小〜中型である。平均体重は24ヵ月齢の雄で620 kg、36ヶ月齢雌で452 kg（2010年、韓牛改良事業団）。粗放な飼養管理に耐える能力をもっている。1980年代以前は肉質より肉量が重視されていたが、外国からの牛肉輸入の圧力が強まった1990年代以後肉質、特に脂肪交雑の改良が進められ、肥育期間も長期化している。
(雌；写真提供：山口高弘)	④	1918年以後わが国への輸入が増加し、褐毛和種の成立に貢献した。特に高知系褐毛和種は韓牛の影響が強い。第二次世界大戦前から日本に大量に輸入され、おもに役牛として用いられた。
	⑤	韓国一円に飼養されている。

外国種（肉用種；日本への導入年代順）

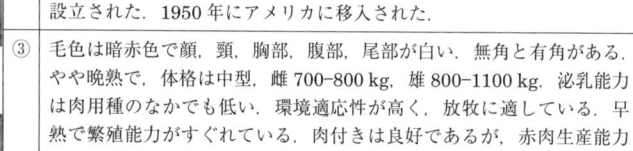

	①	ヘレフォード, Hereford, 肉用種, 原産国：イギリス
(雄；写真提供：牛の博物館)	②	イングランド西南部のヘレフォード地方に古くから飼われていた在来牛が肉用種に改良された。1846年に登録簿発行, 1878年に登録協会が設立された。1950年にアメリカに移入された。
	③	毛色は暗赤色で顔、頸、胸部、腹部、尾部が白い。無角と有角がある。やや晩熟で、体格は中型、雌700-800 kg、雄800-1100 kg。泌乳能力は肉用種のなかでも低い。環境適応性が高く、放牧に適している。早熟で繁殖能力がすぐれている。肉付きは良好であるが、赤肉生産能力は低く、サシの入りは良くない。
(雌；写真の提供：牛の博物館)	④	1961年にアメリカより岩手、秋田、北海道に輸入された。現在の飼養頭数はわずかに10頭程度（2010年、中央畜産会）である。
	⑤	イギリス、アメリカなど16ヶ国に登録協会がある。
	①	シャロレー, Charolais, 肉用種, 原産国：フランス
(雄；写真提供：牛の博物館)	②	フランス南東部のシャロレー地方に紀元前から飼われていた在来種を改良して乳肉役兼用種とした。1864年に登録協会が設立, 1887年登録簿発行。その後肉専用種に改良された。第二次世界大戦後に初めてブラジルへ、次いでアルゼンチン、南アフリカに輸出された。1950年代後期にイギリス本土に初めて輸出された大陸品種である。

巻　末　付　表

 (雌；写真提供：牛の博物館)	③	毛色は単色で乳白色からクリーム色まである．鼻鏡と蹄は黒色である．晩熟で難産の発生率が高い．体格は大型で後駆が充実している．雌700〜800 kg，雄 1000〜1400 kg．無角と有角がある．発育がよく筋肉質の体型をしており，赤肉生産能力が非常に高いが，サシの入りは中程度である．
	④	1963 年に初めて輸入された．かつて北海道などで数百頭飼われていたが，現在ではほとんど飼育されていない．
	⑤	フランス，イギリスなど22ヶ国に登録協会がある．
	①	リムジン，Limousin，肉用種，原産国：フランス
	②	19 世紀にフランス中部と南西部の間にある中央マッシフで成立した．1886 年に登録簿発行．イギリスには 1971 年に初めて導入された．
 (雄；写真提供：牛の博物館)	③	毛色は桜赤色で有角と無角がある．体長が長く，体重は雌 600 kg，雄 1000 kg 前後で現代的な中型の肉用タイプである．成長速度が速く，筋肉質の体型をしている．ミオスタチン遺伝子の機能欠損により筋肥大を引き起こし，赤肉の生産能力が高い．筋肉量が増加して肉付きがよくなる能力はアバディーンアンガス種およびヘレフォード種とダブルマッスル品種であるベルジアンブルー種およびピエモンテ種の中間である．
(雌；写真提供：牛の博物館)	④	1990 年に山形県の米沢郷牧場がカナダより導入した．わが国では黒毛和種との交雑試験により脂肪交雑や赤肉の遺伝子の特定に用いられた．
	⑤	フランス，イギリス，アメリカなど9ヶ国に登録協会がある．

外国種（乳用種；日本への導入年代順）

	①	ジャージー，Jersey，乳用種，原産国：イギリス
(雄；写真提供：イギリスジャージー協会)	②	原産地はイギリス海峡諸島最大の島のジャージー島である．フランスのノルマン種とブルトン種が基礎となっており，ブルトン種の影響が強い．1789 年にジャージー島外からのウシの導入を禁止して純粋繁殖され，バター生産用に改良が図られてきた．ジャージー島で 1844 年に登録協会が設立され，1866 年に血統登録簿が発行されている．島外への移出は 1860 年のイギリス本土が最初であり，1910 年にアメリカに輸出され，泌乳能力が飛躍的に改良された．
 (雌；写真提供：イギリスジャージー協会)	③	毛色は褐色で濃淡の変異が大きい．乳房の形と付着にすぐれ典型的な乳用タイプの体型をしている．早熟で体格は小型．放牧に適し粗飼料の利用性が高い．サシの入りは非常に良好である．牛乳は量より質にすぐれ，脂肪，タンパク質，ビタミン，微量成分に富む．わが国の 305 日乳量は 6117 kg，乳脂率 4.99％，乳タンパク質率 3.83％（ICAR，2010）である．
	④	1877 年にアメリカから初めて輸入された．現在乳用種としてホルスタイン種に次いで多い．日本ジャージー登録協会で登録を行っている．わが国には約1万頭の雌牛（2010 年，中央畜産会）が飼育されている．
	⑤	イギリス，アメリカ，日本など23ヶ国に登録協会がある．

 (雄；写真提供：WGCF)	①	ガンジー，Guernsey，乳用種，原産国：イギリス
	②	原産地はイギリス海峡諸島のガンジー島である．ジャージー種と同様にフランスのノルマン種とブルトン種が基礎となっている．本種はノルマン種の影響が強い．1789年に法律により島外からのウシの移入が禁止され純粋繁殖が続けられた．ガンジー島で1842年に登録協会が設立され，1878年に登録が開始されている．
 (雌；写真提供：WGCF)	③	毛色は淡褐白斑または赤白斑．体格は中型．黄色の牛乳で乳脂率が高く，バター製造に適している．イギリスの305日乳量5,111 kg，乳脂率4.99%，乳タンパク質率3.58%である（ICAR, 2010）．
	④	アメリカには1840年に輸入された．日本では1932年に登録が開始された．現在乳用種としてホルスタイン種，ジャージー種，ブラウンスイス種に次いで多いが，飼養頭数は約140頭（2010年，中央畜産会）である．登録は日本ホルスタイン登録協会が行っている．
	⑤	イギリス，アメリカ，日本など9ヶ国に登録協会がある．

索　引

欧　文

1年1産　74

2シーズン放牧　118

5つの自由　186

AM/PM法　82

BLUP法　14, 149, 151, 158, 182
BMS　112
Bos indicus　4, 126
Bos taurus　4, 126
BSE　209

DCAD　53
DGAT1（遺伝子）　131
DMI　57
DNA　125
DNAマイクロアレイ　136
DON　214

ELISA　83

FSH　80

JMR　74

LCA　171
LH　80
LHサージ　80

MC1R（遺伝子）　131
MCP　67
MP　67, 165
MUFA　196, 202

NDF　58, 200
NFC　200

OPU　91

peNDF　58
PTH　212

RDP　67, 68, 165
RFLP　180
RVI　58

SCD（遺伝子）　133, 202
SNP　135, 180

TDN　62, 70
TMR　176, 199
TSE　209

VFA　37, 41, 57, 100
VLDL　47

Wagyu　29, 223
WCS　219

α-トコフェロール　51

β-カロチン　50, 51
β-ヒドロキシ酪酸　42, 48, 213

ア　行

あい気　42, 161
亜鉛　54
褐毛和種　13, 131, 223
赤もの　111
亜急性ルーメンアシドーシス　60, 62
アキレス　111
悪臭　160, 164
アクチン　193
アクロセントリック型　126
味　192
アシドーシス　60, 62, 103, 214

アスコルビン酸　49
後産停滞　55
アドレナリン　97
アニマルウェルフェア　185
アニマルモデルBLUP法　14, 149, 151, 158
アバディーンアンガス　228
アフラトキシン　214
アミノ酸　100, 101
アメリカバイソン　10
アルカリ病　55
アルデヒド　196
アロメトリー式　188
アンモニア　44, 100, 173

胃　35
イオウ　54
育種　141
育種価　143, 144, 149, 179
育種価評価事業　14
移行期　102
意向行動　189
異臭　114
異常肉　114
異色　114
一塩基多型　136, 180
一価不飽和脂肪酸　196, 202
一酸化二窒素　121, 161, 165, 173
遺伝子　125
遺伝子型頻度　134
遺伝子型値　142
遺伝子頻度　134
遺伝子マーカー　139, 179
遺伝相関　147
遺伝的改良量　144, 145, 178
遺伝的疾病　132
遺伝的多型　127, 139
遺伝的多様性　134, 139, 155
遺伝的変異　127
遺伝マーカー　128
遺伝率　144, 145
稲わら　199

イノシン酸 192
インシュリン 59
飲水量 104
インタープル 15, 152
インド系ウシ 4, 7, 126
インベントリ分析 172

ウイスキー粕 198, 200
ウシ科 1
牛海綿状脳症 209
牛臭さ 196
ウシ属 2, 10
ウシの育種 141
ウシの遺伝 125
ウシの家畜化 5
ウシの近縁種 10
ウシの筋肉 34
ウシの骨格 33
ウシの飼料 56
ウシの祖先 3
ウシの体型 30
ウシの内臓 35
ウシの繁殖 73
ウシの繁殖技術 78
ウシの病気 208
ウシの品種 12, 223
ウシの分類 1
ウシ文化 26
うま味 192

エアシャー 227
衛生（放牧） 120
栄養（放牧） 117
栄養素 40
エコフィード 22, 176, 197
エストロジェン 80, 96
枝肉 109
枝肉格付 113, 200
枝肉形質 147
枝肉販売 109
エチレングリコール 87
エネルギー 62, 70
エピジェネティクス 205
エピスタシス効果 143
エピスタシス偏差 143
エルゴカルシフェロール 51
エントディニウム 58

黄体 80
黄体形成ホルモン 80

オキシトシン 97
オクラトキシン 214
オルスコフの式 67
オレイン酸 196, 202
オーロックス 3
温室効果ガス 161, 173

カ 行

改良和種 13, 223
カイロミクロン 47, 50
ガウア 10, 11
ガウンガウン祭 28
香り 192, 194
夏季不妊症 84
核型 126
核酸 46
学習性無気力症 190
格付検査 111
加工業の飼養 18, 22, 166
瑕疵 114
果実・野菜加工副産物 198
カシューナッツ殻オイル 162
可消化養分総量 62, 70
菓子類製造副産物 198
家畜 2
家畜化 2, 5, 9
家畜改良増殖法 14, 86
活性型ビタミンD 51, 53, 212
活動（放牧） 120
葛藤 190
加熱圧ぺん 63
カビ毒 214
ガヤール 12
ガラクト脂質 46
ガラス化法 88
カリウム 52, 53
カルシウム 53, 98, 103, 194, 211
カルシウムサプリメント 212, 216
カルシトニン 53, 212
韓牛 131, 229
環境影響評価 171, 174
環境効果 143
環境負荷 160
環境変異 127
環境偏差 143
ガンジー 231
緩衝能 57

関節炎 218
間接検定 149, 150
完全混合飼料 176, 199
完全発情周期 73
緩速冷却法 87
官能検査 113
乾物摂取量 57
管理放牧 122
完了行動 186

ギアラ 111
季節移牧型システム 20
季節繁殖動物 73
期待育種価 149
牛車 28
揮発性脂肪酸 37, 41, 57, 100
基本能力 141
きめ 112
牛革 32
牛群検定 151
牛脂肪交雑基準 112
牛肉偽装 138
牛肉のおいしさ 192
牛肉の熟成 192
牛肉の流通 109
牛乳 98
厩肥 28
胸最長筋 35
胸最長筋面積 111
胸垂 4
きょうだい 153
共役リノール酸 66, 120
虚弱子牛症候群 219
去勢牛 25, 108
筋原繊維 193
近交退化 153
近親交配 152
筋肉内脂肪 51
筋肥大症 131

空胎期間 74
偶蹄目 1
鯨偶蹄目 1
口ざわり 194
口之島牛 14, 225
頸木 27
熊本系褐毛和種 223
グラステタニー 53, 120
グラスフェッド 108
グルコース 43, 99

グルタミン酸　192
グレインフェッド　108
黒毛和種　13, 108, 133, 156, 202, 223
クローンウシ　92
クローン技術　91

経済形質　132, 139
毛色　9, 131
血液型　130
血清飢餓培養　93
ケトーシス　48, 103, 213
ケトン　196
ケトン体　42, 48, 103, 213
ゲノミックBLUP法　182
ゲノミック育種価　181
ゲノミック選抜　180
ゲノム　125, 135, 178
ゲノム関係行列　182
ゲノムプロジェクト　135
ゲノムワイド関連解析　135
原牛　3
限性遺伝　128
検定場方式　148
現場後代検定　148, 150
肩峰　4
原野　116, 124
見蘭牛　225

公共牧場　116, 123
抗菌性飼料添加物　162
後行動　186
耕作放棄地　116, 123
交雑育種　154
交雑種　26, 75, 107, 108, 154
子牛の流通　109
高脂肪飼料　64
構造性炭水化物　40
酵素免疫測定法　83
後代検定　15, 148, 178
耕畜連携　164, 170
高知系褐毛和種　223, 229
耕地飼養　18, 21
口中香　194
後腸発酵動物　37
口蹄疫　209, 210
行動単位　187
神戸ビーフ　133
高密度SNPアレイ　136
『国牛十図』　13

国産牛肉　24, 107, 138
コザシ　112
個体維持行動　187
個体行動　187
個体選抜　148
コーネルシステム　71
コバルト　48
瘤胃　36
コブクロ　111
コープレイ　10, 11
米ぬか　200
コラーゲン　193
コリン　48, 49, 213
コーリング兄弟　13, 152, 226
コレカルシフェロール　51
コーングルテンフィード　198
コーングルテンミール　198
コーンジャームミール　198
コントラクター　171, 200

サ　行

細菌数　101
採食（放牧）　117
採精　85
最長筋　34
催乳ホルモン　97
細胞外マトリックス　203
在来種　13, 155
酢酸　37, 41, 42, 58, 100
搾乳　97
サシ　108, 112, 133
雑種強勢　154
里山　122
砂漠化　116, 121
サブメタセントリック型　126
サリノマイシン　162
サーロイン　35
酸塩基差　53
産肉能力　142
産肉能力検定　149

ジクマロール　52
資源循環型耕畜複合生産　169
シコリ　114
脂質　46
視床下部　80
次世代シーケンサー　135
自然排卵　73
舌遊び行動　187

質的形質　129
シバ草原　124
耳標　32
脂肪肝　103
脂肪交雑　14, 108, 112, 133, 147, 194, 201, 203
脂肪細胞　203
脂肪酸カルシウム　64, 163, 176
脂肪酸組成　133, 196
脂肪色　112
脂肪前駆細胞　203, 204
しまり　112
シミ　114
霜降り　133
社会行動　187
ジャージー　230
シャロレー　229
雌雄産み分け　89
周産期病　102, 208
集団の有効な大きさ　134, 156
周年繁殖動物　73
周年放牧　118
重辮胃　36
集約放牧　122
熟成　192, 194
受精障害　84
受精能　80
受胎率　75
種雄牛　85, 148, 158
酒類製造副産物　198
馴化　9
春機発動　79
硝塩酸中毒　45
硝酸態窒素　164
脂溶性ビタミン　49
常染色体　126
小腸　37
常同行動　190
上皮小体ホルモン　212
食肉偽装　138
植水　89
食品製造副産物　198
食感　192, 193
ショートホーン　13, 152, 226
暑熱ストレス　84, 96, 99, 102
飼料　56
飼料イネ　168, 174
白もの　111
真空行動　190

人工授精　14, 74, 75, 79
　——の適期　79
新生子虚弱症候群　219
心臓　38
腎臓　38
シンメンタール　228

スイギュウ　2
水質汚染　160, 164
水素添加　46
水溶性ビタミン　48
犂　28
スキン　32
ススキ草原　124
スタニング　109
スタンディング発情　80
ステアリン酸　46
スティッキング　109
ステーション検定　15, 148
ステップワイズ法　88
ストルバイト尿石　53
スーパーカウ　96
ズル　114

ゼアラレノン　214
正確度　178
正逆交雑種　154
制限アミノ酸　45
制限酵素断片長多型　180
生産（放牧）　119
精子　85
生殖隔離　10
生殖器　38, 39
生殖行動　187
性成熟　79
性染色体　126
性選別精子　90
精巣　85
生態系　117, 121
生態系サービス　122
生体販売　109
成長ホルモン　97
製糖副産物　198
生物多様性　121
世代間隔　178
赤血球抗原型　130
摂食行動　191
ゼブー　4
セルロース　40, 100
セレン　52, 55

背割り　110
腺胃　37
繊維質飼料　57
旋回病　55
潜在性ケトーシス　213
染色体　125, 126
前腸発酵動物　37
選抜　144
選抜強度　178
選抜差　145, 148
センマイ　111

相加的遺伝子効果　143
槽間縁　33
早期胚死滅　80, 84
早期離乳法　25
草原再生　124
草地飼養　18, 166
咀嚼時間　58
粗飼料　40, 57, 60, 62, 102
粗飼料因子　58

タ　行

第一胃　36, 57, 99
体外受精　90
体外成熟　90
体外培養　90
体細胞クローン　91
体細胞数　98, 101
第三胃　36
代謝インプリンティング　205
体尺測定値　31
代謝性水素　58, 162
代謝タンパク質　67, 165
代謝プログラミング　205
大豆加工品副産物　198
大豆粕　198
大腸　37
耐凍剤　87
第二胃　36
堆肥　171
堆肥化　164
大腰筋　35
第四胃　37
第四胃変位　60, 214
ダイレクトトランスファー法　87
ダウナー症候群　208, 211
タウリン　4

唾液　35, 57
多価不飽和脂肪酸　59, 65
ダークカッティングビーフ　115
多型　127, 139
但馬牛　225
多汁性　113, 194
脱脂米ぬか　198
種付け　24
多発情動物　73
ダブルマッスル　131, 230
多量元素　52
タン　111
炭水化物　40
タンニン　162
タンパク質　44
タンパク質飼料　66

チアミナーゼ　48
地域資源循環型畜産　198
地球温暖化　121, 160, 173
窒素　160, 164
窒素化合物　44
中鎖脂肪酸　59, 64
中耳炎　217
中性データジェント繊維　58, 200
超音波画像診断装置　83
超音波誘導経腟採卵技術　91
長期不受胎牛　83
長鎖脂肪酸　46, 101
朝鮮牛　229
超低密度リポタンパク質　47
超微量元素　52
直接検定　149
直腸検査　83, 85

角　9, 32, 130
積み上げ方式　172
蔓牛　13, 152

低カルシウム血症　53, 211, 216
低級脂肪酸　101
定住放牧型システム　19
低投入型酪農　176
低乳脂　58, 63
デオキシニバレノール　214
デオキシリボ核酸　125
テクスチャー　113

テッチャン 111
テッポウ 111
デボン 226
テール 111
転位行動 190
転嫁行動 190
伝達性海綿状脳症 209
デンプン 40
デンプン減退 42
デンプン質飼料 62
デンプン製造副産物 198

銅 54
闘牛 28, 29
凍結保存 87
糖産生説 59
糖新生 43, 59, 100
豆腐粕 198, 200
動物愛護 185
糖蜜 198
と畜 109
と畜検査 110
トランス脂肪酸 65, 66
トリグリセリド 46
トレオニン 45

ナ 行

ナイアシン 49
夏山冬里方式 118
撫牛信仰 29
ナトリウム 52
なめらかさ 194
南部牛 225

肉質 113, 133
肉質等級 111
肉汁 194
肉しょう 201
肉色 112
肉生産 24, 106
肉用種 30
肉用能力 142
肉様の香り 196
二酸化炭素 173
日本短角種 13, 224
乳酸アシドーシス 62
乳脂肪 98, 100
乳脂率 98, 147
乳生産 24, 95

乳製品 98
乳成分 95, 98
乳腺 96
乳そう 96
乳タンパク質 98
乳糖 98, 99
乳糖合成 43
乳頭 32, 96
乳熱 53, 103, 208, 211
乳房 32, 95, 96
乳房炎 97, 208, 216
乳用牛群改良推進事業 151
乳用種 30
乳用能力 142
乳量 95, 132, 147
尿石症 51, 53
尿素 44
任意待機期間 74
妊娠期間 74
妊娠診断 82
妊娠率 74

ヌレ子 26

脳下垂体 80
農家内複合生産 166
濃厚飼料 40, 57, 62, 102
農産製造副産物 199
農場副産物 198, 199

ハ 行

肺 38
胚移植 84, 86
胚クローン 91
排泄物 163
バイソン 10
ハイド 32
胚の性判別 89
胚の凍結保存 87
バイパス 37, 46, 48, 49, 101, 213
バイパス脂肪 64
排卵 80
白筋症 55
ハチノス 111
蜂巣胃 36
ハツ 111
発育能力 142
麦角アルカロイド 214

発情 79
ハツモト 111
ハーディーワインベルグの法則 134
鼻先香 194
ハプロタイプブロック 137
ばらの厚さ 111
ハラミ 111
バリウシ 12
パルミチン酸 46
繁殖 73
繁殖（放牧） 119
繁殖技術 78
繁殖供用適齢 79
繁殖障害 83, 208
繁殖農家 24
反芻 35
反芻胃 35, 99
伴性遺伝 128
バンテン 10, 12
半丸 109

肥育 107
肥育農家 24, 25
肥育素牛 24, 107
ビオチン 48
皮下脂肪厚 111, 147
非構造性炭水化物 40
微生物体タンパク質 67
非繊維性炭水化物 200
非相加的遺伝子型値 144
ビタミン 48, 100
ビタミンA 49, 51, 108, 114, 203, 204
ビタミンB_1 48
ビタミンB_{12} 48
ビタミンC 49
ビタミンD 51, 53, 212
ビタミンE 51
ビタミンK 52
非タンパク態窒素 37, 44
必須アミノ酸 45
ひづめ 32
ビートパルプ 198
泌乳期 96
泌乳持続性 152
非分解性タンパク質 44, 101, 166
ヒモ 111
鼻紋 32

表現型値　142, 144
微量元素　52
ビール粕　198, 200
ビール肉　108
ヒレ　35
品種登録　12

フィチン態リン　166
フィードロット　22, 167
フィールド方式　148
風味　113
フク　111
複合生産システム　167
副産物　111
副腎皮質ホルモン　97, 213
副生物　111
フスマ　198
豚尻　131
物質循環　121
物理的有効繊維　58
歩留等級　111
不飽和脂肪酸　46, 64, 133
フモニシン　214
ブラウンスイス　228
プリオン　209
フリーシアン　227
フリーマーチン　129
プロジェステロン　96
プロテアーゼ　194
プロトゾア　58
プロピオン酸　37, 41, 42, 58, 59, 100
プロビタミンA　50
プロビタミンD_3　51
プロラクチン　97
分解性タンパク質　67, 68, 165
糞尿処理　173, 177
糞尿排泄量　163
分娩間隔　73

ヘイキューブ　199
ベークウェル　12, 226
ペクチン　40, 100
別飼飼料　106
ヘテロシス　154
ヘミセルロース　40, 100
ベルジアンブルー　131
ヘレフォード　131, 229
変異　127

哺育期　106
哺育能力　142
防暑対策　102, 104
法定伝染病　210
放牧　19, 116
　　──の類型　118
補完　155
保護油脂　64
保水性　194
ホットスポット　176
北方系ウシ　4, 6, 126
ホホ肉　111
洞角　32
ポリジーン　132, 142, 179
ホールクロップサイレージ　168
ホルスタイン　95, 104, 131, 227

マ　行

マイクロサテライトマーカー　180
マイコトキシン中毒　214
マイコプラズマ感染症　216
マイコプラズマ性関節炎　218
マイコプラズマ性中耳炎　217
マイコプラズマ性乳房炎　216
マイペース酪農　176
マーカーアシスト選抜　179
マグネシウム　53
マズラウシ　12
松阪牛　133
マメ　111
マンハッタンプロット　136

ミオシン　193
ミオスタチン　131, 230
ミカンジュース粕　198
見島牛　14, 225
ミタン　12
ミトコンドリアDNA　5
ミネラル　52, 100
ミノ　111

無角和種　13, 130, 224
無脂固形分　98

メタセントリック型　126
メタン　41, 42, 58, 160, 161, 173, 175
メチオニン　45, 48, 49, 101
メトヘモグロビン　45
メンデル集団　134
メンデルの法則　130

盲腸　37
モネンシン　162
モリブデン　54

ヤ　行

ヤク　10, 11
役用型　30
軟らかさ　193

有機畜産　18, 23
有効分解性タンパク質　68
優性効果　143
優性偏差　143
遊牧型システム　18
油実　64
輸入牛肉　24, 138

余剰飼料摂取量　150
欲求行動　186
欲求不満　190
ヨーネ病　209
ヨーロッパバイソン　10

ラ　行

ライフサイクルアセスメント　171
酪酸　37, 41, 42, 59, 100
ラクトン　196
酪農　24, 174
卵胞膨大部　80
卵巣　80
卵胞　80
卵胞刺激ホルモン　80

リグニン　41, 100
リジン　45, 101
離乳　106
リノール酸　65
リピートブリーダー　83
リムジン　230
量的形質　132, 142, 180
リン　52, 160, 166

リン脂質　46
輪番交雑　155

累進交雑　155
ルーメン　36, 57, 99
ルーメンアシドーシス　60,
　62, 103, 214
ルーメン酸　66
ルーメンマット　57

レチニルエステル　49
レチノール　49, 204
レチノール結合タンパク質
　50
レッドアンガス　229
レバー　111
連鎖不平衡　136, 180

ロース　35

ワ　行

和牛　13, 24, 223
和牛香　196
和牛肉　107
ワクチン　211

編集者略歴

広岡博之（ひろおか ひろゆき）

- 1958年　京都府に生まれる
- 1982年　京都大学農学部卒業
- 現　在　京都大学大学院農学研究科応用生物科学専攻教授
　　　　　農学博士

シリーズ〈家畜の科学〉1
ウシの科学　　　　　　　　　定価はカバーに表示

2013年11月25日　初版第1刷
2022年 1 月 5 日　　　第5刷

編集者	広　岡　博　之
発行者	朝　倉　誠　造
発行所	株式会社 朝　倉　書　店

東京都新宿区新小川町6-29
郵便番号　１６２-８７０７
電　話　03(3260)0141
ＦＡＸ　03(3260)0180
http://www.asakura.co.jp

〈検印省略〉

Ⓒ 2013 〈無断複写・転載を禁ず〉　　Printed in Korea

ISBN 978-4-254-45501-4　C 3361

JCOPY <出版者著作権管理機構　委託出版物>

本書の無断複写は著作権法上での例外を除き禁じられています．複写される場合は，そのつど事前に，出版者著作権管理機構（電話 03-5244-5088，FAX 03-5244-5089，e-mail: info@jcopy.or.jp）の許諾を得てください．

シリーズ〈家畜の科学〉

人間社会に最も身近な動物達を，動物学・畜産学・獣医学・食品学・社会学などさまざまな側面から解説．一冊で「家畜」のすべてがわかる

［A5判・各巻約200〜250頁］

1. ウシの科学 広岡博之編 248頁

2. ブタの科学 鈴木啓一編 208頁

3. ヤギの科学 中西良孝編 228頁

4. ニワトリの科学 古瀬充宏編 212頁

5. ヒツジの科学 田中智夫編 200頁

6. ウマの科学 近藤誠司編 232頁